わかりやすい応用数学

―― ベクトル解析・複素解析・ラプラス変換・フーリエ解析 ――

理学博士　有末　宏明
博士（工学）　片山　登揚
博士（理学）　松野　高典
博士（理学）　稗田　吉成
共著

コロナ社

まえがき

本書は，理学系ではなく工学系のためのやさしい応用数学の入門書である。理工系の大学初年度に学ぶ微分積分学と線形代数学は，あらゆる分野の基礎数学であり，学生として特にどの分野に必要であるのかと，意識することは少ないようである。しかし，特に工学系の学生にとって，つぎの段階で学ぶ応用数学は，何のために学ぶのかが明確にされなければならない。つまり，応用される分野をはっきりと示す必要がある。また，多くの工学系の大学では，大学初年度で学ぶ微分積分学や線形代数学を十分修得できていなくても，2 年生または 3 年生で応用数学という科目を学ぶのが実状である。しかも，従来の応用数学の教科書は，十分に微分積分学や線形代数学が理解されていることを前提として記述してあり，現在の学生にとっては内容も表現も難しいと思われる。そこで，工学系のためのやさしい応用数学の教科書が必要であると考えられる。また，高等専門学校においても，専門課程とみなされる 4 年生および 5 年生で学ぶ応用数学について大学と同様なことがいえる。

そこで，本書ではまず計算の方法を解説し，つぎにどこに応用されるかを積極的に示すことに重点をおき，やさしく記述している。同時に，数学的な厳密さは犠牲にして，なぜこのように考えるのかという点を明確にしている。しかも，応用数学としては，どの大学や高専でも必ず標準的な講義内容に組み込まれている，ベクトル解析・複素解析・ラプラス変換・フーリエ解析の 4 テーマのみに絞っている。

実際に学生が興味をもって学習できるように応用を意識しているため，本書では各章でもっともよく応用される分野についての適用例を示す節を設けている。ベクトル解析では，力学と電磁気学への応用を示して，ベクトルの内積は仕事を表すものであること，外積は力のモーメントであることを理解させるなどの方法をとる。複素解析においては，複素微分や複素線積分を解説し，留数の定理を応用して実積分の計算ができるようになることを目標としている。また，ラプラス変換では，制御工学への応用を示して，伝達関数と微分方程式の特殊解との関係や，微分演算子は位相の理解に役立つことなども解説する。フーリエ解析では，波動や熱伝導の解析への応用を示し，三角関数による関数の分解の意味を正しくとらえ，三角関数をベクトルとみなして考えることが理解を助けることを示す。いずれの章においても豊富な例題と演習のための問題をつけている。

また，本書の大きな特徴は，著者らのこれまでの講義の経験から，初学者のもつ自然な疑問を＜**工学初学者からの質問と回答**＞として，学ぶ者の視点に配慮して説明していることである。

以上のことより，本書は応用数学の初学者向けのやさしい教科書として，または自習書としても十分使用できるものである。

なお，1章を稗田・有末，2章を松野，3章を片山，4章を有末がそれぞれ担当した。十分注意して執筆し，また各章の連携にも留意したが，著者らの浅学非才のため思わぬ誤りがあるかもしれない。読者の御叱正をいただければたいへんありがたい。また，コロナ社には，企画の段階から本書が完成するまでにたいへんお世話になった。ここに，感謝を申し上げる次第である。

2010年2月

有末宏明　片山登揚　松野高典　稗田吉成

目　　次

1. ベクトル解析

2. 複 素 解 析

3.　ラプラス変換

4. フーリエ解析

1 ベクトル解析

1.1 は じ め に

いきなりの章が「ベクトル解析」とはなんだか難しそうな内容をやっていくのだと心配していないだろうか。そもそもベクトルとは，大きさと方向をもつ量であり，「力」はその典型的な例である。つまり工学的な内容とは切っても切れない関係にある。それを解析するとはどういうことか。

例えば，ベクトルの大きさや方向が時々刻々と変化しているとしよう。そのベクトルの変化率を考察したり（微分），逆に各時刻での変化率がわかっているときに，一定時間後のベクトルの大きさや方向を求める（積分）のである。そこでこの章で学ぶことを簡単に要点だけまとめるとつぎのようになる。

まず空間のベクトルについて学ぶ。その中で内積と外積という2つのベクトルの積が応用上も重要である。つぎにこれまでの1変数（あるいは多変数）関数が数（あるいは数の組）から数への対応であったのに対して，数（あるいは数の組）にベクトルを対応させる「ベクトル関数」を考え，その導関数（あるいは偏導関数）も考える。さらにそこから工学の諸分野でも必要となる「場」（スカラー場・ベクトル場）の考え方やその線積分・面積分を扱っていく。そして最後の節では，どのような場面でそれらを応用することができるのか，専門分野との接続を考えてより具体的な例をあげて解説する。

1.2 ベクトルの定義といくつかの演算

1.2.1 ベクトルの定義

平面または空間内の 2 点 A，B を決めると始点を A，終点を B とする矢印（**有向線分**）を考えることができる。それを $\overrightarrow{\mathrm{AB}}$ と表すことにする。有向線分 $\overrightarrow{\mathrm{AB}}$ と $\overrightarrow{\mathrm{CD}}$ が平行移動で一致するとき，それらは同じ**ベクトル**を表すという（図 **1.1**）。つまり（幾何学的）ベクトルとは，位置を気にせず，「方向」と「長さ（大きさ）」をもつ量であり，有向線分で表されるものである[†1]。ここで線分 AB の長さをベクトル $\overrightarrow{\mathrm{AB}}$ の**大きさ**といい，$\left|\overrightarrow{\mathrm{AB}}\right|$ で表す。ベクトルの大きさのように 1 つの数で表される量を，ベクトルに対して**スカラー**という。ここではスカラーといえば実数を考える。

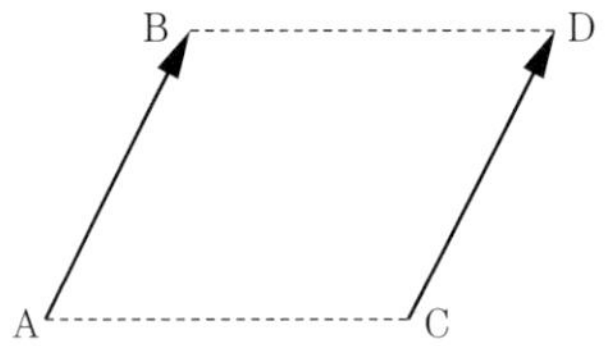

図 **1.1**　ベクトルの定義

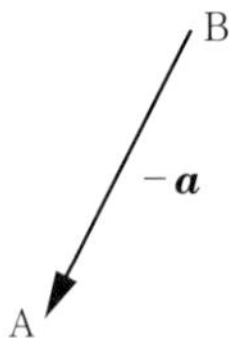

図 **1.2**　逆ベクトル

上記のようにベクトルは有向線分で表されるが，$\boldsymbol{a}$ や $\vec{a}$ など，1 つの太文字のアルファベットや矢印付きの文字で表すこともある。本書では太文字で表すことにする。

$\boldsymbol{a} = \overrightarrow{\mathrm{AB}}$ に対して，$\overrightarrow{\mathrm{BA}}$ の表すベクトルは $\boldsymbol{a}$ と大きさは同じで，向きが反対になったものである。これを $-\boldsymbol{a}$ で表し，$\boldsymbol{a}$ の**逆ベクトル**という（図 **1.2**）。さらに始点と終点が一致した $\overrightarrow{\mathrm{AA}}$ もベクトルと考えることにし，それを**零ベクトル**といい，$\mathbf{0}$ で表す[†2]。

---

†1　正確には有向線分の平行移動による同値類のことであるが，その代表元である有向線分をベクトルと考えてよい。

†2　零ベクトルの大きさは 0 であり，方向は決まらないがベクトルと考えることにする。

1.2.2　ベクトルの和・差とスカラー倍

ベクトル $\boldsymbol{a}$, $\boldsymbol{b}$ に対して，$\boldsymbol{a}$ の終点と $\boldsymbol{b}$ の始点をそろえたときの $\boldsymbol{a}$ の始点から $\boldsymbol{b}$ の終点に至る有向線分の表すベクトル，つまり $\boldsymbol{a} = \overrightarrow{\mathrm{AB}}$, $\boldsymbol{b} = \overrightarrow{\mathrm{BC}}$ とするときの $\overrightarrow{\mathrm{AC}}$ を $\boldsymbol{a}$ と $\boldsymbol{b}$ の**和**といい，$\boldsymbol{a} + \boldsymbol{b}$ で表す（図 **1.3**）。

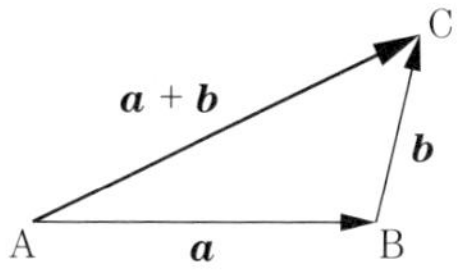

図 **1.3**　ベクトルの和

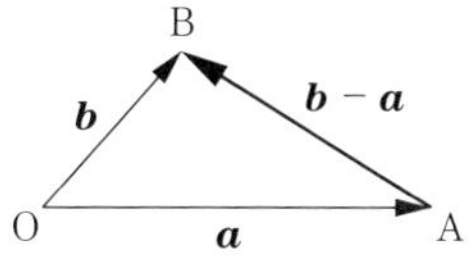

図 **1.4**　ベクトルの差

また $\boldsymbol{a}$ の始点と $\boldsymbol{b}$ の始点をそろえたときの $\boldsymbol{a}$ の終点から $\boldsymbol{b}$ の終点に至る有向線分の表すベクトル，つまり $\boldsymbol{a} = \overrightarrow{\mathrm{OA}}$, $\boldsymbol{b} = \overrightarrow{\mathrm{OB}}$ とするときの $\overrightarrow{\mathrm{AB}}$ を $\boldsymbol{b}$ から $\boldsymbol{a}$ を引いた**差**といい，$\boldsymbol{b} - \boldsymbol{a}$ で表す (図 **1.4**)。

ここで逆ベクトルを考えると差を和で表すことができることに注意しよう。つまり，$\boldsymbol{b} - \boldsymbol{a} = \boldsymbol{b} + (-\boldsymbol{a})$ である。

つぎに**ベクトルとスカラーの積**（**ベクトルのスカラー倍**）を定義する。任意のベクトル $\boldsymbol{a}$ とスカラー k に対して，$\boldsymbol{a}$ の k 倍（ベクトル $\boldsymbol{a}$ とスカラー k との積）$k\boldsymbol{a}$ を

$$
\begin{cases}
k > 0 \text{ のとき}, \boldsymbol{a}\text{と同じ向きで，大きさが } k \text{ 倍されたベクトル（図 1.5）} \\
k = 0 \text{ のとき}, \boldsymbol{0} \\
k < 0 \text{ のとき}, \boldsymbol{a}\text{と逆向きで，大きさが } |k| \text{ 倍されたベクトル（図 1.6）}
\end{cases}
$$

のように定義する。

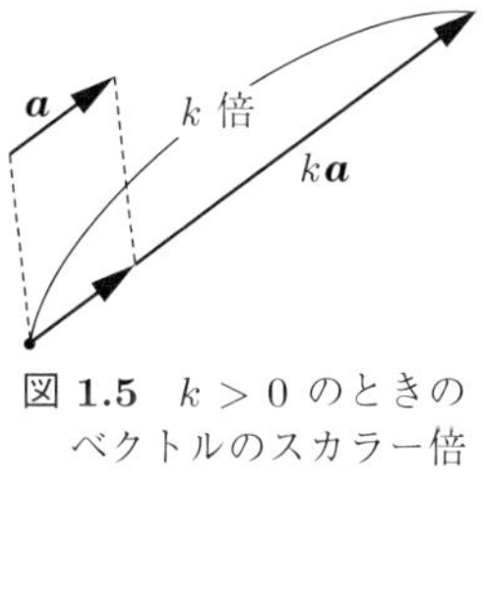

図 **1.5**　$k > 0$ のときのベクトルのスカラー倍

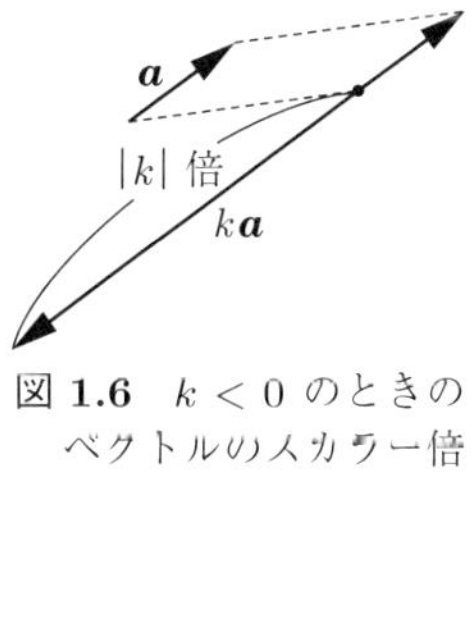

図 **1.6**　$k < 0$ のときのベクトルのスカラー倍

問 1. ノートに適当なベクトル $\boldsymbol{a}$, $\boldsymbol{b}$ をかき，つぎのベクトルを図示せよ。

(1) 和 $\boldsymbol{a}+\boldsymbol{b}$　(2) 差 $\boldsymbol{b}-\boldsymbol{a}$　(3) $-\dfrac{\boldsymbol{a}}{2}$[†1]　(4) $2\boldsymbol{a}-\boldsymbol{b}$

ベクトルの和とスカラー倍に関してつぎの定理が成り立つ[†2]。

定理 1.1 (ベクトルの和とスカラー倍の性質)

任意のベクトル $\boldsymbol{a}$, $\boldsymbol{b}$, $\boldsymbol{c}$ とスカラー k, k' に対して，つぎが成り立つ。

(1) $(\boldsymbol{a}+\boldsymbol{b})+\boldsymbol{c}=\boldsymbol{a}+(\boldsymbol{b}+\boldsymbol{c})$（結合法則）

(2) $\boldsymbol{a}+\boldsymbol{b}=\boldsymbol{b}+\boldsymbol{a}$（交換法則）

(3) $\boldsymbol{a}+\boldsymbol{0}=\boldsymbol{0}+\boldsymbol{a}=\boldsymbol{a}$（零ベクトルの性質）

(4) $\boldsymbol{a}+(-\boldsymbol{a})=(-\boldsymbol{a})+\boldsymbol{a}=\boldsymbol{0}$（逆ベクトルの性質）

(5) $k(k'\boldsymbol{a})=(kk')\boldsymbol{a}=k'(k\boldsymbol{a})$（結合法則）

(6) $k(\boldsymbol{a}+\boldsymbol{b})=k\boldsymbol{a}+k\boldsymbol{b}$（分配法則）

(7) $(k+k')\boldsymbol{a}=k\boldsymbol{a}+k'\boldsymbol{a}$（分配法則）

さて，零ベクトルでない $\boldsymbol{a}$, $\boldsymbol{b}$ に対して，$\boldsymbol{a}$ と $\boldsymbol{b}$ の始点をそろえてかくと一直線上に重なるならば，スカラー倍の定義から $\boldsymbol{a}=k\boldsymbol{b}$ となるスカラー k がある。またその逆も成り立つ。このとき，$\boldsymbol{a}$ と $\boldsymbol{b}$ は**平行**であるといい，$\boldsymbol{a}\,/\!/\,\boldsymbol{b}$ と表す。つまり，$\boldsymbol{a}\neq\boldsymbol{0}$, $\boldsymbol{b}\neq\boldsymbol{0}$ のとき

$$\boldsymbol{a}\,/\!/\,\boldsymbol{b} \Leftrightarrow \boldsymbol{a}=k\boldsymbol{b}\ \text{となる零でないスカラー}\ k\ \text{がある。} \tag{1.1}$$

ここで，記号 $p\Leftrightarrow q$ は，p は q であるための**必要十分条件**であることを表す（このとき，q は p であるための必要十分条件でもある）。

1.2.3 位置ベクトルとベクトルの成分

空間内に点 O をとり，$\boldsymbol{r}$ を点 O を始点とした有向線分で表すとき，$\boldsymbol{r}=\overrightarrow{\mathrm{OP}}$

[†1] 文字式のときと同じように，$\dfrac{1}{k}\boldsymbol{a}$ を $\dfrac{\boldsymbol{a}}{k}$ とかくこともある。

[†2] 定理 1.1 の 7 つの性質と $1\boldsymbol{a}=\boldsymbol{a}$ の合計 8 つの性質を満たす和とスカラー倍の定義された集合を**ベクトル空間**という。

となる点 P がただ 1 つ決まり，逆に点 P を決めると $\overrightarrow{\mathrm{OP}}$ で表されるベクトル $\boldsymbol{r}$ がただ 1 つ決まる (図 **1.7**)[†1]。このとき，$\boldsymbol{r}$ を点 O に関する（あるいは点 O を原点とする）点 P の**位置ベクトル**という。

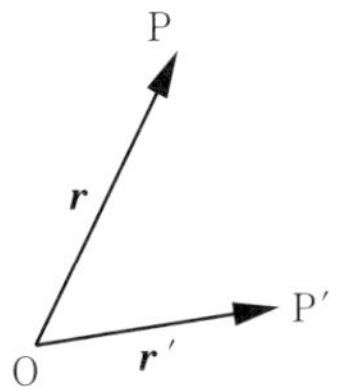

図 **1.7** 位置ベクトル

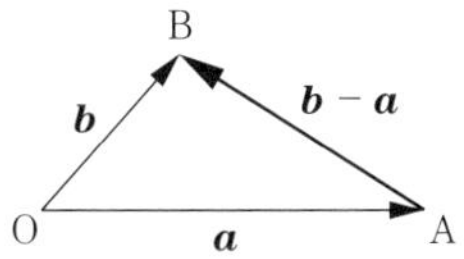

図 **1.8** A を原点とする位置ベクトル

点 O に関する点 A，B の位置ベクトルを，それぞれ $\boldsymbol{a}$，$\boldsymbol{b}$ とする (図 **1.8**)。このとき，点 A を原点とする点 B の位置ベクトルは $\overrightarrow{\mathrm{AB}}$ であるから，$\boldsymbol{a}$，$\boldsymbol{b}$ を用いて表すと

$$\overrightarrow{\mathrm{AB}} = \overrightarrow{\mathrm{OB}} - \overrightarrow{\mathrm{OA}} = \boldsymbol{b} - \boldsymbol{a} \tag{1.2}$$

であることがわかる。これは位置ベクトルはベクトルといいながらもその原点のとりかたによって変わることを示している。

空間に原点 O および座標軸を設定したものを**座標空間**という。今後，特に断らなければ，座標空間における位置ベクトルの原点は座標空間の原点 O とする。

座標空間内の 3 点 $\mathrm{E}_1(1,0,0)$，$\mathrm{E}_2(0,1,0)$，$\mathrm{E}_3(0,0,1)$ の位置ベクトルをそれぞれ $\boldsymbol{i}$，$\boldsymbol{j}$，$\boldsymbol{k}$ と表し，**基本ベクトル**とよぶ (図 **1.9**)[†2]。これらは各軸の正の方向を向いた**単位ベクトル**（大きさ 1 のベクトル）であり，たがいに垂直に交わっている。したがって，$\boldsymbol{i}$，$\boldsymbol{j}$，$\boldsymbol{k}$ は**基本単位ベクトル**ともよばれる。

このとき，任意の点 $\mathrm{A}(a_1, a_2, a_3)$ の位置ベクトル $\boldsymbol{a}$ は，基本ベクトルの **1 次結合**（**線形結合**）として

[†1] つまり始点を決めるとベクトルと空間の点は 1 対 1 に対応している。
[†2] $\boldsymbol{e}_1$，$\boldsymbol{e}_2$，$\boldsymbol{e}_3$ や $\boldsymbol{e}_x$，$\boldsymbol{e}_y$，$\boldsymbol{e}_z$ とかくことが多いが，ベクトル解析ではこの表記も多い。

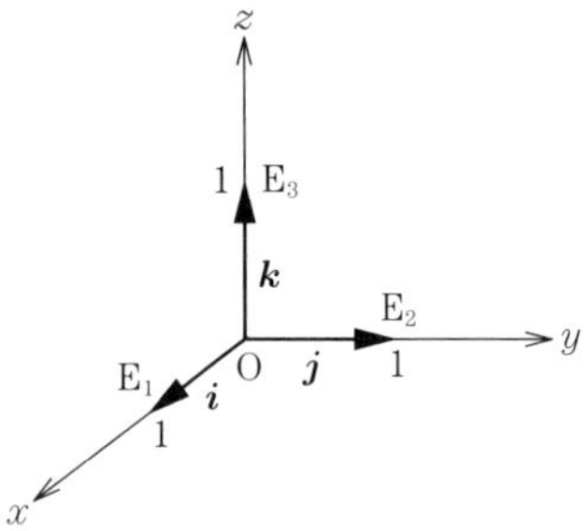

図 **1.9**　基本ベクトル

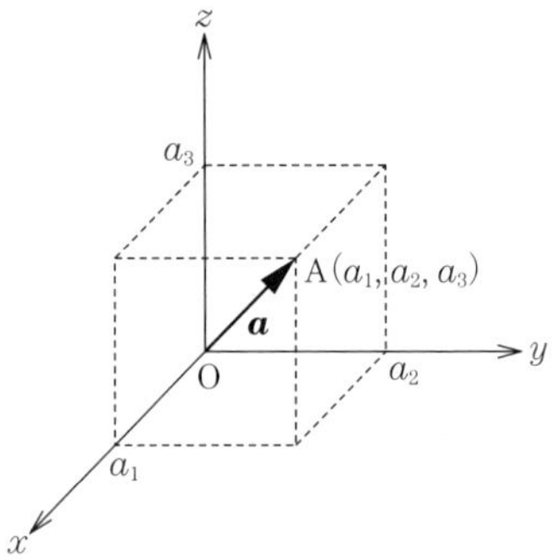

図 **1.10**　ベクトルの成分表示

$$\boldsymbol{a} = a_1\boldsymbol{i} + a_2\boldsymbol{j} + a_3\boldsymbol{k} \tag{1.3}$$

と表すことができる（図 **1.10**）ので，これを $\boldsymbol{a} = (a_1, a_2, a_3)$ と表し[†1]，**基底** $\{\boldsymbol{i},\ \boldsymbol{j},\ \boldsymbol{k}\}$ に関する $\boldsymbol{a}$ の**成分表示**という。また a_1，a_2，a_3 を $\boldsymbol{a}$ の**成分**といい，それぞれ x 成分，y 成分，z 成分という[†2]。

ベクトルの成分表示がわかっているとき，ベクトルの大きさ，和，スカラー倍に関してつぎの定理が成り立つ。

定理 1.2　（ベクトルの大きさ，和，スカラー倍の成分表示）

任意のベクトル $\boldsymbol{a} = (a_1,\ a_2,\ a_3)$，$\boldsymbol{b} = (b_1,\ b_2,\ b_3)$ とスカラー k に対して

(1)　$|\boldsymbol{a}| = \sqrt{{a_1}^2 + {a_2}^2 + {a_3}^2}$

(2)　$\boldsymbol{a} + \boldsymbol{b} = (a_1 + b_1,\ a_2 + b_2,\ a_3 + b_3)$

(3)　$k\boldsymbol{a} = (ka_1,\ ka_2,\ ka_3)$

例題 1.1　$\boldsymbol{a} = (3,\ -1,\ 2)$，$\boldsymbol{b} = (1,\ 0,\ -1)$ について，つぎの問いに答えよ。

---

†1　点 A の座標と同じ表記になっている。

†2　ベクトルの成分表示は基底のとりかたによって変わるので，考えている基底を表示するべきであるが，特に断らない限り，基底として $\{\boldsymbol{i},\ \boldsymbol{j},\ \boldsymbol{k}\}$ を考える。この基底を**標準基底**とよぶ。

(1)　$|\boldsymbol{a}|$ を求めよ。

(2)　$2\boldsymbol{a}-\boldsymbol{b}$ を成分を用いて表せ。

【解答】　(1)　$|\boldsymbol{a}| = \sqrt{3^2+(-1)^2+2^2} = \sqrt{14}$

(2)　$2\boldsymbol{a}-\boldsymbol{b} = (2\times 3-1,\ 2\times(-1)-0,\ 2\times 2-(-1)) = (5,\ -2,\ 5)$　◇

問 2.　2 点 $\mathrm{A}(a_1, a_2, a_3)$，$\mathrm{B}(b_1, b_2, b_3)$ について，ベクトル $\overrightarrow{\mathrm{AB}}$ を成分を用いて表せ。またその大きさ $\left|\overrightarrow{\mathrm{AB}}\right|$ を求めよ。

＜工学初学者からの質問と回答 1–1 ＞

質問　位置ベクトルを考えるときにはその原点を決めますが，ベクトルならば位置は気にしなくてもよいのではないですか？

回答　図 1.8 でもみたように，原点の位置を変えると位置ベクトルは変わってしまいます。ですから位置ベクトルのように始点を考慮するベクトルもあって，それを**束縛ベクトル**とよんだりもします。

1.3　ベクトルの内積と外積

1.2 節ではベクトルとスカラーの積を定義した。この節ではベクトル同士の積を考える。

1.3.1　ベクトルの内積（スカラー積）

零ベクトルでない $\boldsymbol{a}$，$\boldsymbol{b}$ に対して，$\boldsymbol{a}$ と $\boldsymbol{b}$ のなす角を $\theta\ (0 \leqq \theta \leqq \pi)$ とするとき（**図 1.11**），スカラー $|\boldsymbol{a}||\boldsymbol{b}|\cos\theta$ を $\boldsymbol{a}$ と $\boldsymbol{b}$ の**内積**あるいは**スカラー積**といい，$\boldsymbol{a}\cdot\boldsymbol{b}$ で表す。つまり

$$\boldsymbol{a}\cdot\boldsymbol{b} = |\boldsymbol{a}||\boldsymbol{b}|\cos\theta \tag{1.4}$$

と定義する。

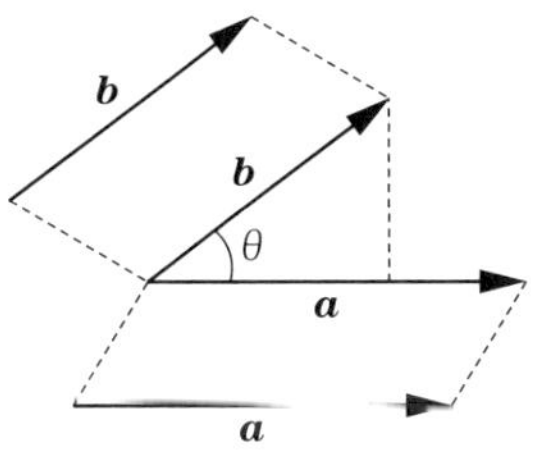

図 1.11　ベクトルのなす角

なお，少なくとも一方が零ベクトルであるとき，

内積 $\boldsymbol{a}\cdot\boldsymbol{b}$ は 0 と定義する[†]。

例題 1.2　$|\boldsymbol{a}|=\sqrt{2}$，$|\boldsymbol{b}|=2$，$\boldsymbol{a}\cdot\boldsymbol{b}=\sqrt{6}$ であるとき，$\boldsymbol{a}$ と $\boldsymbol{b}$ のなす角 $\theta\ (0\leqq\theta\leqq\pi)$ を求めよ。

【解答】　内積の定義より，$|\boldsymbol{a}|\neq 0$，$|\boldsymbol{b}|\neq 0$ のとき

$$\cos\theta=\frac{\boldsymbol{a}\cdot\boldsymbol{b}}{|\boldsymbol{a}||\boldsymbol{b}|} \tag{1.5}$$

であるから，$\cos\theta=\dfrac{\sqrt{6}}{\sqrt{2}\cdot 2}=\dfrac{\sqrt{3}}{2}$。よって $0\leqq\theta\leqq\pi$ より，$\theta=\dfrac{\pi}{6}$。　◇

式 (1.5) から，零ベクトルでない $\boldsymbol{a}$，$\boldsymbol{b}$ の内積が 0 のとき，$\theta=\dfrac{\pi}{2}$ である。このとき $\boldsymbol{a}$ と $\boldsymbol{b}$ は**直交する**といい，$\boldsymbol{a}\perp\boldsymbol{b}$ で表す。この記号を用いると，$\boldsymbol{a}\neq\boldsymbol{0}$，$\boldsymbol{b}\neq\boldsymbol{0}$ のとき

$$\boldsymbol{a}\cdot\boldsymbol{b}=0\Leftrightarrow\boldsymbol{a}\perp\boldsymbol{b} \tag{1.6}$$

内積とはどのようなものか，つぎの 2 つの例をとりあげてみよう。

- $\boldsymbol{a}$ の $\boldsymbol{b}$ への**正射影** $\boldsymbol{a}'$ とは，$\boldsymbol{b}$ の垂直方向から $\boldsymbol{a}$ に光を当てたときにできる向き付きの影のことである。つまり $\boldsymbol{a}=\overrightarrow{\mathrm{AB}}$ とするとき，点 A，B の $\boldsymbol{b}$ への正射影を A′，B′ とすると，$\boldsymbol{a}$ の正射影 $\boldsymbol{a}'$ は $\overrightarrow{\mathrm{A'B'}}$ である。したがって，その大きさは $|\boldsymbol{a}||\cos\theta|$ であり，方向は θ が鋭角のときには $\boldsymbol{b}$ と同じ向き（**図 1.12**），鈍角のときは逆向きである（**図 1.13**）。

  つまり，正射影 $\boldsymbol{a}'$ は，$\boldsymbol{b}$ と同じ向きの単位ベクトル $\dfrac{\boldsymbol{b}}{|\boldsymbol{b}|}$ の $|\boldsymbol{a}|\cos\theta$ 倍のベクトルであり，内積を使うと

$$\boldsymbol{a}'=\frac{\boldsymbol{a}\cdot\boldsymbol{b}}{\boldsymbol{b}\cdot\boldsymbol{b}}\,\boldsymbol{b} \tag{1.7}$$

  と表すことができる。また $\boldsymbol{b}$ 方向の単位ベクトルを $\boldsymbol{e}$ とすると

$$\boldsymbol{a}'=(\boldsymbol{a}\cdot\boldsymbol{e})\,\boldsymbol{e} \tag{1.8}$$

---

† 少なくとも一方が零ベクトルであるときは 2 つのベクトルがなす角 θ を考えることができないが，零ベクトルの大きさが 0 であることを考えると内積を 0 と定義するのは妥当であろう。

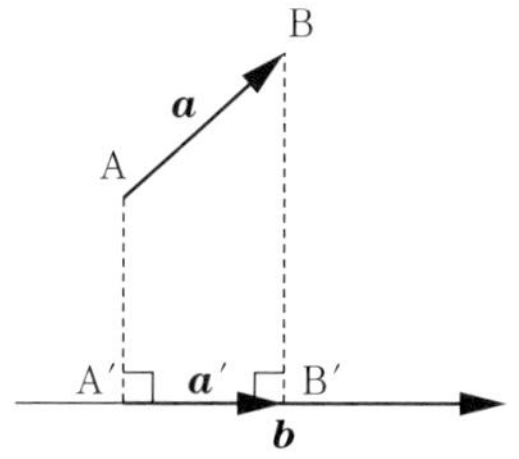

図 **1.12** 正射影 (θ が鋭角のとき)

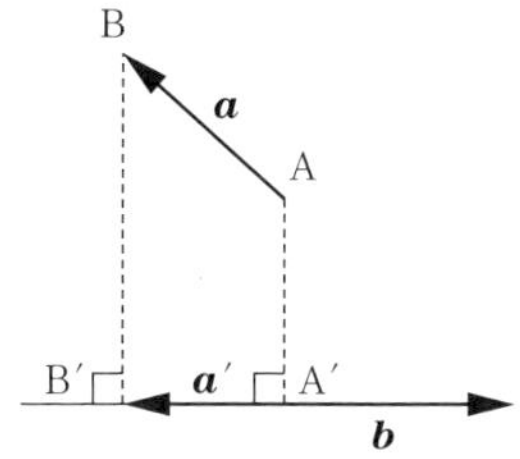

図 **1.13** 正射影 (θ が鈍角のとき)

と表すこともできる。

- 物体が $\boldsymbol{a}$ だけ動く間に，物体に力 $\boldsymbol{F}$ が作用していたとすると，この力による仕事量が内積 $\boldsymbol{F}\cdot\boldsymbol{a}$ で与えられる。$\boldsymbol{F}$ と $\boldsymbol{a}$ のなす角 θ が鋭角のときの仕事量は正，鈍角のときは負である。また θ が直角のときの仕事量は 0 である。

内積の定義からつぎの定理が成り立つ†。

定理 1.3 (内積の基本性質)

任意のベクトル $\boldsymbol{a}$，$\boldsymbol{b}$，$\boldsymbol{c}$ とスカラー k に対して

(1) $\boldsymbol{a}\cdot\boldsymbol{b}=\boldsymbol{b}\cdot\boldsymbol{a}$ (交換法則)

(2) $\boldsymbol{a}\cdot\boldsymbol{a}=|\boldsymbol{a}|^2$

(3) $\boldsymbol{a}\cdot(\boldsymbol{b}+\boldsymbol{c})=\boldsymbol{a}\cdot\boldsymbol{b}+\boldsymbol{a}\cdot\boldsymbol{c}$，$(\boldsymbol{a}+\boldsymbol{b})\cdot\boldsymbol{c}=\boldsymbol{a}\cdot\boldsymbol{c}+\boldsymbol{b}\cdot\boldsymbol{c}$ (分配法則)

(4) $(k\boldsymbol{a})\cdot\boldsymbol{b}=k(\boldsymbol{a}\cdot\boldsymbol{b})=\boldsymbol{a}\cdot(k\boldsymbol{b})$

証明 (1) と (2) は定義より直接いえる。(3) については，まず (1) より前半の等式を示せばよい。そのために $\boldsymbol{b}$，$\boldsymbol{c}$，$\boldsymbol{b}+\boldsymbol{c}$ の $\boldsymbol{a}$ への正射影 $\boldsymbol{b}'$，$\boldsymbol{c}'$，$(\boldsymbol{b}+\boldsymbol{c})'$ を式 (1.7) の形で表示し，$(\boldsymbol{b}+\boldsymbol{c})'=\boldsymbol{b}'+\boldsymbol{c}'$ であることを利用すればよい。(4) は章末問題とする。 □

さて，ベクトルの成分がわかっているとき，その内積はどのようにかけるだろうか。

† これによって，内積をいままでの文字式の掛け算と同じように行うことができ，計算上はとても使いやすくなる。

定理 1.4 (内積の成分による表示)

$\boldsymbol{a} = (a_1,\ a_2,\ a_3)$, $\boldsymbol{b} = (b_1,\ b_2,\ b_3)$ ならば

$$\boldsymbol{a} \cdot \boldsymbol{b} = a_1 b_1 + a_2 b_2 + a_3 b_3 \tag{1.9}$$

である。

証明　基本ベクトル $\boldsymbol{i}$, $\boldsymbol{j}$, $\boldsymbol{k}$ は，たがいに直交する単位ベクトルであるから，それぞれの内積は $\boldsymbol{i} \cdot \boldsymbol{j} = \boldsymbol{j} \cdot \boldsymbol{k} = \boldsymbol{k} \cdot \boldsymbol{i} = 0$ であり，さらに上の内積の基本性質（定理 1.3 (2)）より，$\boldsymbol{i} \cdot \boldsymbol{i} = \boldsymbol{j} \cdot \boldsymbol{j} = \boldsymbol{k} \cdot \boldsymbol{k} = 1$ である。あとは定理 1.3 (3)，(4) を用いて証明できる。 □

問 3.　$\boldsymbol{a} = (1,\ 0,\ -1)$, $\boldsymbol{b} = (-1,\ 1,\ 0)$ であるとき，$\boldsymbol{a} \cdot \boldsymbol{b}$ を求めよ。さらに，$\boldsymbol{a}$ と $\boldsymbol{b}$ のなす角 θ $(0 \leqq \theta \leqq \pi)$ を求めよ。

例題 1.3　$\boldsymbol{a} = (0,\ -1,\ 1)$, $\boldsymbol{b} = (1,\ 0,\ 1)$ の両方に垂直な単位ベクトル $\boldsymbol{c} = (x,\ y,\ z)$ を求めよ。

【解答】　$\boldsymbol{a} \perp \boldsymbol{c}, \boldsymbol{b} \perp \boldsymbol{c}$ より，$\boldsymbol{a} \cdot \boldsymbol{c} = 0, \boldsymbol{b} \cdot \boldsymbol{c} = 0$ であるから $-y + z = 0, x + z = 0$ である。また $\boldsymbol{c}$ は単位ベクトルであるから $|\boldsymbol{c}| = 1$ より，$x^2 + y^2 + z^2 = 1$。これらを連立方程式として解いて，$\boldsymbol{c} = \pm \dfrac{1}{\sqrt{3}}(1, -1, -1)$ である†。 ◇

またつぎの定理が成り立つ。

定理 1.5

$\boldsymbol{a}$, $\boldsymbol{b}$ の作る平行四辺形の面積を S とするとき

$$S = \sqrt{|\boldsymbol{a}|^2 |\boldsymbol{b}|^2 - (\boldsymbol{a} \cdot \boldsymbol{b})^2} \tag{1.10}$$

証明　$\boldsymbol{a}$ と $\boldsymbol{b}$ のなす角を θ $(0 < \theta < \pi)$ とする（図 **1.14**）。

† 後で定義するベクトルの外積を用いて求めることもできる。

$S = |\boldsymbol{a}|\,|\boldsymbol{b}|\sin\theta$ の両辺を 2 乗して，$\cos^2\theta + \sin^2\theta = 1$ であることを用いると

$$\begin{aligned} S^2 &= |\boldsymbol{a}|^2|\boldsymbol{b}|^2\sin^2\theta = |\boldsymbol{a}|^2|\boldsymbol{b}|^2(1-\cos^2\theta) \\ &= |\boldsymbol{a}|^2|\boldsymbol{b}|^2 - (|\boldsymbol{a}||\boldsymbol{b}|\cos\theta)^2 \\ &= |\boldsymbol{a}|^2|\boldsymbol{b}|^2 - (\boldsymbol{a}\cdot\boldsymbol{b})^2 \end{aligned}$$

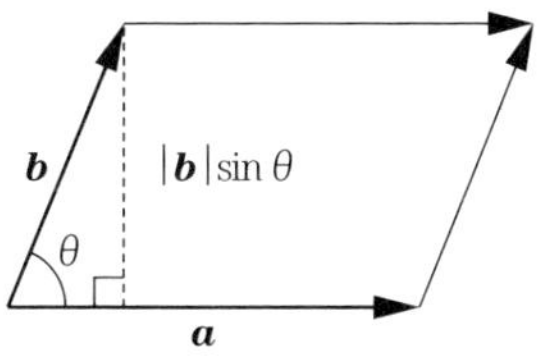

図 1.14 平行四辺形の面積

よって，両辺の正の平方根をとって，式 (1.10) を得る。 □

問 4. $\boldsymbol{a} = (a_1, a_2, a_3)$，$\boldsymbol{b} = (b_1, b_2, b_3)$ の作る平行四辺形の面積 S を成分を使って表せ。

＜工学初学者からの質問と回答 1–2＞

質問 結局内積とはどういうものなのですか？

回答 数学的にはベクトルの大きさを計算するのに使える「物差し」の役目をしてくれたり，2 つのベクトルのなす角を測るための「分度器」にもなります。特に直交しているかどうかを測るのに便利です。物理的・工学的には仕事量の例は重要ですね。

1.3.2 ベクトルの外積（ベクトル積）

ベクトルの内積はスカラーであった。ベクトルではつぎに定義するベクトルになる積も考える。

零ベクトルでない $\boldsymbol{a}$，$\boldsymbol{b}$ に対して，$\boldsymbol{a}$ と $\boldsymbol{b}$ のなす角を θ $(0 < \theta < \pi)$ とするとき，つぎで定義されるベクトルを $\boldsymbol{a}$ と $\boldsymbol{b}$ の**外積**あるいは**ベクトル積**といい，$\boldsymbol{a} \times \boldsymbol{b}$ で表す。

大きさ：$\boldsymbol{a}$ と $\boldsymbol{b}$ の作る平行四辺形の面積 $|\boldsymbol{a}|\,|\boldsymbol{b}|\sin\theta$ （図 **1.15**）。

方向：$\boldsymbol{a}$ と $\boldsymbol{b}$ の両方に垂直で，$\boldsymbol{a}$ を $\boldsymbol{b}$ に重ねるように θ だけ回転させるとき，右ねじの進む方向（図 **1.16**）。

なお平行四辺形ができないとき（少なくとも一方が零ベクトルのときや $\theta = 0$, π のとき）は $\boldsymbol{a} \times \boldsymbol{b}$ は零ベクトルと定義する。

定義より，$\boldsymbol{a} \neq \boldsymbol{0}$，$\boldsymbol{b} \neq \boldsymbol{0}$ のとき

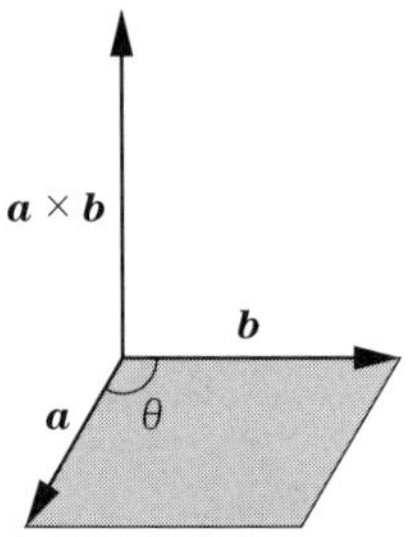

図 1.15　大きさ

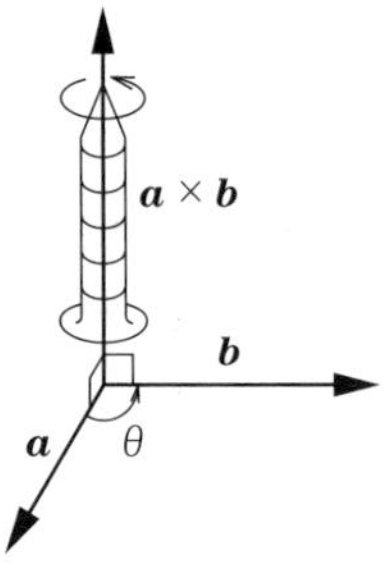

図 1.16　右ねじ

$$\boldsymbol{a} \times \boldsymbol{b} = \boldsymbol{0} \Leftrightarrow \boldsymbol{a} /\!/ \boldsymbol{b} \tag{1.11}$$

例題 1.4　基本ベクトルの外積 $\boldsymbol{i} \times \boldsymbol{j}$, $\boldsymbol{j} \times \boldsymbol{k}$, $\boldsymbol{k} \times \boldsymbol{i}$ を求めよ。

【解答】　$\boldsymbol{i} \times \boldsymbol{j}$ について，定義からその方向は $\boldsymbol{k}$ と同じ方向である（図 **1.17**）。

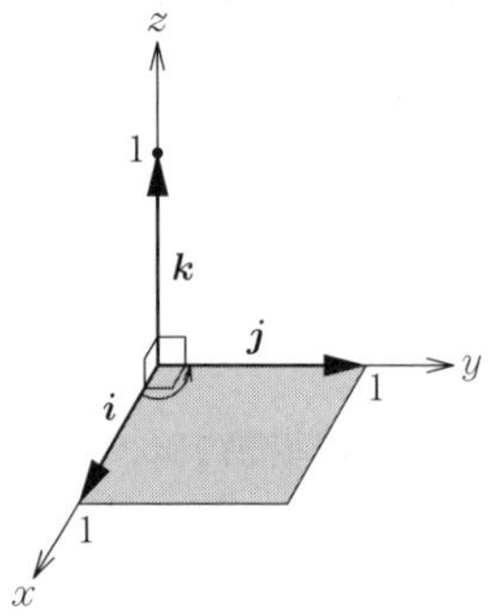

図 **1.17**　$\boldsymbol{i} \times \boldsymbol{j} = \boldsymbol{k}$

また $\boldsymbol{i}$, $\boldsymbol{j}$ は直交する単位ベクトルであるから，それらの作る平行四辺形は一辺の長さが 1 の正方形である。よって $|\boldsymbol{i} \times \boldsymbol{j}| = 1$ であり，$\boldsymbol{i} \times \boldsymbol{j} = \boldsymbol{k}$ である。

同様に，$\boldsymbol{j} \times \boldsymbol{k} = \boldsymbol{i}$, $\boldsymbol{k} \times \boldsymbol{i} = \boldsymbol{j}$ である。　◇

ベクトルの外積に関してつぎの定理が成り立つ。

定理 1.6　(外積の基本性質)

任意のベクトル $\boldsymbol{a}$, $\boldsymbol{b}$, $\boldsymbol{c}$ とスカラー k に対して

(1)　$\boldsymbol{a} \times \boldsymbol{b} = -\boldsymbol{b} \times \boldsymbol{a}$†

(2)　$\boldsymbol{a} \times \boldsymbol{a} = \boldsymbol{0}$

---

† 外積については交換法則が成り立たないことに注意すること。

(3) $\begin{cases} \boldsymbol{a} \times (\boldsymbol{b} + \boldsymbol{c}) = \boldsymbol{a} \times \boldsymbol{b} + \boldsymbol{a} \times \boldsymbol{c} \\ (\boldsymbol{a} + \boldsymbol{b}) \times \boldsymbol{c} = \boldsymbol{a} \times \boldsymbol{c} + \boldsymbol{b} \times \boldsymbol{c} \end{cases}$ （分配法則）

(4) $(k\boldsymbol{a}) \times \boldsymbol{b} = k(\boldsymbol{a} \times \boldsymbol{b}) = \boldsymbol{a} \times (k\boldsymbol{b})$

証明 (1) と (2) は定義より直接いえる。(3) と (4) は章末問題とする。 □

外積の成分表示に関してつぎの定理が成り立つ。

定理 1.7

$\boldsymbol{a} = (a_1,\ a_2,\ a_3)$，$\boldsymbol{b} = (b_1,\ b_2,\ b_3)$ のとき，外積 $\boldsymbol{a} \times \boldsymbol{b}$ の成分はつぎのようになる。

$$\boldsymbol{a} \times \boldsymbol{b} = (a_2b_3 - a_3b_2,\ a_3b_1 - a_1b_3,\ a_1b_2 - a_2b_1) \tag{1.12}$$

これは形式的な行列式の記号を用いるとつぎのように表すことができる。

$$\boldsymbol{a} \times \boldsymbol{b} = \begin{vmatrix} \boldsymbol{i} & \boldsymbol{j} & \boldsymbol{k} \\ a_1 & a_2 & a_3 \\ b_1 & b_2 & b_3 \end{vmatrix} \tag{1.13}$$

$$= \begin{vmatrix} a_2 & a_3 \\ b_2 & b_3 \end{vmatrix} \boldsymbol{i} - \begin{vmatrix} a_1 & a_3 \\ b_1 & b_3 \end{vmatrix} \boldsymbol{j} + \begin{vmatrix} a_1 & a_2 \\ b_1 & b_2 \end{vmatrix} \boldsymbol{k} \tag{1.14}$$

$$= (a_2b_3 - a_3b_2)\boldsymbol{i} - (a_1b_3 - a_3b_1)\boldsymbol{j} + (a_1b_2 - a_2b_1)\boldsymbol{k}$$

$$= (a_2b_3 - a_3b_2,\ a_3b_1 - a_1b_3,\ a_1b_2 - a_2b_1)$$

問 5. 基本ベクトルの外積（例題 1.4）と外積の性質（定理 1.6）を利用して式 (1.12) を証明せよ。

例題 1.5 $\boldsymbol{a} = (1,\ 2,\ 3)$，$\boldsymbol{b} = (-2,\ 0,\ 1)$ について，外積 $\boldsymbol{a} \times \boldsymbol{b}$ を求めよ。

【解答】

$$\boldsymbol{a}\times\boldsymbol{b}=\begin{vmatrix}\boldsymbol{i}&\boldsymbol{j}&\boldsymbol{k}\\1&2&3\\-2&0&1\end{vmatrix}=\begin{vmatrix}2&3\\0&1\end{vmatrix}\boldsymbol{i}-\begin{vmatrix}1&3\\-2&1\end{vmatrix}\boldsymbol{j}+\begin{vmatrix}1&2\\-2&0\end{vmatrix}\boldsymbol{k}$$
$$=(2\cdot1-3\cdot0)\boldsymbol{i}-\{1\cdot1-3\cdot(-2)\}\boldsymbol{j}+\{1\cdot0-2\cdot(-2)\}\boldsymbol{k}$$
$$=2\boldsymbol{i}-7\boldsymbol{j}+4\boldsymbol{k}=(2,-7,4)$$ ◇

問 6. つぎのベクトルの外積 $\boldsymbol{a}\times\boldsymbol{b}$ を求めよ。

(1)　$\boldsymbol{a}=(-1,\ 2,\ 1)$，$\boldsymbol{b}=(3,\ -1,\ 2)$

(2)　$\boldsymbol{a}=(1,\ 1,\ 1)$，$\boldsymbol{b}=(2,\ -2,\ -1)$

この節の最後に，外積とはどういうものか，工学的な応用を考えてつぎの例をみておこう。

- 1つの直線を回転軸としてそのまわりを一定の角速度 ω で等速円運動する物体の速度ベクトル $\boldsymbol{v}$ は，**角速度ベクトル** $\boldsymbol{\omega}$ とその物体の位置ベクトル $\boldsymbol{r}$ との外積 $\boldsymbol{\omega}\times\boldsymbol{r}$ である。

　ここで角速度ベクトルとは，その回転軸上に物体とともに回転する右ねじを考え，方向を右ねじの進む向き，大きさを ω としたベクトルのことである（**図 1.18**）。

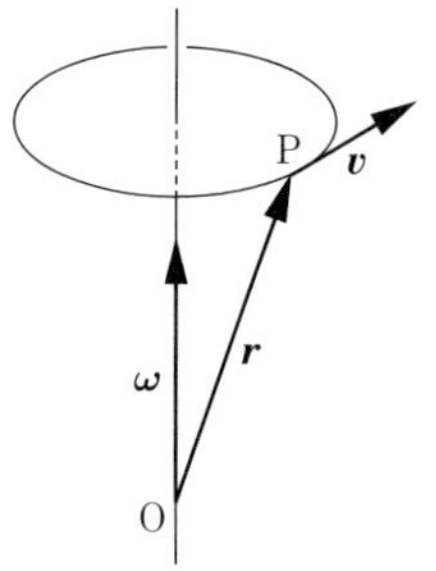

図 1.18　角速度ベクトル

＜工学初学者からの質問と回答 1–3 ＞

質問　外積もなにが重要なのか，いまひとつピンとこないのですが…。

回答　工学的な応用という意味では，力学で力のモーメントや角運動量ベクトルが外積で表されるという重要な例があります。また数学的な興味としては，掛け算の順番を入れ替えると符号が変わるという，これまでに知っている積と比較すると変わった性質をもっていてこれも重要です。

1.4 ベクトル関数

運動する点の位置ベクトル $\boldsymbol{r}$ は時刻に応じてただ1つ決まるベクトルである。一般に，ベクトル $\boldsymbol{a}$ がある変数 t に対応してただ1つ決まるとき，$\boldsymbol{a}$ は t の（1変数）**ベクトル関数**であるといい，$\boldsymbol{a}(t)$ のように表す（図 **1.19**）。

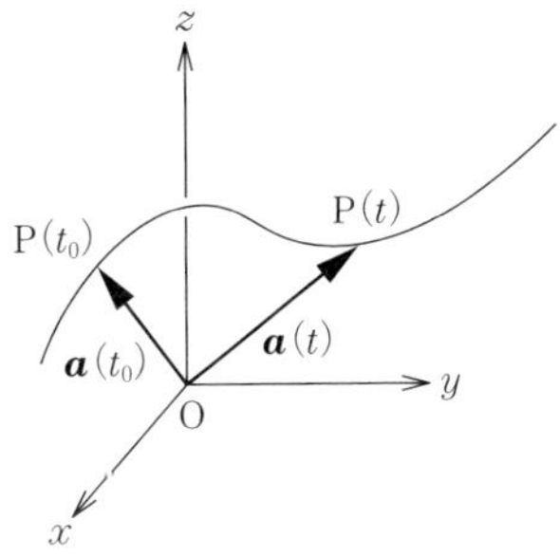

図 **1.19** ベクトル関数

ベクトル関数 $\boldsymbol{a}(t)$ について，t が値 t_0 に限りなく近付くとき，その近付き方によらず $\boldsymbol{a}(t)$ がある一定のベクトル $\boldsymbol{b}$ に限りなく近付くならば，$\boldsymbol{b}$ を t が t_0 に限りなく近付くときの $\boldsymbol{a}(t)$ の**極限値**という。また t が t_0 に限りなく近付くとき，$\boldsymbol{a}(t)$ は $\boldsymbol{b}$ に**収束する**といい

$$\lim_{t \to t_0} \boldsymbol{a}(t) = \boldsymbol{b} \text{ あるいは } \boldsymbol{a}(t) \to \boldsymbol{b} \ \ (t \to t_0) \tag{1.15}$$

などで表す。さらに

$$\lim_{t \to t_0} \boldsymbol{a}(t) = \boldsymbol{a}(t_0) \tag{1.16}$$

であるとき，$\boldsymbol{a}(t)$ は t_0 において**連続**であるという。また $\boldsymbol{a}(t)$ が t のある区間 D 内の任意の値で連続であるとき，$\boldsymbol{a}(t)$ は区間 D で連続であるという。

連続なベクトル関数 $\boldsymbol{a}(t)$ について，t が t_0 から t_0+h まで h だけ変化したときの（平均）変化率 $\dfrac{\boldsymbol{a}(t_0+h)-\boldsymbol{a}(t_0)}{h}$ は1つのベクトルである。ここで $h \to 0$ としたときの極限値が存在するとき，これを $\boldsymbol{a}(t)$ の $t=t_0$ における**微分係数**といい，$\boldsymbol{a}'(t_0)$ で表す（図 **1.20**）。つまり

$$\boldsymbol{a}'(t_0) = \lim_{h \to 0} \frac{\boldsymbol{a}(t_0+h)-\boldsymbol{a}(t_0)}{h} \tag{1.17}$$

このとき $\boldsymbol{a}(t)$ は t_0 で**微分可能**であるといい，t のある区間 D 内の任意の値で微分可能であるとき，$\boldsymbol{a}(t)$ は区間 D で微分可能であるという。さらに微分可能である区間 D 内の任意の t に対して，その微分係数 $\boldsymbol{a}'(t)$ を対応させるベク

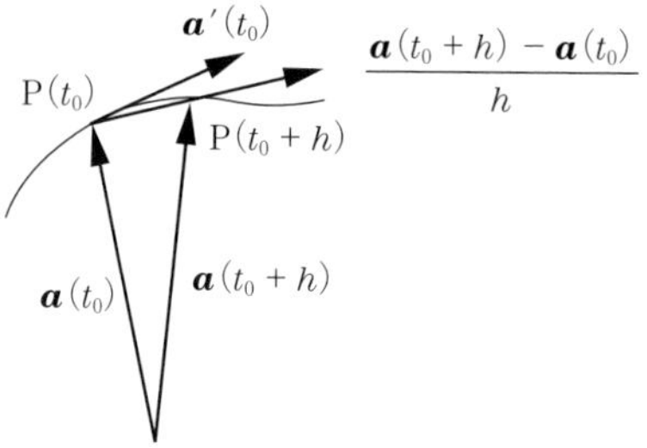

図 **1.20**　ベクトル関数の微分係数

トル関数を $\boldsymbol{a}(t)$ の**導関数**といい，導関数を求めることを**微分する**という。導関数は $\boldsymbol{a}'(t)$, $\dfrac{d\boldsymbol{a}}{dt}$, あるいは $\dot{\boldsymbol{a}}(t)$ などで表す。つまり，$\Delta\boldsymbol{a} = \boldsymbol{a}(t+\Delta t) - \boldsymbol{a}(t)$ とするとき

$$\boldsymbol{a}'(t) = \frac{d\boldsymbol{a}}{dt} = \lim_{\Delta t \to 0} \frac{\Delta \boldsymbol{a}}{\Delta t} \quad (1.18)$$

である。

さて，ベクトル関数 $\boldsymbol{a}(t)$ の成分表示を考えると，$\boldsymbol{a}(t) = (a_1(t), a_2(t), a_3(t))$ のように各成分が t の関数になっている（このように関数の値が 1 つの実数値（スカラー）である関数を，ベクトル関数に対応させて**スカラー関数**という）。

そこでベクトル関数についてのさまざまな用語は各成分のスカラー関数の用語を用いていいかえることができる。

(1)　$\lim_{t \to t_0} \boldsymbol{a}\ (t) = \boldsymbol{b} = (b_1,\ b_2,\ b_3)$ である。
　⇔ 各成分のスカラー関数について $\lim_{t \to t_0} a_i(t) = b_i\ (i = 1, 2, 3)$ である。

(2)　$\boldsymbol{a}(t)$ が t_0 で連続である。
　⇔ 各成分のスカラー関数 $a_i(t)\ (i = 1, 2, 3)$ が t_0 で連続である。

(3)　$\boldsymbol{a}(t)$ が微分可能である。
　⇔ 各成分のスカラー関数 $a_i(t)\ (i = 1, 2, 3)$ が微分可能である。

(4)　導関数とは各成分の関数の導関数を成分とするベクトル関数である。つまり

$$\frac{d\boldsymbol{a}}{dt} = \left(\frac{da_1}{dt}, \frac{da_2}{dt}, \frac{da_3}{dt}\right) \quad (1.19)$$

さらに **$\boldsymbol{n}$ 次導関数** $\dfrac{d^n\boldsymbol{a}}{dt^n}$ についても

$$\frac{d^n\boldsymbol{a}}{dt^n} = \left(\frac{d^n a_1}{dt^n}, \frac{d^n a_2}{dt^n}, \frac{d^n a_3}{dt^n}\right) \quad (1.20)$$

である。

各成分ごとのスカラー関数の微分法から，つぎの定理が成り立つ。

定理 1.8 (ベクトル関数の微分法)

ベクトル関数 $\boldsymbol{a}=\boldsymbol{a}(t)$, $\boldsymbol{b}=\boldsymbol{b}(t)$, スカラー関数 $f=f(t)$ と定数 α, β についてつぎの式が成り立つ。

(1) $(\alpha\boldsymbol{a}+\beta\boldsymbol{b})'=\alpha\boldsymbol{a}'+\beta\boldsymbol{b}'$

(2) $(f\boldsymbol{a})'=f'\boldsymbol{a}+f\boldsymbol{a}'$

(3) $(\boldsymbol{a}\cdot\boldsymbol{b})'=\boldsymbol{a}'\cdot\boldsymbol{b}+\boldsymbol{a}\cdot\boldsymbol{b}'$

(4) $(\boldsymbol{a}\times\boldsymbol{b})'=\boldsymbol{a}'\times\boldsymbol{b}+\boldsymbol{a}\times\boldsymbol{b}'$

さて，これまでは1変数ベクトル関数を考えてきたが，例えば2変数ベクトル関数 $\boldsymbol{a}(u,v)=(a_1(u,v),a_2(u,v),a_3(u,v))$ のような多変数のベクトル関数も考えられる。その**偏導関数**もスカラー関数のときと同様に，$\dfrac{\partial\boldsymbol{a}}{\partial u}$ あるいは $\boldsymbol{a}_u$, $\dfrac{\partial^2\boldsymbol{a}}{\partial v\partial u}=\dfrac{\partial}{\partial v}\left(\dfrac{\partial\boldsymbol{a}}{\partial u}\right)$ あるいは $\boldsymbol{a}_{uv}$ などで表す。例えば

$$\frac{\partial\boldsymbol{a}}{\partial u}=\lim_{\Delta u\to 0}\frac{\boldsymbol{a}(u+\Delta u,v)-\boldsymbol{a}(u,v)}{\Delta u} \tag{1.21}$$

$$=\left(\frac{\partial a_1}{\partial u},\frac{\partial a_2}{\partial u},\frac{\partial a_3}{\partial u}\right) \tag{1.22}$$

である。さらに $\boldsymbol{a}(u,v)$ の**全微分** $d\boldsymbol{a}$ を

$$d\boldsymbol{a}=\frac{\partial\boldsymbol{a}}{\partial u}du+\frac{\partial\boldsymbol{a}}{\partial v}dv \tag{1.23}$$

で定義する。

問 7. $\boldsymbol{a}(u,v)=(a_1(u,v),\ a_2(u,v),\ a_3(u,v))$ の全微分 $d\boldsymbol{a}$ について

$$d\boldsymbol{a}=(da_1,\ da_2,\ da_3) \tag{1.24}$$

であることを示せ。

＜工学初学者からの質問と回答 1–4 ＞

質問 ベクトル関数の微分や偏微分は出てきましたが，積分や重積分はないのでしょうか？

回答　どういうものをイメージしているかによりますが，後から線積分や面積分とよばれるものが登場します。また各成分ごとに積分したものをベクトル関数の積分とする場合もあります。

1.5　曲線と曲面

1.5.1　曲　　　　線

座標空間内の点 P が t によって変化するとき，つまり，点 P の位置ベクトル $\boldsymbol{r}$ が $\boldsymbol{r} = \boldsymbol{r}(t) = (x(t),\ y(t),\ z(t))$ のように**媒介変数** t の 1 変数ベクトル関数で表されるとき，点 P は一般に**曲線**を描く。この曲線を C とするとき，$\boldsymbol{r} = \boldsymbol{r}(t)$ を曲線 C の方程式という[†1]。このとき $\Delta\boldsymbol{r} = \boldsymbol{r}(t+\Delta t) - \boldsymbol{r}(t) = \overrightarrow{\mathrm{P}(t)\mathrm{P}(t+\Delta t)}$ から $\dfrac{\Delta\boldsymbol{r}}{\Delta t} = \dfrac{1}{\Delta t}\overrightarrow{\mathrm{P}(t)\mathrm{P}(t+\Delta t)}$ であり，$\Delta t \to 0$ とすると，$\boldsymbol{r}'(t) = \displaystyle\lim_{\Delta t\to 0}\frac{\Delta\boldsymbol{r}}{\Delta t}$ は点 P(t) を始点としたとき曲線 C に接するベクトルとなる。これを曲線 C の点 P(t) における**接線ベクトル**という[†2]（図 **1.21**）。

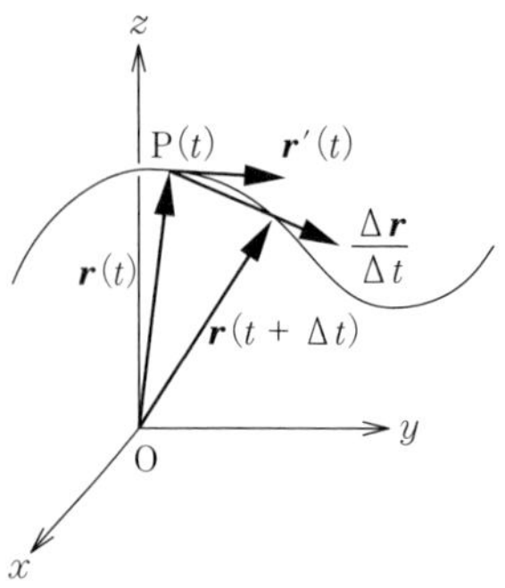

図 **1.21**　接線ベクトル

さらに接線ベクトルと同じ向きの単位ベクトルを**単位接線ベクトル**といい，$\boldsymbol{t}$ で表す[†3]。

$$\boldsymbol{t} = \frac{\boldsymbol{r}'(t)}{|\boldsymbol{r}'(t)|} \tag{1.25}$$

例題 1.6　$a,\ b$ を正の定数とするとき，$\boldsymbol{r} = \boldsymbol{r}(t) = (a\cos t,\ a\sin t,\ bt)$ の表す曲線は**らせん**である（図 **1.22**）。このらせん上の点 P(t) における

[†1] ベクトル関数 $\boldsymbol{r}(t)$ は何回でも微分可能とする。よって $\boldsymbol{r}(t)$ の導関数が存在して連続である。このとき曲線 C は**滑らか**であるという。

[†2] $\boldsymbol{r}'(t) \neq \boldsymbol{0}$ とする。なお $\boldsymbol{r}'(t) = \boldsymbol{0}$ である C 上の点は C の**特異点**とよばれる。

[†3] 単位接線ベクトルの記号 $\boldsymbol{t}$ は，時刻 t と同じアルファベットを用いているが，これは接線ベクトルの英語 tangential vector の頭文字 t から来ている。もちろん時刻の記号は time から来ている。

接線ベクトル $\boldsymbol{r}'(t)$ と単位接線ベクトル $\boldsymbol{t}$ を求めよ。

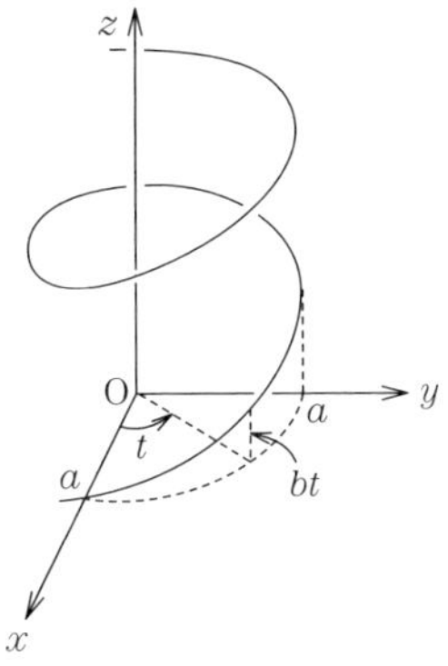

図 **1.22** らせん

【解答】 $\boldsymbol{r}'(t) = (-a\sin t,\ a\cos t,\ b)$ であるから

$$\left|\boldsymbol{r}'(t)\right| = \sqrt{(-a\sin t)^2 + (a\cos t)^2 + b^2} = \sqrt{a^2(\sin^2 t + \cos^2 t) + b^2}$$
$$= \sqrt{a^2 + b^2}$$

である。したがって, $\boldsymbol{t} = \dfrac{1}{\sqrt{a^2+b^2}}(-a\sin t,\ a\cos t,\ b)$ ◇

問 8. 曲線 $\boldsymbol{r} = \left(\dfrac{t^3}{3},\ \dfrac{t^2}{\sqrt{2}},\ t\right)$ 上の点 $\mathrm{P}(t)$ における接線ベクトル $\boldsymbol{r}'(t)$ と単位接線ベクトル $\boldsymbol{t}$ を求めよ。

さてここで, 曲線 $C : \boldsymbol{r} = \boldsymbol{r}(t) = (x(t),\ y(t),\ z(t))$ $(\alpha \leqq t \leqq \beta)$ の長さを考えてみよう。

区間 $[\alpha, \beta] = \{t; \alpha \leqq t \leqq \beta\}$ を n 等分した値を $t_0 = \alpha, t_1, t_2, \cdots, t_n = \beta$, つまり $\Delta t = \dfrac{\beta - \alpha}{n}$ として $t_0 = \alpha$, $t_k - t_{k-1} = \Delta t$ $(1 \leq k \leq n)$ とする。また $t = t_k$ に対応する曲線 C 上の点 $\mathrm{P}(t_k)$ を P_k とする。曲線 C は微小な有向線分 $\overrightarrow{\mathrm{P}_{k-1}\mathrm{P}_k}$ をつないだ折れ線で近似でき（図 **1.23**）, n が十分大きいとき, $\dfrac{\overrightarrow{\mathrm{P}_{k-1}\mathrm{P}_k}}{\Delta t} \fallingdotseq \dfrac{d\boldsymbol{r}}{dt}$ より, 各微小な有向線分は $\overrightarrow{\mathrm{P}_{k-1}\mathrm{P}_k} \fallingdotseq \dfrac{d\boldsymbol{r}}{dt}\Delta t$, すなわち, 接線ベクトルの Δt 倍で近似できる（図 **1.24**）。

よって折れ線の長さはつぎの式で近似できる。

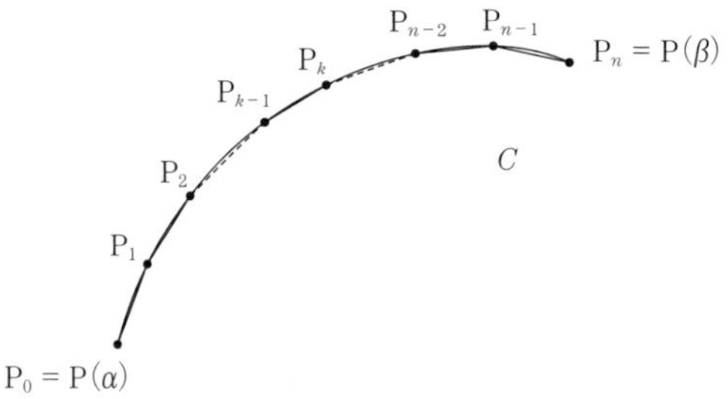

図 **1.23**　曲線の折れ線近似

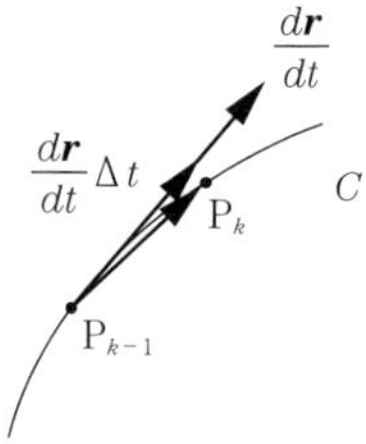

図 **1.24**　微小有向線分と接線ベクトル

$$\sum_{k=1}^{n}\left|\overrightarrow{\mathrm{P}_{k-1}\mathrm{P}_k}\right| \fallingdotseq \sum_{k=1}^{n}\left|\frac{d\boldsymbol{r}}{dt}\right|\Delta t$$

ここで $n\to\infty$ としたときの折れ線の長さの極限値[†1]を曲線 C の**長さ**といい

$$\lim_{n\to\infty}\sum_{k=1}^{n}\left|\frac{d\boldsymbol{r}}{dt}\right|\Delta t = \int_{\alpha}^{\beta}\left|\frac{d\boldsymbol{r}}{dt}\right|dt \tag{1.26}$$

$$= \int_{\alpha}^{\beta}\sqrt{\left(\frac{dx}{dt}\right)^2+\left(\frac{dy}{dt}\right)^2+\left(\frac{dz}{dt}\right)^2}\,dt \tag{1.27}$$

で与えられる[†2]。

また点 $\mathrm{P}(\alpha)$ から点 $\mathrm{P}(t)$ までの長さは t の関数になるから，それを $s = s(t)$ とすると

$$s(t) = \int_{\alpha}^{t}\left|\frac{d\boldsymbol{r}}{dt}\right|dt \tag{1.28}$$

である。逆に s を決めると t が決まるので，t は s の関数であり，t のかわりに s を媒介変数と考えることができる。この媒介変数 s を**弧長**という。

さらに上式 (1.28) を t で微分すると

$$\frac{ds}{dt} = \left|\frac{d\boldsymbol{r}}{dt}\right| \tag{1.29}$$

†1　その和はある一定の値に収束することが知られている。
†2　このような求め方を**区分求積法**という。

である[†1]ことから

$$ds = \left|\frac{d\boldsymbol{r}}{dt}\right| dt = \sqrt{\left(\frac{dx}{dt}\right)^2 + \left(\frac{dy}{dt}\right)^2 + \left(\frac{dz}{dt}\right)^2}\ dt \tag{1.30}$$

と表すことができる。これを曲線 C の**線素**という。この線素を用いると式 (1.27) から曲線 C の長さは

$$\int_{s(\alpha)}^{s(\beta)} ds \tag{1.31}$$

とかくことができる。

さて，曲線 C の弧長 s を媒介変数としたときの接線ベクトルを考えると

$$\frac{d\boldsymbol{r}}{ds} = \frac{d\boldsymbol{r}}{dt}\frac{dt}{ds} = \frac{\boldsymbol{r}'(t)}{|\,\boldsymbol{r}'(t)\,|} = \boldsymbol{t} \tag{1.32}$$

つまり，弧長 s を媒介変数としたときの接線ベクトルは単位接線ベクトルである。

問 9. らせん $C : \boldsymbol{r} = \left(\cos t, \sin t, \sqrt{3}t\right)$ について，点 $\mathrm{P}(0)$ から $\mathrm{P}\left(\frac{\pi}{2}\right)$ までの曲線の長さ ℓ を求めよ。

1.5.2 曲　　面

点 P の位置ベクトル $\boldsymbol{r}$ が 2 変数 u, v のベクトル関数として $\boldsymbol{r} = \boldsymbol{r}(u,v)$ で表されているとき，点 P は一般に**曲面**を描く。その曲面を S とするとき，$\boldsymbol{r} = \boldsymbol{r}(u,v)$ を曲面 S の方程式という[†2]。またここで，v を固定して u だけを動かすと点 P は S 上で曲線を描く。これを S 上の **u-曲線**といい，同様に u を固定して v だけを動かしたときにできる曲線を S 上の **v-曲線**という（**図 1.25**）。

曲面 $S : \boldsymbol{r} = \boldsymbol{r}(u,v)$ 上の点 P を通る u-曲線，v-曲線を 1 つずつひくことができる。このとき，$\boldsymbol{r}_u = \dfrac{\partial \boldsymbol{r}}{\partial u}$，$\boldsymbol{r}_v = \dfrac{\partial \boldsymbol{r}}{\partial v}$ は，それぞれの曲線の点 P におけ

[†1] 一般に，連続関数 $f(x)$ と定数 a について，$\dfrac{d}{dx}\displaystyle\int_a^x f(t)\,dt = f(x)$ が成り立つ。これを**微積分学の基本定理**という。

[†2] ベクトル関数 $\boldsymbol{r}(u,v)$ は何回でも偏微分可能とする。よって $\boldsymbol{r}(u,v)$ の偏導関数が存在して連続であり，このとき曲面 S は**滑らか**であるという。さらに $\boldsymbol{r}_u \times \boldsymbol{r}_v \neq \boldsymbol{0}$ と仮定する。

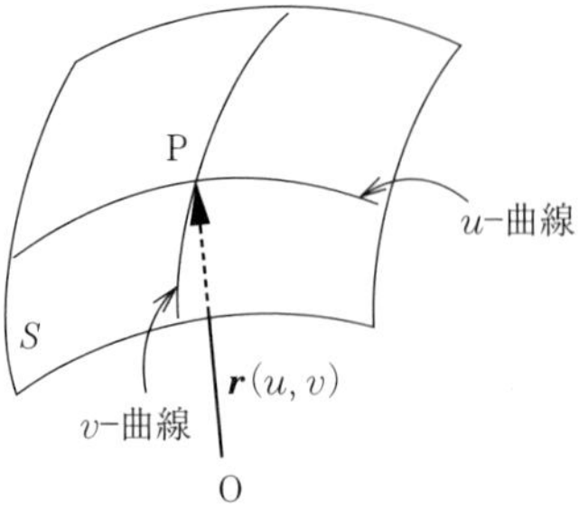

図 **1.25**　u-曲線と v-曲線

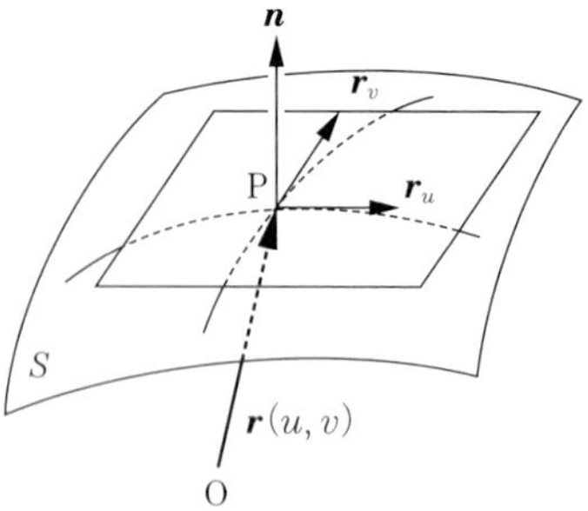

図 **1.26**　接平面と法線ベクトル

る接線ベクトルである[†1]。各点 P において $\boldsymbol{r}_u$, $\boldsymbol{r}_v$ を含む平面がただ 1 つ定まる。この平面を曲面 S の点 P における**接平面**という。このとき $\boldsymbol{r}_u \times \boldsymbol{r}_v$ は接平面の法線ベクトルであり，これを曲面 S の**法線ベクトル**という[†2]（図 **1.26**）。さらに大きさ 1 の法線ベクトルを**単位法線ベクトル**といい，$\boldsymbol{n}$ で表す。

$$\boldsymbol{n} = \pm \frac{\boldsymbol{r}_u \times \boldsymbol{r}_v}{|\boldsymbol{r}_u \times \boldsymbol{r}_v|} \tag{1.33}$$

この複号のうち，通常プラスの符号（つまり $\boldsymbol{r}_u \times \boldsymbol{r}_v$ と同じ向き）を採用する。

例題 1.7　原点を中心とする半径 a の球面 S の方程式は

$$\boldsymbol{r} = (a\sin u\cos v,\ a\sin u\sin v,\ a\cos u)\ (0 \leqq u \leqq \pi,\ 0 \leqq v \leqq 2\pi) \tag{1.34}$$

で与えられることを示し，球面 S 上の点 $\mathrm{P}(u,v)$ における単位法線ベクトル $\boldsymbol{n}$ と接平面の方程式を求めよ。

【解答】　S 上の任意の点 P に対して，$\overrightarrow{\mathrm{OP}} = \boldsymbol{r}$ と z 軸とのなす角を u $(0 \leqq u \leqq \pi)$ とし，$\overrightarrow{\mathrm{OP}}$ の xy-平面への正射影 $\overrightarrow{\mathrm{OP'}}$ と x 軸とのなす角を v $(0 \leqq v \leqq 2\pi)$ とする（図 **1.27**）。このとき，$\overrightarrow{\mathrm{OP}}$ の z 軸への正射影を考えると，$\overrightarrow{\mathrm{OP}}$ の z 成分は $\left|\overrightarrow{\mathrm{OP}}\right| \cos u = a\cos u$ である。また $\left|\overrightarrow{\mathrm{OP'}}\right| = a\sin u$ であるから，$\overrightarrow{\mathrm{OP'}} = (a\sin u\cos v,\ a\sin u\sin v,\ 0)$ である。よって方程式 (1.34) を得る。これより $\boldsymbol{r}_u = (a\cos u\cos v,\ a\cos u\sin v,\ -a\sin u)$，$\boldsymbol{r}_v = (-a\sin u\sin v,$

[†1] 仮定より $\boldsymbol{r}_u \neq \boldsymbol{0}$，$\boldsymbol{r}_v \neq \boldsymbol{0}$ である。
[†2] 正確にはそのスカラー倍のベクトルすべてを法線ベクトルという。

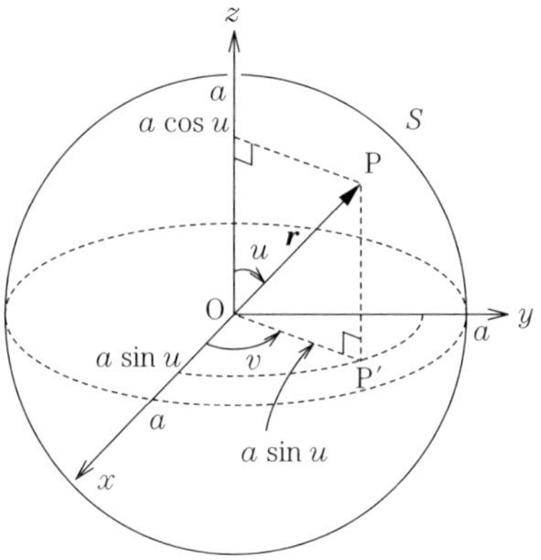

図 **1.27** 球 面

$a \sin u \cos v,\ 0)$ であるから

$$
\begin{aligned}
&\boldsymbol{r}_u \times \boldsymbol{r}_v \\
&= \begin{vmatrix} \boldsymbol{i} & \boldsymbol{j} & \boldsymbol{k} \\ a\cos u\cos v & a\cos u\sin v & -a\sin u \\ -a\sin u\sin v & a\sin u\cos v & 0 \end{vmatrix} \\
&= (a^2\sin^2 u\cos v,\ a^2\sin^2 u\sin v,\ a^2\cos u\sin u) \\
&= a^2\sin u(\sin u\cos v,\ \sin u\sin v,\ \cos u)
\end{aligned}
$$

よって，$0 \leqq u \leqq \pi$ より $\sin u \geqq 0$ であるから

$$
\begin{aligned}
|\boldsymbol{r}_u \times \boldsymbol{r}_v| &= a^2|\sin u|\sqrt{\sin^2 u\cos^2 v + \sin^2 u\sin^2 v + \cos^2 u} \\
&= a^2\sin u\sqrt{\sin^2 u(\cos^2 u + \sin^2 u) + \cos^2 u} \\
&= a^2\sin u\sqrt{\sin^2 u + \cos^2 u} = a^2\sin u
\end{aligned}
$$

したがって

$$
\boldsymbol{n} = \pm\frac{\boldsymbol{r}_u \times \boldsymbol{r}_v}{|\boldsymbol{r}_u \times \boldsymbol{r}_v|} = \pm(\sin u\cos v,\ \sin u\sin v,\ \cos u)\ \left(= +\frac{\boldsymbol{r}}{a}\right)
$$

ゆえに球面 S 上の点 $\mathrm{P}(u,v)$ における接平面の方程式は

$$
\sin u\cos v(x - a\sin u\cos v) + \sin u\sin v(y - a\sin u\sin v) + \cos u(z - a\cos u) = 0
$$

すなわち $x\sin u\cos v + y\sin u\sin v + z\cos u = a$ ◇

さてここで，uv-平面内の領域[†] を D として，曲面 $S : \boldsymbol{r} = \boldsymbol{r}(u,v),\ (u,v) \in D$

[†] 領域 D については，2.2.6 項，定義 2.6 も参照のこと。

の面積を考えてみよう。

曲面 S 上のたがいに近い 2 点 $\mathrm{P}(u,v)$，$\mathrm{Q}(u+\Delta u, v+\Delta v)$ を通る u-曲線と v-曲線を考え，それぞれの交点を**図 1.28** のように $\mathrm{P}_1(u+\Delta u, v)$，$\mathrm{P}_2(u, v+\Delta v)$ として，微小図形 $\mathrm{PP_1QP_2}$ を考えると

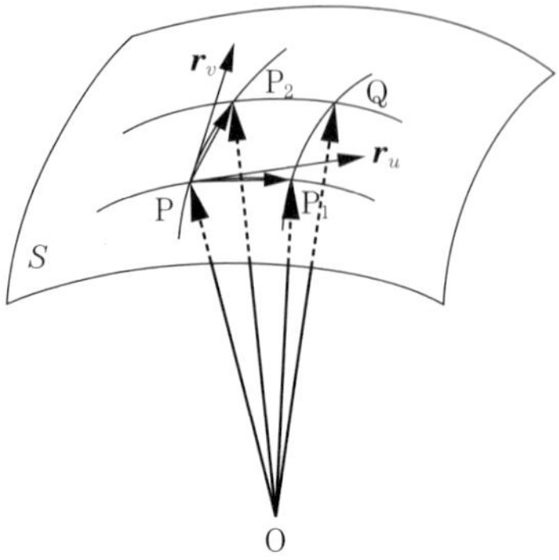

図 **1.28**　曲面上の微小図形

$\dfrac{\overrightarrow{\mathrm{PP_1}}}{\Delta u} \fallingdotseq \dfrac{\partial \boldsymbol{r}}{\partial u}$ より，$\overrightarrow{\mathrm{PP_1}} \fallingdotseq \dfrac{\partial \boldsymbol{r}}{\partial u}\Delta u$ であり，同様に $\overrightarrow{\mathrm{PP_2}} \fallingdotseq \dfrac{\partial \boldsymbol{r}}{\partial v}\Delta v$ である。

さらにその面積 ΔS についても $\Delta S \fallingdotseq \left|\overrightarrow{\mathrm{PP_1}} \times \overrightarrow{\mathrm{PP_2}}\right| \fallingdotseq |\boldsymbol{r}_u \times \boldsymbol{r}_v|\,\Delta u \Delta v$ と考えられるから，その $\Delta u \to 0$，$\Delta v \to 0$ による極限を考えて

$$dS = |\boldsymbol{r}_u \times \boldsymbol{r}_v|\,dudv \qquad (1.35)$$

を得る。dS を曲面 S の**面積素**あるいは**面素**という。

これを D 全体で総和をとることにより，曲面 S の面積はつぎの式で与えられる。

$$\iint_D |\boldsymbol{r}_u \times \boldsymbol{r}_v|\; dudv \qquad (1.36)$$

＜工学初学者からの質問と回答 1–5 ＞

質問　媒介変数が 1 つのときはまだよかったのですが，2 つになるとどうにもイメージがわきません。

回答　確かにいきなり u，v を領域 D 上で動かしたら曲面 S ができますといわれてもピンとこないかもしれませんね。まず 2 変数 x，y の関数 $z=f(x,y)$ のグラフ（曲面）を思い浮かべてみてはどうでしょうか？ その (x,y) がどこかにある uv-平面上の (u,v) を動かすと連動すると思えば少しはイメージできるのではないでしょうか。

1.6 スカラー場とベクトル場

座標空間のある領域内の各点 $\mathrm{P}(x, y, z)$ において，スカラー関数 $\varphi = \varphi(x, y, z)$ が与えられているとき，その領域をあわせて**スカラー場** φ という。一方，ベクトル関数 $\boldsymbol{a} = \boldsymbol{a}(x, y, z)$ が与えられているとき，その領域をあわせて**ベクトル場** $\boldsymbol{a}$ という。

例えば教室内の空間の各点での温度を考えれば，スカラー場であり，各点の風（風向きと強さ）を考えればベクトル場である。また工学的な応用を考えるならばベクトル場の典型的な例として，電場・磁場や流れの場をあげることができる。

1.6.1 スカラー場の勾配

スカラー場 φ に対して，$\left(\dfrac{\partial\varphi}{\partial x}, \dfrac{\partial\varphi}{\partial y}, \dfrac{\partial\varphi}{\partial z}\right)$ はベクトル場を定める。これをスカラー場 φ の**勾配** (gradient) といい，$\mathrm{grad}\,\varphi$ で表す。ここで形式的に

$$\mathrm{grad}\,\varphi = \left(\frac{\partial\varphi}{\partial x}, \frac{\partial\varphi}{\partial y}, \frac{\partial\varphi}{\partial z}\right) = \left(\frac{\partial}{\partial x}, \frac{\partial}{\partial y}, \frac{\partial}{\partial z}\right)\varphi \tag{1.37}$$

と変形すると，これは微分演算子を成分とするベクトルとスカラー場の積のようにみえる。そこでこの形式的なベクトル

$$\left(\frac{\partial}{\partial x}, \frac{\partial}{\partial y}, \frac{\partial}{\partial z}\right) = \frac{\partial}{\partial x}\boldsymbol{i} + \frac{\partial}{\partial y}\boldsymbol{j} + \frac{\partial}{\partial z}\boldsymbol{k} \tag{1.38}$$

を**ハミルトンの演算子**といい，∇（ナブラ）と表記すると φ の勾配はつぎのように表すことができる。

$$\mathrm{grad}\,\varphi = \nabla\varphi \tag{1.39}$$

1.6.2 ベクトル場の発散と回転

ベクトル場 $\boldsymbol{a}$ に対して，形式的なベクトル ∇ との内積 $\nabla\cdot\boldsymbol{a}$，外積 $\nabla\times\boldsymbol{a}$ を，それぞれ $\boldsymbol{a}$ の**発散** (divergence)，**回転** (rotation) といい，記号で $\mathrm{div}\,\boldsymbol{a}$, rot $\boldsymbol{a}$ と表す。つまり

$$\mathrm{div}\,\boldsymbol{a} = \nabla\cdot\boldsymbol{a} \tag{1.40}$$

$$= \left(\frac{\partial}{\partial x},\ \frac{\partial}{\partial y},\ \frac{\partial}{\partial z}\right)\cdot(a_1,\ a_2,\ a_3) = \frac{\partial}{\partial x}a_1 + \frac{\partial}{\partial y}a_2 + \frac{\partial}{\partial z}a_3$$

$$= \frac{\partial a_1}{\partial x} + \frac{\partial a_2}{\partial y} + \frac{\partial a_3}{\partial z} \tag{1.41}$$

$$\mathrm{rot}\,\boldsymbol{a} = \nabla\times\boldsymbol{a}$$

$$= \begin{vmatrix} \boldsymbol{i} & \boldsymbol{j} & \boldsymbol{k} \\ \dfrac{\partial}{\partial x} & \dfrac{\partial}{\partial y} & \dfrac{\partial}{\partial z} \\ a_1 & a_2 & a_3 \end{vmatrix} \tag{1.42}$$

$$= \begin{vmatrix} \dfrac{\partial}{\partial y} & \dfrac{\partial}{\partial z} \\ a_2 & a_3 \end{vmatrix}\boldsymbol{i} - \begin{vmatrix} \dfrac{\partial}{\partial x} & \dfrac{\partial}{\partial z} \\ a_1 & a_3 \end{vmatrix}\boldsymbol{j} + \begin{vmatrix} \dfrac{\partial}{\partial x} & \dfrac{\partial}{\partial y} \\ a_1 & a_2 \end{vmatrix}\boldsymbol{k}$$

$$= \left(\frac{\partial a_3}{\partial y} - \frac{\partial a_2}{\partial z}\right)\boldsymbol{i} - \left(\frac{\partial a_3}{\partial x} - \frac{\partial a_1}{\partial z}\right)\boldsymbol{j} + \left(\frac{\partial a_2}{\partial x} - \frac{\partial a_1}{\partial y}\right)\boldsymbol{k}$$

$$= \left(\frac{\partial a_3}{\partial y} - \frac{\partial a_2}{\partial z},\ \frac{\partial a_1}{\partial z} - \frac{\partial a_3}{\partial x},\ \frac{\partial a_2}{\partial x} - \frac{\partial a_1}{\partial y}\right) \tag{1.43}$$

例題 1.8　点 P の位置ベクトル $\boldsymbol{r} = (x,\ y,\ z)$ はベクトル場であり，その大きさ $r = |\boldsymbol{r}|$ はスカラー場である。r の勾配 grad r，ベクトル場 $\boldsymbol{r}$ の発散 div $\boldsymbol{r}$，回転 rot $\boldsymbol{r}$ を求めよ。

【解答】　$r = \sqrt{x^2+y^2+z^2} = (x^2+y^2+z^2)^{\frac{1}{2}}$ であるから

$$\frac{\partial r}{\partial x} = \frac{1}{2}(x^2+y^2+z^2)^{-\frac{1}{2}}\ \frac{\partial(x^2+y^2+z^2)}{\partial x}$$

$$= \frac{2x}{2\sqrt{x^2+y^2+z^2}} = \frac{x}{\sqrt{x^2+y^2+z^2}} = \frac{x}{r}$$

同様に $\dfrac{\partial r}{\partial y} = \dfrac{y}{r}$，$\dfrac{\partial r}{\partial z} = \dfrac{z}{r}$ であるから

$$\mathrm{grad}\,r = \nabla r = \left(\frac{\partial r}{\partial x},\ \frac{\partial r}{\partial y},\ \frac{\partial r}{\partial z}\right) = \left(\frac{x}{r},\ \frac{y}{r},\ \frac{z}{r}\right) = \frac{1}{r}(x,\ y,\ z) = \frac{\boldsymbol{r}}{r} \tag{1.44}$$

また

$$\operatorname{div}\boldsymbol{r} = \nabla\cdot\boldsymbol{r} = \frac{\partial x}{\partial x} + \frac{\partial y}{\partial y} + \frac{\partial z}{\partial z} = 3 \tag{1.45}$$

$$\operatorname{rot}\boldsymbol{r} = \nabla\times\boldsymbol{r} = \begin{vmatrix} \boldsymbol{i} & \boldsymbol{j} & \boldsymbol{k} \\ \dfrac{\partial}{\partial x} & \dfrac{\partial}{\partial y} & \dfrac{\partial}{\partial z} \\ x & y & z \end{vmatrix}$$

$$= \left(\frac{\partial z}{\partial y} - \frac{\partial y}{\partial z}\right)\boldsymbol{i} + \left(\frac{\partial x}{\partial z} - \frac{\partial z}{\partial x}\right)\boldsymbol{j} + \left(\frac{\partial y}{\partial x} - \frac{\partial x}{\partial y}\right)\boldsymbol{k} = \boldsymbol{0} \tag{1.46}$$ ◇

問 10. スカラー場 $\varphi = xyz$ の勾配 $\operatorname{grad}\varphi$ とベクトル場 $\boldsymbol{a} = \left(x^2+y^2,\ y^2+z^2,\ z^2+x^2\right)$ の発散 $\operatorname{div}\boldsymbol{a}$ と回転 $\operatorname{rot}\boldsymbol{a}$ を求めよ。

スカラー場 φ，ベクトル場 $\boldsymbol{a}$[†]に対し，つぎの定理が成り立つ。

定理 1.9 （スカラー場，ベクトル場の性質）

(1) $\operatorname{rot}(\operatorname{grad}\varphi) = \boldsymbol{0}$

(2) $\operatorname{div}(\operatorname{rot}\boldsymbol{a}) = 0$

(3) $\operatorname{rot}(\operatorname{rot}\boldsymbol{a}) = \operatorname{grad}(\operatorname{div}\boldsymbol{a}) - \triangle\boldsymbol{a}$

ただし

$$\triangle = \nabla\cdot\nabla = \frac{\partial^2}{\partial x^2} + \frac{\partial^2}{\partial y^2} + \frac{\partial^2}{\partial z^2} \tag{1.47}$$

とする。$\triangle$ をラプラスの演算子あるいはラプラシアンという。

証明

(1) $$\operatorname{rot}(\operatorname{grad}\varphi) = \nabla\times(\operatorname{grad}\varphi) = \begin{vmatrix} \boldsymbol{i} & \boldsymbol{j} & \boldsymbol{k} \\ \dfrac{\partial}{\partial x} & \dfrac{\partial}{\partial y} & \dfrac{\partial}{\partial z} \\ \varphi_x & \varphi_y & \varphi_z \end{vmatrix}$$

$$= \left(\frac{\partial\varphi_z}{\partial y} - \frac{\partial\varphi_y}{\partial z}\right)\boldsymbol{i} + \left(\frac{\partial\varphi_x}{\partial z} - \frac{\partial\varphi_z}{\partial x}\right)\boldsymbol{j} + \left(\frac{\partial\varphi_y}{\partial x} - \frac{\partial\varphi_x}{\partial y}\right)\boldsymbol{k}$$

† φ，$\boldsymbol{a}$ ともに 2 次偏導関数が存在して連続であるとする。

$$= (\varphi_{zy} - \varphi_{yz},\ \varphi_{xz} - \varphi_{zx},\ \varphi_{yx} - \varphi_{xy}) = \mathbf{0} \qquad (1.48)$$

(2)　$\mathrm{div}\,(\mathrm{rot}\,\boldsymbol{a}) = \nabla \cdot \mathrm{rot}\,\boldsymbol{a}$

$$= \frac{\partial\{(a_3)_y - (a_2)_z\}}{\partial x} + \frac{\partial\{(a_1)_z - (a_3)_x\}}{\partial y} + \frac{\partial\{(a_2)_x - (a_1)_y\}}{\partial z}$$

$$= \{(a_3)_{yx} - (a_2)_{zx}\} + \{(a_1)_{zy} - (a_3)_{xy}\} + \{(a_2)_{xz} - (a_1)_{yz}\}$$

$$= 0$$

(3)　章末問題とする。　□

1.6.3　等位面と勾配

スカラー場 φ の勾配とはなにを表すのか，図形的な意味をみてみよう。φ と定数 c に対して，方程式 $\varphi(x,\ y,\ z) = c$ を満たす点 $\mathrm{P}(x,\ y,\ z)$ は1つの曲面 S（これをスカラー場 φ の**等位面**という）を表す。等位面 S 上の点 P を通る任意の曲線を $C : \boldsymbol{r} = \boldsymbol{r}(t) = (x(t),\ y(t),\ z(t))$ とすると，$\varphi(x(t),\ y(t),\ z(t)) = c$ であり，この両辺を t で微分すると $\varphi_x x' + \varphi_y y' + \varphi_z z' = 0$。ここで左辺は φ の勾配 $\mathrm{grad}\varphi$ と点 P における S 上の曲線の接線ベクトル $\boldsymbol{r}'(t) = (x'(t),\ y'(t),\ z'(t))$ との内積である。つまり，$\mathrm{grad}\varphi \cdot \boldsymbol{r}' = 0$ であり，$\mathrm{grad}\varphi \perp \boldsymbol{r}'$ である。よって $\mathrm{grad}\varphi$ は点 P における等位面の法線ベクトルである（図 **1.29**）。

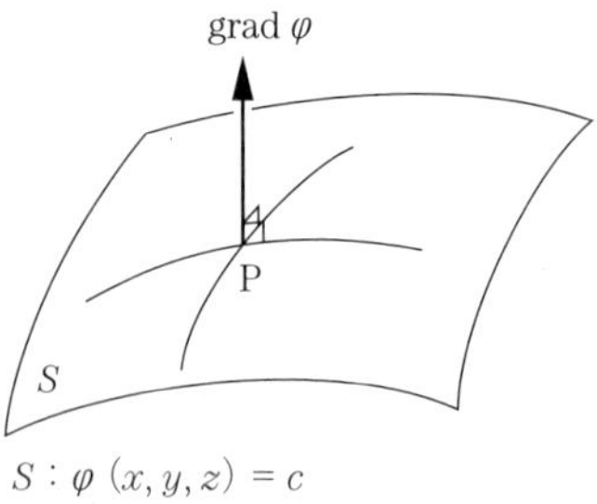

図 **1.29**　スカラー場の勾配

さらに点 P を始点とする任意の単位ベクトル $\boldsymbol{e} = (e_1,\ e_2,\ e_3)$ をとり，点 P が $\boldsymbol{e}$ 方向へ微小な距離 h だけ移動したときの φ の変化率をみる。つまり点 $\mathrm{Q}(x + he_1,\ y + he_2,\ z + he_3)$ を考えたときの

$$\lim_{h\to 0} \frac{\varphi(\mathrm{Q}) - \varphi(\mathrm{P})}{h} = \lim_{h\to 0} \frac{\varphi(\boldsymbol{r} + h\boldsymbol{e}) - \varphi(\boldsymbol{r})}{h}$$

$$= \lim_{h\to 0} \frac{\varphi(x + he_1,\ y + he_2,\ z + he_3) - \varphi(x,\ y,\ z)}{h}$$

が存在するとき，これをスカラー場 φ の（点 P における）$\boldsymbol{e}$ 方向への**方向微分係数**といい，$\dfrac{d\varphi}{de}$ で表す（図 **1.30**）。

このとき

$$\frac{d\varphi}{de} = e_1\frac{\partial \varphi}{\partial x} + e_2\frac{\partial \varphi}{\partial y} + e_3\frac{\partial \varphi}{\partial z} = \boldsymbol{e}\cdot \mathrm{grad}\,\varphi \tag{1.49}$$

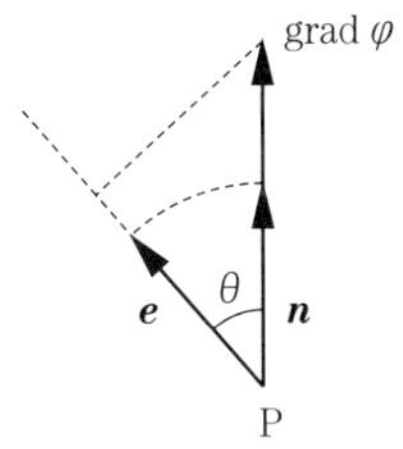

図 1.30 方向微分係数

つまりスカラー場 φ の $\boldsymbol{e}$ 方向への方向微分係数は, $\mathrm{grad}\,\varphi$ と $\boldsymbol{e}$ との内積 (すなわち $\mathrm{grad}\,\varphi$ の $\boldsymbol{e}$ 方向の成分) で与えられる。

問 11. (1.49) が成り立つことを示せ。

このとき $\mathrm{grad}\,\varphi$ と $\boldsymbol{e}$ のなす角を θ $(0 \leqq \theta \leqq \pi)$ とすると, $\dfrac{d\varphi}{de} = |\mathrm{grad}\,\varphi| \cos\theta$。よって $\boldsymbol{e}$ の方向を変化させる, つまり, θ を変化させるとき, $\theta = 0$ で $\dfrac{d\varphi}{de}$ は最大値 $|\mathrm{grad}\,\varphi|$ をとる。したがって, $\boldsymbol{e}$ として等位面の単位法線ベクトル $\boldsymbol{n} = \dfrac{\mathrm{grad}\,\varphi}{|\mathrm{grad}\,\varphi|}$ をとると $\dfrac{d\varphi}{de}$ は最大で, $\mathrm{grad}\,\varphi = \dfrac{d\varphi}{dn}\boldsymbol{n}$ で表されることを示している[†1]。

1.6.4 発散と回転の物理的な意味

ベクトル場 $\boldsymbol{a}$ の発散 $\mathrm{div}\,\boldsymbol{a}$ と回転 $\mathrm{rot}\,\boldsymbol{a}$ はそれぞれどのような量を表しているのだろうか。

3 次元空間内を流れる流体について考えてみよう。ベクトル場 $\boldsymbol{v}(x, y, z)$ を空間の各点 (x, y, z) におけるこの流体の速度ベクトルと一致するようにとる。このベクトル場を**流体の速度場**とよぶ。

まず発散の意味を考える。いま空間内の小さな閉曲面[†2]とその閉曲面に囲まれた領域を考える。その閉曲面上のある部分では閉曲面の内側から外側に向かって流体が通過し (つまり流体がその領域から流出し), ある部分では外側から内側に向かって流体が通過する (つまり流体がその領域に流入する)。このときその領域からの流出量とその領域への流入量との差が正ならば, その領域からは流体が湧き出していることになる。またその差が負ならばその領域では流体が

[†1] φ が増加する向きに単位法線ベクトル $\boldsymbol{n}$ をとるものとする。
[†2] 閉曲面については 1.9.2 項で詳しく述べる。

吸い込まれていることになる。その領域からの流出量とその領域への流入量の差が0であるならば，流体はその領域を通過しているだけでその領域においては湧き出しも吸い込みもないことになる。

ある領域についてそれを取り囲む閉曲面を通過して単位時間に流出する量と流入する量との差を**湧き出し量**とよぶことにする。この言葉を用いれば，湧き出し量が正ならば湧き出しを表し，湧き出し量が負ならば吸い込みを意味する。

点 (x, y, z) を含む微小な領域の体積を ΔV とすると，その微小領域からの流体の湧き出し量は $\mathrm{div}\,\boldsymbol{v}\,\Delta V$ に等しい。いいかえれば，速度場の発散 $\mathrm{div}\,\boldsymbol{v}(x, y, z)$ は，各点における単位体積当りの湧き出し量という意味をもっている。

典型的な例として，速度場

$$\boldsymbol{v} = (kx, ky, kz) \quad (k \text{ は定数}) \tag{1.50}$$

を考えてみよう。

$k > 0$ のときのこの速度場の様子を **図 1.31** に示す。図は xy-平面内のみを描いている。発散を求めると，$\mathrm{div}\,\boldsymbol{v} = \nabla \cdot \boldsymbol{v} = 3k$ で，$k > 0$ のとき全空間で一様な正の値をとる。これは全空間で一様な (正の) 湧き出しがあることを意味している。確かに図の速度場は原点では明らかに湧き出している。原点以外ではどうだろう。例えば，x 軸上で $x > 0$ の点をとり，その点を中心とする微小な球を考えてみよう。その点の近傍では速度場は右を向いており，また右に行く

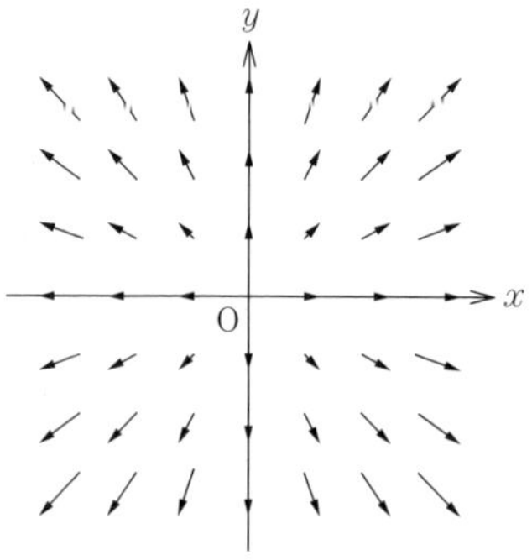

図 1.31　$k > 0$ のときの速度場

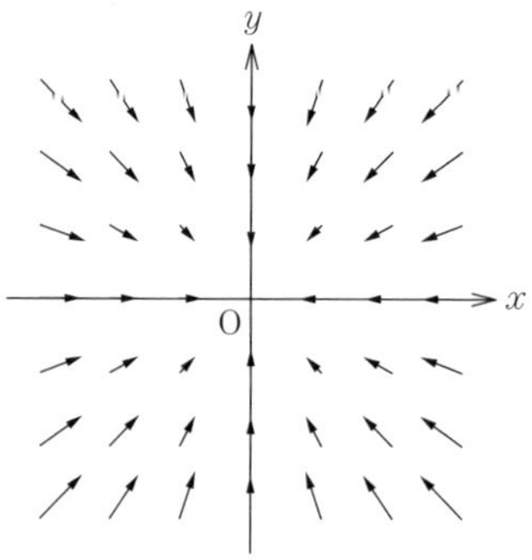

図 1.32　$k < 0$ のときの速度場

ほど速度場の大きさは大きくなっている。したがって，その微小球の表面のうち，左半分を通過して球内に流入する流体量に比べて右半分を通過して球外に流出する流体量のほうが大きくなる。したがってこの微小球の領域からは差し引き正の量の流体が湧き出していることになる。このことは，$\mathrm{div}\,\boldsymbol{v} = 3k > 0$ という事実とよくつじつまがあっている。$k < 0$ のときには，速度場 (1.50) の発散は負であるが，実際に空間の各点で流体が吸い込まれていることは図 **1.32** をみれば容易に想像がつくであろう。

つぎに回転の意味を考えてみよう。回転軸のついた十分軽い微小な羽根車を考える。この羽根車を空間の各点 $(x,\,y,\,z)$ に置くと流体の流れによって羽根車は回転する。回転軸を x 軸に平行に向けたときに羽根車が回転する角速度 ω_x は，速度場の回転 $\mathrm{rot}\,\boldsymbol{v}(x,\,y,\,z)$ の x 成分の $\dfrac{1}{2}$ に等しい。ここで羽根車の回転の向きは，$\mathrm{rot}\,\boldsymbol{v}(x,\,y,\,z)$ の x 成分の値が正なら x 軸の正の方向からみて反時計回り，負なら時計回りである。同様に羽根車の回転軸を y 軸に平行に向けたときに羽根車が回転する角速度 ω_y は，$\mathrm{rot}\,\boldsymbol{v}(x,\,y,\,z)$ の y 成分の $\dfrac{1}{2}$ に等しい。z 軸方向についても同様である。また，羽根車の回転軸の方向を $\mathrm{rot}\,\boldsymbol{v}(x,\,y,\,z)$ の方向にあわせると，羽根車の回転の角速度は最大になり，その値は $\dfrac{1}{2}|\mathrm{rot}\,\boldsymbol{v}(x,\,y,\,z)|$ に等しい。すなわち速度場は各点で $\mathrm{rot}\,\boldsymbol{v}(x,\,y,\,z)$ の方向を回転軸とする渦を巻いているといってもよい。

ここでは例として速度場

$$\boldsymbol{v} = (-ky,\; kx,\; 0) \quad (k\ \text{は定数}) \tag{1.51}$$

を考えてみよう。

$k > 0$ のときのこの速度場の様子を図 **1.33** に示す。図は xy-平面内のみを描いている。z 軸は紙面に垂直で紙面の裏から表の方向を向いている。この速度場の回転を求めると $\mathrm{rot}\,\boldsymbol{v} = \nabla \times \boldsymbol{v} = (0,\,0,\,2k)$ となり，全空間で一様で $k > 0$ のとき z 方向正の向きを向いている。これはこの速度場が空間の各点で一様に z 方向正の向きを回転軸として渦を巻いていることを意味している。確かに図の速度場は原点では明らかに z 軸のまわりに，z 軸の正の方向からみて

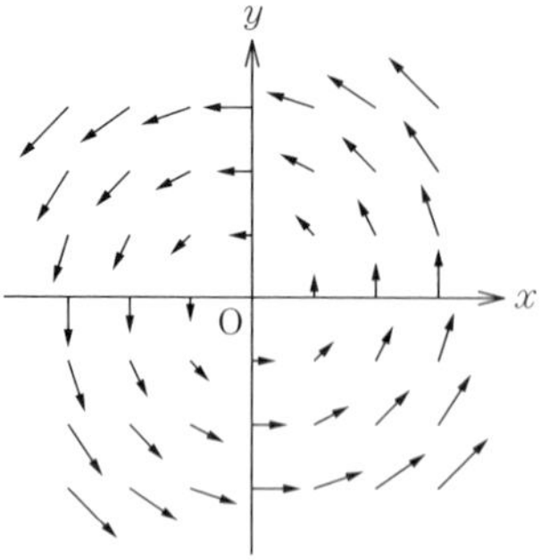

図 **1.33**　$k > 0$ の速度場

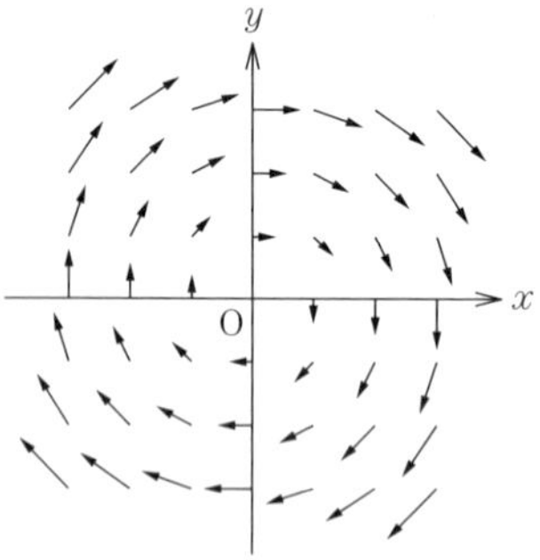

図 **1.34**　$k < 0$ の速度場

反時計回りに渦を巻いている。原点以外ではどうだろう。このことをみるために，微小な羽根車を使おう。例えば，x 軸上で $x > 0$ の点をとり，その点に微小な羽根車を置いてみる。羽根車の回転軸が z 軸と平行になるように置いたとき，その点の近傍では速度場は y 方向正の向きを向いており，その大きさは回転軸の左側に比べて右側のほうが大きい (すなわち右側のほうが流速が大きい) ので，羽根車は z 軸の正の方向からみて反時計回りに回転する。このことは，$\mathrm{rot}\,\boldsymbol{v}$ の z 成分が $2k$ (> 0) であることと整合している。一方，図の速度場の場合に羽根車の回転軸を x 方向や y 方向に向けて置いても羽根車は回転しないことはすぐに理解できる。このことは，$\mathrm{rot}\,\boldsymbol{v}$ の x 成分と y 成分がそれぞれ 0 であることと整合している。$k < 0$ のときには，速度場 (1.51) の回転 $\mathrm{rot}\,\boldsymbol{v}$ の向きが $k > 0$ のときと逆転する。実際に図 **1.34** のように各点での速度場の回転方向が $k > 0$ のときと逆転している。

1.7　曲線と線積分

1.7.1　スカラー場の線積分

スカラー場 φ における曲線 C が弧長 s を媒介変数として $C : \boldsymbol{r} = \boldsymbol{r}(s) = (x(s), y(s), z(s))$ $(a \leqq s \leqq b)$ で表されているとする†。このとき，積分

† 曲線の向きは s の増加する向きとする。

$$\int_C \varphi\, ds = \int_a^b \varphi\,(x(s),\, y(s),\, z(s))\; ds \tag{1.52}$$

をスカラー場 φ の曲線 C に沿った**線積分**といい，また曲線 C をその**積分路**という。

曲線 C が媒介変数 t で $C: \boldsymbol{r} = \boldsymbol{r}(t) = (x(t),\, y(t),\, z(t))$ $(\alpha \leqq t \leqq \beta)$ と表されているとき，式 (1.29) から

$$\int_C \varphi\, ds = \int_C \varphi\, \frac{ds}{dt}\, dt = \int_\alpha^\beta \varphi\,(x(t),\ y(t),\ z(t)) \left| \frac{d\boldsymbol{r}(t)}{dt} \right| dt \tag{1.53}$$

となる。

例題 1.9 xy-平面上の点 A(1, 0, 0) から B(0, 1, 0) に至る 2 つの曲線 $C_1: \boldsymbol{r} = (\cos s,\, \sin s,\, 0)$ $(0 \leqq s \leqq \pi/2)$，$C_2: \boldsymbol{r} = (1-t,\, t,\, 0)$ $(0 \leqq t \leqq 1)$ に関してスカラー場 $\varphi = 3x + y$ の線積分 $I_i = \displaystyle\int_{C_i} \varphi\, ds$ $(i = 1, 2)$ の値を求めよ（図 **1.35**）。

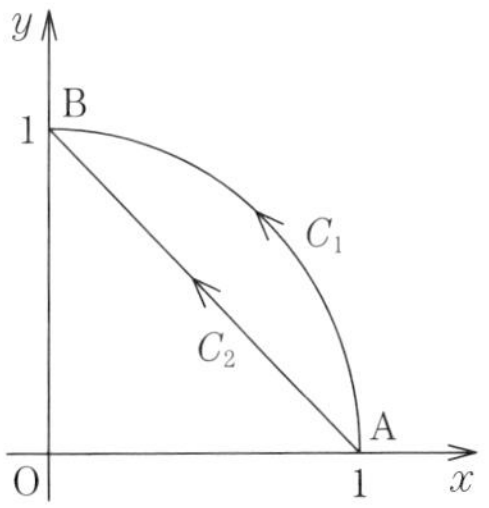

図 1.35 積分路 C_1 と C_2

【解答】 C_1 上で $\varphi = 3\cos s + \sin s$ であるから

$$I_1 = \int_0^{\frac{\pi}{2}} (3\cos s + \sin s)\, ds = \Big[3\sin s - \cos s \Big]_0^{\frac{\pi}{2}} = 4$$

一方，C_2 上では $\varphi = -2t + 3$ であり，$\boldsymbol{r}'(t) = (-1,\, 1,\, 0)$ であるから $|\boldsymbol{r}'(t)| = \sqrt{2}$ である。したがって

$$I_2 = \int_0^1 (-2t + 3)\sqrt{2}\; dt = \sqrt{2}\Big[-t^2 + 3t \Big]_0^1 = 2\sqrt{2} \qquad \diamondsuit$$

この例題 1.9 のように一般には線積分の値は積分路によって変わる。

曲線 C に対して，その向きを反対にした曲線を $-C$ で表すことにし，また

C が2つの曲線 C_1, C_2 を繋げてできているとき，$C = C_1 + C_2$ と表すことにすると，線積分の定義よりつぎの定理が成り立つ。

定理 1.10 (線積分の性質)

任意のスカラー場 φ, φ_1, φ_2 と定数 k_1, k_2 に対して

(1) $\displaystyle\int_C (k_1\varphi_1 + k_2\varphi_2)\,dt = k_1\int_C \varphi_1\,dt + k_2\int_C \varphi_2\,dt$

(2) $\displaystyle\int_{-C} \varphi\,dt = -\int_C \varphi\,dt$，ただし $\displaystyle\int_{-C} \varphi\,ds = \int_C \varphi\,ds$

(3) $C = C_1 + C_2$ のとき，$\displaystyle\int_C \varphi\,dt = \int_{C_1} \varphi\,dt + \int_{C_2} \varphi\,dt$

問 12. 密度 ρ が場所ごとに $\rho(x, y, z) = \rho_0 + ax^2 + bxy + cz$ (ρ_0, a, b, c は定数) に従って変化する金属材料から，らせん C： $\boldsymbol{r} = (\cos t, \sin t, 2t)$ $(0 \leqq t \leqq 2\pi)$ に沿って十分細い一定の断面積 A の曲線材を切り出した。この曲線材の全質量を求めよ。

1.7.2 ベクトル場の線積分

ベクトル場 $\boldsymbol{a}$ が曲線 $C : \boldsymbol{r} = \boldsymbol{r}(s)$ で定義されるとき，$\boldsymbol{a}$ と C の単位接線ベクトル $\boldsymbol{t} = \boldsymbol{r}'(s)$ との内積 $\boldsymbol{a}\cdot\boldsymbol{t}$ は $\boldsymbol{a}$ の曲線 C の接線方向の成分を表すスカラー場である。このスカラー場 $\boldsymbol{a}\cdot\boldsymbol{t}$ の線積分 $\displaystyle\int_C \boldsymbol{a}\cdot\boldsymbol{t}\,ds$ をベクトル場 $\boldsymbol{a}$ の曲線 C に沿った**線積分**という。

C が媒介変数 t で $C : \boldsymbol{r} = \boldsymbol{r}(t)$ と表されているとき

$$\int_C \boldsymbol{a}\cdot\boldsymbol{t}\,ds = \int_C \boldsymbol{a}\cdot\frac{d\boldsymbol{r}}{ds}\,ds = \int_C \boldsymbol{a}\cdot d\boldsymbol{r} \tag{1.54}$$

$$= \int_C \boldsymbol{a}\cdot\frac{d\boldsymbol{r}}{dt}\,dt \tag{1.55}$$

式 (1.54) の $d\boldsymbol{r}$ は曲線 C に沿った微小ベクトルで，$d\boldsymbol{r} = (dx, dy, dz)$ であるから，ベクトル場の線積分はつぎのように表示することもある。

$$\int_C \boldsymbol{a}\cdot\boldsymbol{t}\,ds = \int_C \boldsymbol{a}\cdot d\boldsymbol{r} = \int_C (a_1dx + a_2dy + a_3dz) \tag{1.56}$$

力学では，$\boldsymbol{a}$ を力の場とすると，この線積分は，質点が曲線 C に沿って移動

するときに力 $\boldsymbol{a}$ が質点に対してする仕事量に等しい。

例題 1.10　らせん $C : \boldsymbol{r} = (\cos t,\ \sin t,\ 2t)\ (0 \leqq t \leqq \pi)$ に沿ったベクトル場 $\boldsymbol{a} = (-y,\ x,\ z)$ の線積分 $\displaystyle\int_C \boldsymbol{a} \cdot d\boldsymbol{r}$ の値を求めよ。

【解答】　$d\boldsymbol{r} = (-\sin t,\ \cos t,\ 2)\,dt$ であり，曲線 C 上で $\boldsymbol{a} = (-\sin t,\ \cos t,\ 2t)$ であるから

$$\int_C \boldsymbol{a} \cdot d\boldsymbol{r} = \int_0^\pi (\sin^2 t + \cos^2 t + 4t)\,dt = \int_0^\pi (1 + 4t)\,dt$$
$$= \Big[t + 2t^2\Big]_0^\pi = \pi + 2\pi^2 \qquad \diamondsuit$$

1.7.3　グリーンの公式

曲線 $C : \boldsymbol{r} = \boldsymbol{r}(t) = (x(t),\ y(t),\ z(t))\ (\alpha \leqq t \leqq \beta)$ の端点 $\mathrm{P}(\alpha)$ と $\mathrm{P}(\beta)$ が一致するとき，曲線 C を**閉曲線**という。さらに自分自身と交わることのない閉曲線を**単一閉曲線**（または**単純閉曲線**）という。

ここでは**グリーンの公式**を定理として示し，その証明を与えよう。

定理 1.11　(グリーンの公式)

xy-平面上の単一閉曲線 C で囲まれた領域を D とする。関数 $f(x,\ y)$, $g(x, y)$ とその偏導関数が C 上および D で連続であるとき，つぎの定理が成り立つ。

$$\int_C (f\,dx + g\,dy) = \iint_D \left(\frac{\partial g}{\partial x} - \frac{\partial f}{\partial y}\right) dxdy \qquad (1.57)$$

ただし，C の向きは進行方向に対して左側に領域 D をみる向き (反時計回り) にとる (図 **1.36**)†。

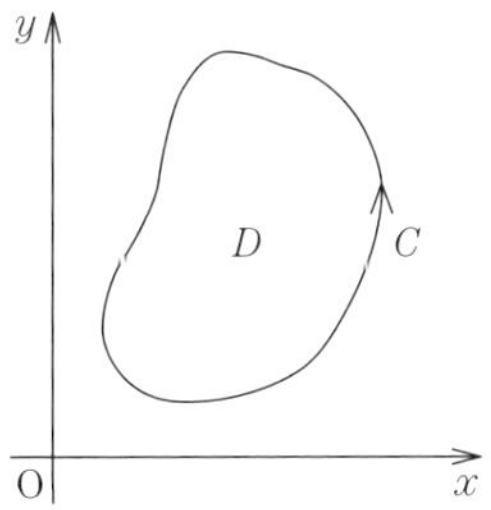

図 **1.36**　グリーンの公式

---

† グリーンの公式は領域 D が 2 つ以上の単一閉曲線で囲まれている場合に拡張することができる。

証明　I. 曲線 C と，各座標軸に平行な直線がたかだか 2 点で交わる場合

図 1.37 のように点 A から点 B に至る上下の曲線をそれぞれ $C_1 : \boldsymbol{r} = (x, \phi_1(x))$，$C_2 : \boldsymbol{r} = (x, \phi_2(x))$（ともに $a \leqq x \leqq b$）とすると，$C = C_1 - C_2$ である。このとき

$$\int_C f\,dx = \int_{C_1 - C_2} f\,dx$$
$$= \int_{C_1} f\,dx - \int_{C_2} f\,dx = \int_a^b f\left(x, \phi_1(x)\right) dx - \int_a^b f\left(x, \phi_2(x)\right) dx$$

一方

$$\iint_D \left(\frac{\partial f}{\partial y}\right) dxdy = \int_a^b \left\{\int_{\phi_1(x)}^{\phi_2(x)} \left(\frac{\partial f}{\partial y}\right) dy\right\} dx = \int_a^b \Big[f(x,y)\Big]_{y=\phi_1(x)}^{y=\phi_2(x)} dx$$
$$= \int_a^b \left\{f\left(x, \phi_2(x)\right) - f\left(x, \phi_1(x)\right)\right\} dx$$
$$= \int_a^b f\left(x, \phi_2(x)\right) dx - \int_a^b f\left(x, \phi_1(x)\right) dx$$

であるから

$$\int_C f\,dx = -\iint_D \left(\frac{\partial f}{\partial y}\right) dxdy \tag{1.58}$$

同様にして

$$\int_C g\,dy = \iint_D \left(\frac{\partial g}{\partial x}\right) dxdy \tag{1.59}$$

よって 2 式を加えて式 (1.57) を得る。

II. 曲線 C と，各座標軸に平行な直線が 3 点以上で交わることがある場合

図 1.38 のように領域 D を適当に分割することにより，おのおのの小領域ではその周囲の曲線と各座標軸に平行な直線がたかだか 2 点で交わるようにできる。

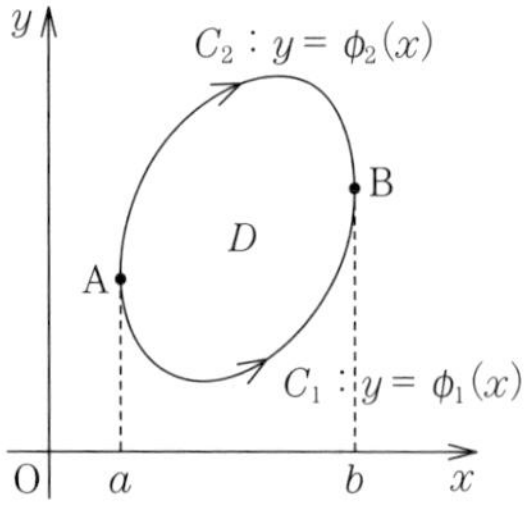

図 1.37　I の図

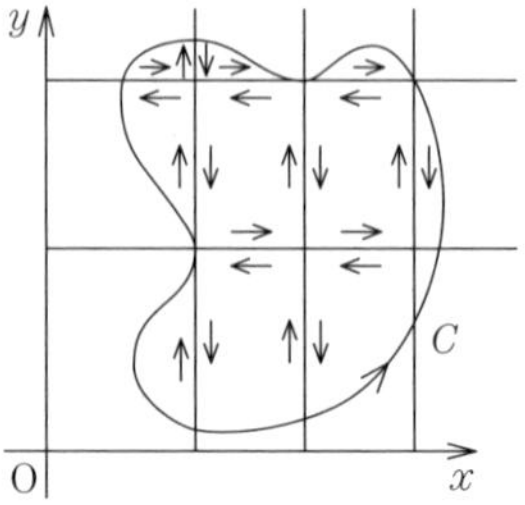

図 1.38　II の図

そこで各小領域でIの結果を適用してその和をとると，分割のために新たに加えた境界での線積分はたがいに相殺されるので，式 (1.57) を得る。 □

例題 1.11　曲線 C を長方形 $D: 0 \leqq x \leqq 3,\ 0 \leqq y \leqq 1$ の周（向きは反時計回り）とする。グリーンの公式を利用してつぎの線積分の値を求めよ。

$$I = \int_C \{(x^3 - 3x^2 y)\,dx + (2xy + y^2)\,dy\}$$

【解答】　$f(x,y) = x^3 - 3x^2 y$, $g(x,y) = 2xy + y^2$ とすると，$f_y = -3x^2$, $g_x = 2y$ であるからグリーンの公式より

$$\begin{aligned} I &= \iint_D \left(2y + 3x^2\right) dxdy = \int_0^3 \left\{ \int_0^1 \left(2y + 3x^2\right)\,dy \right\} dx \\ &= \int_0^3 \left[y^2 + 3x^2 y\right]_{y=0}^{y=1} dx = \int_0^3 \left(1 + 3x^2\right) dx = \left[x + x^3\right]_0^3 = 30 \end{aligned}$$
◇

問 13. xy-平面上の単一閉曲線 C で囲まれた領域 D の面積 S は，つぎの線積分で求められることをグリーンの公式を利用して示せ。

$$S = \frac{1}{2} \int_C (x\,dy - y\,dx) \tag{1.60}$$

1.8 曲面と面積分

1.8.1 スカラー場の面積分

曲面 $S: \boldsymbol{r} = \boldsymbol{r}(u,v) = (x(u,v),\ y(u,v),\ z(u,v))\ \ (u,v) \in D$ の表裏の一方を**正の側**，他方を**負の側**と名付ける†。S 上のスカラー場 φ に対して，積分

$$\int_S \varphi\,dS = \iint_D \varphi\left(x(u,v),\ y(u,v),\ z(u,v)\right) |\boldsymbol{r}_u \times \boldsymbol{r}_v|\ dudv \tag{1.61}$$

をスカラー場 φ の曲面 S 上の**面積分**という。特にスカラー場 $\varphi = 1$ の曲面 S 上の面積分

† ここでは**メビウスの帯**のように表裏を決められない曲面は考えないことにし，通常，$\boldsymbol{r}_u \times \boldsymbol{r}_v$ の向きを正の側にとり，S の単位法線ベクトル $\boldsymbol{n}$ は正の側を向くようにとる。

$$\int_S dS = \iint_D |\boldsymbol{r}_u \times \boldsymbol{r}_v|\, dudv \tag{1.62}$$

は曲面 S の面積を表す（式 (1.36) 参照）。

例題 1.12　曲面 S の方程式が $z = f(x, y)$，つまり，$S : \boldsymbol{r} = \boldsymbol{r}(x, y) = (x, y, f(x, y))$ で与えられているとき，その面積は $\iint_D \sqrt{1 + {f_x}^2 + {f_y}^2}\, dxdy$ であることを示せ。ここで D は曲面 S の xy-平面への正射影である。

【解答】　$\boldsymbol{r}_x = (1, 0, f_x)$，$\boldsymbol{r}_y = (0, 1, f_y)$ であるから

$$\boldsymbol{r}_x \times \boldsymbol{r}_y = \begin{vmatrix} \boldsymbol{i} & \boldsymbol{j} & \boldsymbol{k} \\ 1 & 0 & f_x \\ 0 & 1 & f_y \end{vmatrix} = (-f_x, -f_y, 1) \tag{1.63}$$

であり

$$|\boldsymbol{r}_x \times \boldsymbol{r}_y| = \sqrt{1 + {f_x}^2 + {f_y}^2} \tag{1.64}$$

したがって曲面 S の面積は

$$\iint_D \sqrt{1 + {f_x}^2 + {f_y}^2}\, dxdy \tag{1.65}$$

である。　◇

なお式 (1.64) より，曲面 S の方程式が $z = f(x, y)$ のとき，単位法線ベクトル $\boldsymbol{n}$ は

$$\boldsymbol{n} = \frac{1}{\sqrt{1 + {f_x}^2 + {f_y}^2}} (-f_x, -f_y, 1) \tag{1.66}$$

であることもわかる。

問 14. 密度 ρ が場所ごとに $\rho(x, y, z) = \rho_0 + cz$ (ρ_0，c は定数) に従って変化する金属材料から，半球面 S： $\boldsymbol{r} = (a \sin u \cos v, a \sin u \sin v, a \cos u)$ $(0 \leqq u \leqq \frac{\pi}{2}, 0 \leqq v \leqq 2\pi)$ に沿って十分薄い一定の厚さ D の曲面材を切り出した。この曲面材の全質量を求めよ。

1.8.2 ベクトル場の面積分

ベクトル場 $\boldsymbol{a}(u,v)=\boldsymbol{a}\,(x(u,v),\ y(u,v),\ z(u,v))$ が曲面 $S:\boldsymbol{r}=\boldsymbol{r}(u,v)$ 上で定義されているとき，$\boldsymbol{a}$ と S の単位法線ベクトル $\boldsymbol{n}(u,v)$ の内積 $\boldsymbol{a}\cdot\boldsymbol{n}$ は $\boldsymbol{a}$ の曲面 S の法線方向の成分を表すスカラー場である。その S 上の面積分 $\int_S \boldsymbol{a}\cdot\boldsymbol{n}\,dS$ をベクトル場 $\boldsymbol{a}$ の曲面 S 上の**面積分**という。これを**ベクトル面積素** $d\boldsymbol{S}=\boldsymbol{n}\,dS$ を用いて

$$\int_S \boldsymbol{a}\cdot\boldsymbol{n}\,dS=\int_S \boldsymbol{a}\cdot d\boldsymbol{S} \tag{1.67}$$

と表すこともある。ここで $\boldsymbol{n}$ が $\boldsymbol{r}_u\times\boldsymbol{r}_v$ と同じ向きならば，$\boldsymbol{n}=\dfrac{\boldsymbol{r}_u\times\boldsymbol{r}_v}{|\boldsymbol{r}_u\times\boldsymbol{r}_v|}$ であるから式 (1.35) より

$$d\boldsymbol{S}=\frac{\boldsymbol{r}_u\times\boldsymbol{r}_v}{|\boldsymbol{r}_u\times\boldsymbol{r}_v|}\,|\boldsymbol{r}_u\times\boldsymbol{r}_v|\,dudv=(\boldsymbol{r}_u\times\boldsymbol{r}_v)\,dudv \tag{1.68}$$

ベクトル場 $\boldsymbol{a}$ を流体の速度場 $\boldsymbol{v}$ にとると，$\boldsymbol{a}\cdot\boldsymbol{n}\,dS$ は単位時間に曲面上の微小面積 dS を通過する流体の体積である。したがって，面積分 $\int_S \boldsymbol{a}\cdot\boldsymbol{n}\,dS$ は，単位時間に曲面 S の全体を通過する流体の体積である。

例題 1.13　曲面 S を P(1, 0, 0)，Q(0, 1, 0)，R(0, 0, 1) を頂点とする三角形とし，S の単位法線ベクトル $\boldsymbol{n}$ は原点と反対側を向くようにとる（**図 1.39**）。このとき，S 上でのベクトル場 $\boldsymbol{a}=(x,\ 2y,\ 1)$ の面積分 $\int_S \boldsymbol{a}\cdot\boldsymbol{n}\,dS$ の値を求めよ。

【解答】　3 点 P，Q，R を通る平面の方程式は，$x+y+z=1$ であり，S の xy-平面への正射影 D は，$D=\{(x,y);\ 0\leqq x\leq 1,\ 0\leq y\leqq 1-x\}$（**図 1.40**）であるから，$S:\boldsymbol{r}=\boldsymbol{r}(x,\ y)=(x,\ y,\ 1-x-y)$，$(x,y)\in D$ である。したがって例題 1.12 の式 (1.63) から

$$\boldsymbol{r}_x\times\boldsymbol{r}_y=(-z_x,-z_y,1)=(1,1,1)$$

であり，$\boldsymbol{n}$ は原点とは反対側を向くようにとることより，$\boldsymbol{r}_x\times\boldsymbol{r}_y$ と同じ向きである。よって式 (1.68) より

$$\boldsymbol{a}\cdot d\boldsymbol{S}=\boldsymbol{a}\cdot(\boldsymbol{r}_x\times\boldsymbol{r}_y)\,dxdy=(x,2y,1)\cdot(1,1,1)\,dxdy=(x+2y+1)\,dxdy$$

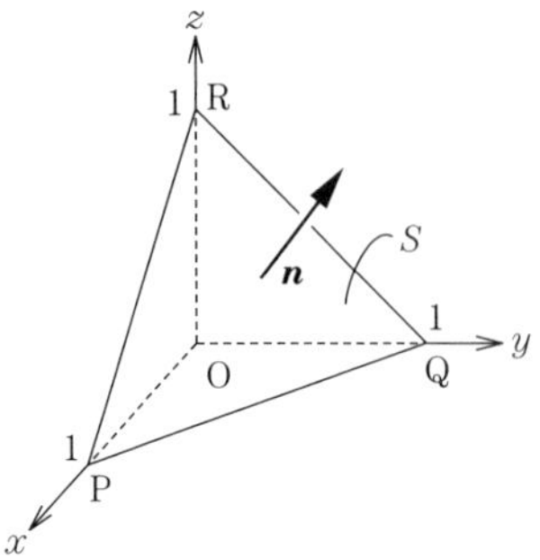

図 1.39　曲面 S の図

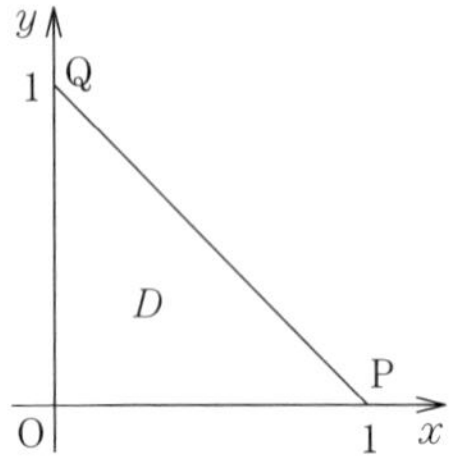

図 1.40　S の正射影 D の図

であり

$$
\begin{aligned}
\int_S \boldsymbol{a}\cdot\boldsymbol{n}\,dS = \int_S \boldsymbol{a}\cdot d\boldsymbol{S} &= \iint_D (x+2y+1)\,dxdy \\
&= \int_0^1 \left\{\int_0^{1-x} (x+2y+1)\,dy\right\} dx \\
&= \int_0^1 \Big[xy+y^2+y\Big]_{y=0}^{y=1-x} dx \\
&= \int_0^1 \left\{x(1-x)+(1-x)^2+(1-x)\right\} dx \\
&= \int_0^1 (-2x+2)\,dx = \Big[-x^2+2x\Big]_0^1 = 1
\end{aligned}
$$

◇

＜工学初学者からの質問と回答 **1–6**＞

質問　ベクトル場の線積分は単位接線ベクトルとの内積，面積分は単位法線ベクトルとの内積を考えていますがどうしてですか？

回答　力と移動ベクトルの内積が仕事量であることをみたように，力の場の線積分は，質点が曲線上を動いたときの仕事量の総和を考える作業です。したがって力の接線方向の成分が必要ですが，それは単位接線ベクトルとの内積をとることにより，ちょうど正射影の係数として現れるのでした。また流体の速度場の面積分は，曲面を通過した流体の量を求めるための作業であり，曲面に対して垂直方向の成分が重要なのですね。

1.9 積　分　定　理

1.9.1 ストークスの定理

グリーンの公式（1.7 節定理 1.11）は 3 次元空間でみると，ベクトル場を使ってつぎのようにかきかえることができる。

xy-平面上の単一閉曲線 C を $C: \boldsymbol{r} = (x(t), y(t), 0)$ $(\alpha \leqq t \leqq \beta)$，$C$ を境界とする xy-平面上の領域 D を曲面 $S(S: \boldsymbol{r} = (x,\ y,\ 0),\ (x,\ y) \in D)$ とし，S の単位法線ベクトルとして z 軸方向の基本ベクトル $\boldsymbol{k}$ をとる。このとき，S 上で定義されたベクトル場を $\boldsymbol{a} = \boldsymbol{a}(x,\ y) = (f(x,\ y), g(x,\ y), 0)$ とすると

$$\int_C (f\,dx + g\,dy) = \int_C \boldsymbol{a} \cdot d\boldsymbol{r} \tag{1.69}$$

である。一方

$$\begin{aligned} \operatorname{rot} \boldsymbol{a} = \nabla \times \boldsymbol{a} &= \begin{vmatrix} \boldsymbol{i} & \boldsymbol{j} & \boldsymbol{k} \\ \dfrac{\partial}{\partial x} & \dfrac{\partial}{\partial y} & \dfrac{\partial}{\partial z} \\ f & g & 0 \end{vmatrix} \\ &= \left(-\frac{\partial g}{\partial z}, \frac{\partial f}{\partial z}, \frac{\partial g}{\partial x} - \frac{\partial f}{\partial y}\right) = \left(0,\ 0,\ \frac{\partial g}{\partial x} - \frac{\partial f}{\partial y}\right) \end{aligned} \tag{1.70}$$

であるから，$(\operatorname{rot} \boldsymbol{a}) \cdot \boldsymbol{k} = \dfrac{\partial g}{\partial x} - \dfrac{\partial f}{\partial y}$ となり

$$\begin{aligned} \iint_D \left(\frac{\partial g}{\partial x} - \frac{\partial f}{\partial y}\right) dxdy &= \iint_D (\operatorname{rot} \boldsymbol{a}) \cdot \boldsymbol{k}\, dxdy \\ &= \int_S (\nabla \times \boldsymbol{a}) \cdot \boldsymbol{k}\, dS \end{aligned} \tag{1.71}$$

つまりグリーンの公式は

$$\int_C \boldsymbol{a} \cdot d\boldsymbol{r} = \int_S (\nabla \times \boldsymbol{a}) \cdot \boldsymbol{k}\, dS \tag{1.72}$$

とかける。

さらに一般に，つぎの**ストークスの定理**が成り立つ（証明は省略する）。

定理 1.12　(ストークスの定理)

3 次元空間内の単一閉曲線 C を境界とする曲面 S に対して，S 上の単位法線ベクトル $\boldsymbol{n}$ を **図 1.41** のようにとる（つまり，C の向きに右ねじをまわしたときに右ねじが進む向きにとる)。このとき，ベクトル場 $\boldsymbol{a}$ とその偏導関数が S を含む領域で連続であるならば，つぎの式が成り立つ。

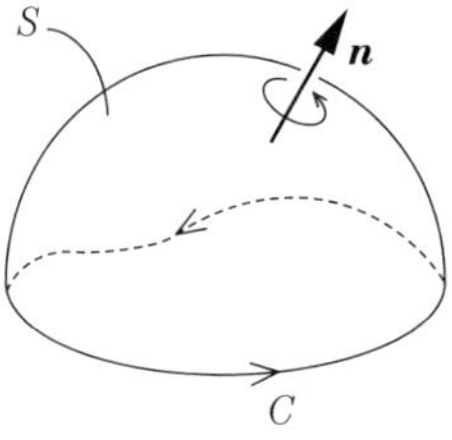

図 1.41　ストークスの定理

$$\int_C \boldsymbol{a}\cdot d\boldsymbol{r} = \int_S (\nabla \times \boldsymbol{a})\cdot \boldsymbol{n}\, dS \quad (1.73)$$

例題 1.14　曲面 $S : z = 1 - x^2 - y^2$ $(z \geqq 0)$ に対して，S の境界を $C : \boldsymbol{r}(t) = (\cos t,\ \sin t,\ 0)$ $(0 \leqq t \leqq 2\pi)$ とする（**図 1.42**)。このときベクトル場 $\boldsymbol{a} = (-y,\ x,\ z)$ に対してストークスの定理が成り立つことを確かめよ。

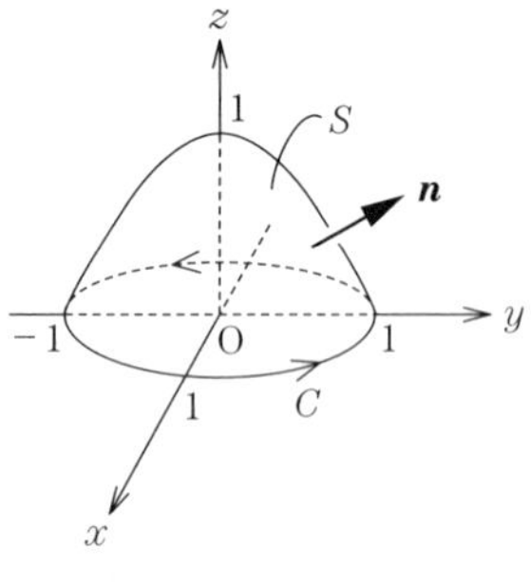

図 1.42　例題 1.14 の図

【解答】 まず線積分 $\int_C \boldsymbol{a}\cdot d\boldsymbol{r}$ を求める。$d\boldsymbol{r} = (-\sin t,\ \cos t,\ 0)\,dt$ であり，曲線 C 上で $\boldsymbol{a} = (-\sin t,\ \cos t,\ 0)$ であるから

$$\int_C \boldsymbol{a}\cdot d\boldsymbol{r} = \int_C (\sin^2 t + \cos^2 t)\,dt = \int_0^{2\pi} dt = \Big[t\Big]_0^{2\pi} = 2\pi$$

一方

$$\mathrm{rot}\,\boldsymbol{a} = \nabla\times\boldsymbol{a} = \begin{vmatrix} \boldsymbol{i} & \boldsymbol{j} & \boldsymbol{k} \\ \dfrac{\partial}{\partial x} & \dfrac{\partial}{\partial y} & \dfrac{\partial}{\partial z} \\ -y & x & z \end{vmatrix} = (0,\ 0,\ 2)$$

また例題 1.12 の式 (1.63) から，曲面 S の法線ベクトル $\boldsymbol{r}_x \times \boldsymbol{r}_y$ は

$$\boldsymbol{r}_x \times \boldsymbol{r}_y = (-z_x,\ -z_y,\ 1) = (2x,\ 2y,\ 1)$$

であり，その向きは原点から遠ざかる向きである。ここで曲面 S の単位法線ベクトル $\boldsymbol{n}$ は 図 1.42 のようにとるから $\boldsymbol{r}_x \times \boldsymbol{r}_y$ と同じ向きなので，式 (1.68) より

$$\begin{aligned}\int_S (\nabla \times \boldsymbol{a}) \cdot \boldsymbol{n}\, dS &= \int_S (\nabla \times \boldsymbol{a}) \cdot d\boldsymbol{S} = \int_S \{(\nabla \times \boldsymbol{a}) \cdot (\boldsymbol{r}_x \times \boldsymbol{r}_y)\}\, dxdy \\ &= \int_S \{(0,\ 0,\ 2) \cdot (2x,\ 2y,\ 1)\}\, dxdy \\ &= \iint_D 2\, dxdy = 2 \iint_D dxdy\end{aligned}$$

ここで $\iint_D dxdy$ は領域 D（つまり単位円）の面積であるから π であるので

$$\int_S (\nabla \times \boldsymbol{a}) \cdot \boldsymbol{n}\, dS = 2\pi$$

ゆえにストークスの定理が成り立つ。 ◇

1.9.2 ガウスの発散定理

球面のようにその曲面によって空間を内側と外側に分けることができるような曲面を**閉曲面**という。閉曲面 S によって囲まれた立体を V とするとき，V において定義されたスカラー場 φ に対して，$\int_V \varphi\, dV$ で立体 V におけるスカラー場 φ の**体積分**を表すことにすると，つぎの**ガウスの発散定理**が成り立つ(証明は省略する)。

定理 1.13 (ガウスの発散定理)

閉曲面 S で囲まれた立体を V とし，S の単位法線ベクトル $\boldsymbol{n}$ は 図 **1.43** のように S の外向きにとる。ここで，ベクトル場 $\boldsymbol{a}$ とその偏導関数が V を含む領域で連続であるとき，つぎの式が成り立つ。

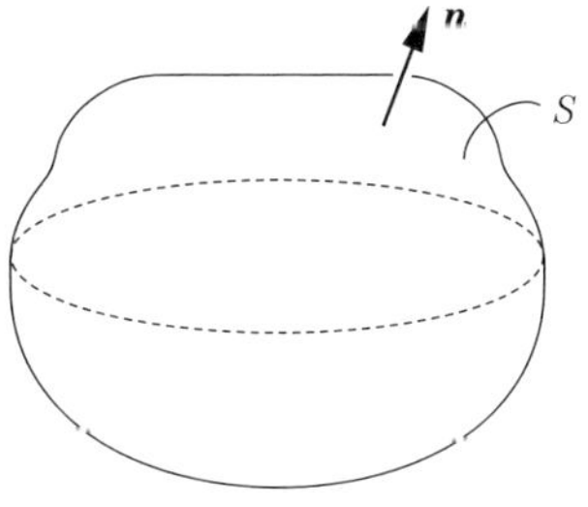

図 **1.43** ガウスの発散定理

$$\int_S \boldsymbol{a} \cdot \boldsymbol{n}\, dS = \int_V \nabla \cdot \boldsymbol{a}\, dV \tag{1.74}$$

例題 1.15　単位球面（半径 1 の球面）を S，S で囲まれる立体（単位球）を V とし，S の単位法線ベクトル $\boldsymbol{n}$ は S の外側を向くものとする。このとき，ベクトル場 $\boldsymbol{a} = (3x^2y^4z^2,\ 3y - zx,\ -2xy^4z^3)$ の S 上の面積分の値をガウスの発散定理を利用して求めよ。

【解答】　まず

$$\mathrm{div}\,\boldsymbol{a}(= \nabla \cdot \boldsymbol{a}) = 6xy^4z^2 + 3 + (-6xy^4z^2) = 3 \tag{1.75}$$

であるから，ガウスの発散定理より

$$\int_S \boldsymbol{a} \cdot \boldsymbol{n}\, dS = \int_V \nabla \cdot \boldsymbol{a}\, dV = \int_V 3\, dV = 3\int_V dV = 3 \times \frac{4}{3}\pi = 4\pi$$

ここで $\int_V dV$ は立体 V の体積であり，半径 1 の球であるので $\frac{4}{3}\pi$ であることを使った。　◇

＜工学初学者からの質問と回答 1–7 ＞

質問　ストークスの定理もガウスの発散定理も複雑な式でどうにもとっつきにくいのですが…。

回答　ストークスの定理は，ベクトル場の曲面 S 上での回転の面積分を，次元を下げたその境界である曲線上の線積分として計算できるという定理です。ガウスの発散定理は，立体 V 上の発散の体積分を，次元を下げたその表面の曲面上の面積分として計算できるという定理です。じつは微分積分学の基本定理 $\int_a^b F'(x)\,dx = F(b) - F(a)$ で，1 次元の積分を境界の 0 次元 (端点) での値で表すことを学んでいます。この 2 つの定理も，次元を下げたところでの積分に直すための定理とみてはどうでしょうか？　実際の応用はつぎの節にあるのでその感触を味わって下さい。

1.10 ベクトル解析の応用

1.10.1 力のモーメント

ベクトル積 (外積) の応用として最もよく知られた例のひとつは**力のモーメント**である。3 次元空間を考える。**図 1.44** のように，力のベクトル $\boldsymbol{F}$ の作用点 P の位置ベクトルを $\boldsymbol{r}$ とし，原点 O についてのこの力のモーメント $\boldsymbol{N}$ は

$$\boldsymbol{N} = \boldsymbol{r} \times \boldsymbol{F} \tag{1.76}$$

である。力のモーメントの大きさ $|\boldsymbol{N}|$ は，位置ベクトル $\boldsymbol{r}$ と力のベクトル $\boldsymbol{F}$ が作る角を θ として $|\boldsymbol{N}| = |\boldsymbol{r}||\boldsymbol{F}||\sin\theta|$，すなわち $\boldsymbol{r}$ と $\boldsymbol{F}$ が作る平行四辺形の面積に等しい。この力のモーメントの大きさは，$\boldsymbol{r}$ と $\boldsymbol{F}$ が作る面内でこの力が原点 O のまわりに物体を回転させる作用の大きさを表している。一方，力のモーメント $\boldsymbol{N}$ の方向は，$\boldsymbol{r}$ と $\boldsymbol{F}$ が作る面に垂直であるが，この方向は，原点のまわりに回すといったときの「回転軸」の方向を表していると考えればよい。

力の作用線に沿って力のベクトルを平行移動させても力のモーメントは変わらない。**図 1.45** のように，力の作用点を点 P から，位置ベクトル $\boldsymbol{r}'$ の点 P$'$ に移動すると，$\boldsymbol{r}' = \boldsymbol{r} + \overrightarrow{\mathrm{PP}'}$ より，力のモーメントは

$$\boldsymbol{N}' = \boldsymbol{r}' \times \boldsymbol{F} = \boldsymbol{r} \times \boldsymbol{F} + \overrightarrow{\mathrm{PP}'} \times \boldsymbol{F} = \boldsymbol{N} + \overrightarrow{\mathrm{PP}'} \times \boldsymbol{F} \tag{1.77}$$

となる。ここで，$\overrightarrow{\mathrm{PP}'} \mathbin{//} \boldsymbol{F}$ より，$\overrightarrow{\mathrm{PP}'} \times \boldsymbol{F} = \boldsymbol{0}$ である。したがって

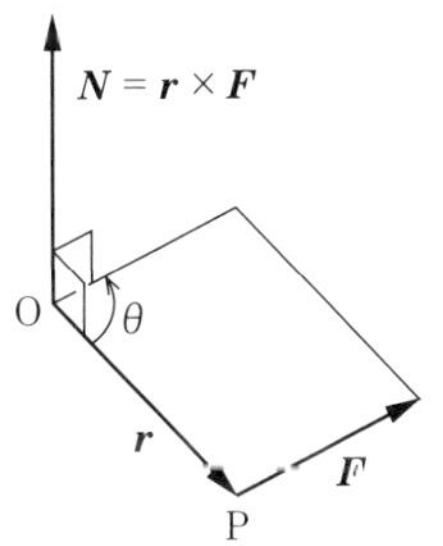

図 1.44 力のモーメント

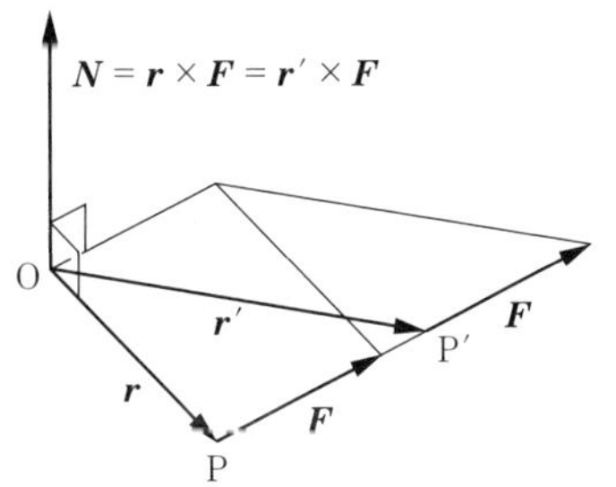

図 1.45 力のベクトルの移動と力のモーメント

$$\boldsymbol{N}' = \boldsymbol{N} \tag{1.78}$$

となり，力のモーメントは不変である。

問 15. 力のベクトル $\boldsymbol{F}_1$ が位置ベクトル $\boldsymbol{r}_1$ の点に作用し，力のベクトル $\boldsymbol{F}_2$ が位置ベクトル $\boldsymbol{r}_2$ の点に作用している。合力 $\boldsymbol{F}_1 + \boldsymbol{F}_2$ の力のモーメントが，それぞれの力のモーメントの和に等しくなるようにするには，合力はどのような点に作用させればよいか。

1.10.2 ポテンシャル

空間に基準点 P_0 を定め，任意の点 P から点 P_0 に至る任意の経路 $\mathrm{P} \to \mathrm{P}_0$ に沿ったベクトル場 $\boldsymbol{a}$ の線積分

$$\phi(\mathrm{P}) = \int_{\mathrm{P}\to\mathrm{P}_0} \boldsymbol{a} \cdot d\boldsymbol{r} \tag{1.79}$$

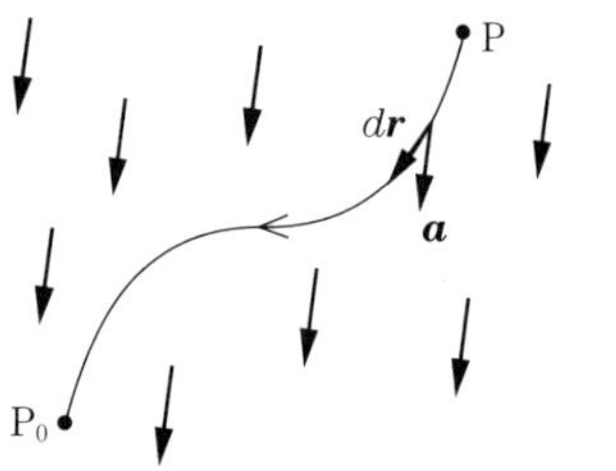

図 1.46　ベクトル場とポテンシャルの基準点 P_0 への経路

を考える (**図 1.46**)。$\phi(\mathrm{P})$ が $\mathrm{P} \to \mathrm{P}_0$ の途中の経路によらず，点 P の位置だけで決まるとき，$\phi(\mathrm{P})$ をベクトル場 $\boldsymbol{a}$ の**ポテンシャル**とよぶ。ポテンシャル $\phi(\mathrm{P})$ はスカラー場である。ポテンシャルのよく知られた例は，力学における位置エネルギーや電磁気学における電位である。ベクトル場 $\boldsymbol{a}$ として力の場 $\boldsymbol{F}$ をとったとき，そのポテンシャルを位置エネルギーとよび，電場 (電界) $\boldsymbol{E}$ をとったとき電位とよぶ。

定理 1.14

式 (1.79) で定義されるポテンシャル $\phi(\mathrm{P})$ が $\mathrm{P} \to \mathrm{P}_0$ の途中の経路によらないための必要十分条件は

$$\nabla \times \boldsymbol{a} = \boldsymbol{0} \tag{1.80}$$

である。

証明 図 **1.47** のように点 P から点 P_0 に至る 2 つの経路を C_1，C_2 とする。点 P から C_1 をたどって点 P_0 に至り，さらに C_2 を逆にたどって P に戻る経路 $C_1 - C_2$ は閉曲線である。ストークスの定理 1.12 により

$$\int_{C_1-C_2} \boldsymbol{a} \cdot d\boldsymbol{r} = \int_S (\nabla \times \boldsymbol{a}) \cdot \boldsymbol{n}\, dS \tag{1.81}$$

となる。ここで S は閉曲線 $C_1 - C_2$ を境界とする曲面である。$\nabla \times \boldsymbol{a} = \boldsymbol{0}$ なら

$$\int_{C_1-C_2} \boldsymbol{a} \cdot d\boldsymbol{r} = \int_{C_1} \boldsymbol{a} \cdot d\boldsymbol{r} + \int_{-C_2} \boldsymbol{a} \cdot d\boldsymbol{r} = 0 \tag{1.82}$$

ここで，ベクトル場の線積分は経路を逆転させると値が逆符号になるので

$$\int_{C_1} \boldsymbol{a} \cdot d\boldsymbol{r} - \int_{C_2} \boldsymbol{a} \cdot d\boldsymbol{r} = 0 \tag{1.83}$$

となる。これは $\phi(\mathrm{P})$ が $\mathrm{P} \to \mathrm{P}_0$ の経路によらないことを示している。

逆に，$\phi(\mathrm{P})$ が $\mathrm{P} \to \mathrm{P}_0$ の経路によらないとする。図 **1.48** のように任意の曲線 C_1，C_2，$C_2{}'$ および C_3 をとる。$\phi(\mathrm{P})$ が経路によらないから，経路 $C_1+C_2+C_3$ と経路 $C_1+C_2{}'+C_3$ について

$$\int_{C_1+C_2+C_3} \boldsymbol{a} \cdot d\boldsymbol{r} - \int_{C_1+C_2{}'+C_3} \boldsymbol{a} \cdot d\boldsymbol{r} = 0 \tag{1.84}$$

が成り立つ。ここで左辺において経路 C_1 と C_3 からの積分への寄与は第 1 項と第 2 項でそれぞれ相殺するので

$$\int_{C_2} \boldsymbol{a} \cdot d\boldsymbol{r} - \int_{C_2{}'} \boldsymbol{a} \cdot d\boldsymbol{r} = 0 \tag{1.85}$$

となる。すなわち，つぎの式 (1.86) が成り立つ。

$$\int_{C_2-C_2{}'} \boldsymbol{a} \cdot d\boldsymbol{r} = 0 \tag{1.86}$$

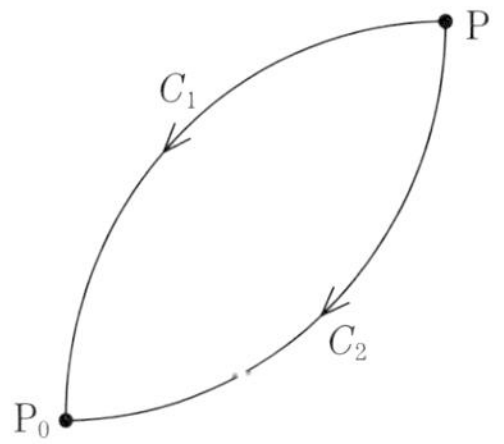

図 **1.47** 2 つの経路

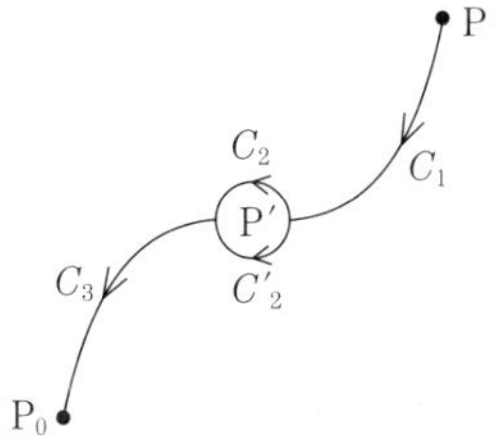

図 **1.48** 2 つの経路と無限小の閉曲線

閉曲線 $C_2 - C_2{}'$ を境界とする滑らかな曲面 S についてストークスの定理 1.12 より

$$\int_S (\nabla \times \boldsymbol{a}) \cdot \boldsymbol{n}\, dS = 0 \tag{1.87}$$

が成り立つ。ここで閉曲線 $C_2 - C_2{}'$ を 1 点 P' に縮める極限を考える。曲面 S も無限小となり，その単位法線ベクトルを $\boldsymbol{n}$，その面積を ΔS とすると，式 (1.87) の両辺は

$$(\nabla \times \boldsymbol{a}) \cdot \boldsymbol{n}\, \Delta S = 0 \tag{1.88}$$

となる。ここで $\nabla \times \boldsymbol{a}$ は点 P' での値である。点 P' は任意の点に，また曲面 S はその法線ベクトル $\boldsymbol{n}$ が任意の方向を向くように C_2 と C_2' をとることができるので，任意の点で，$\nabla \times \boldsymbol{a} = \boldsymbol{0}$ が示された。 □

問 16. つぎのベクトル場がポテンシャルをもつか否かを判定し，ポテンシャルをもつ場合はそれを求めよ。

(1) $\boldsymbol{a} = \boldsymbol{c}$ 　(ただし $\boldsymbol{c}$ は定数ベクトル)

(2) $\boldsymbol{a} = -k\boldsymbol{r}$ 　(ただし k は定数，$\boldsymbol{r} = (x,\, y,\, z)$ は位置ベクトル)

(3) $\boldsymbol{a} = \dfrac{k}{r^2}\dfrac{\boldsymbol{r}}{r} = \left(\dfrac{kx}{r^3},\, \dfrac{ky}{r^3},\, \dfrac{kz}{r^3}\right)$ (ただし k は定数，$\boldsymbol{r} = (x,\, y,\, z)$ は位置ベクトル，　$r = |\boldsymbol{r}| = \sqrt{x^2 + y^2 + z^2}$ は原点 O からの距離)

(4) $\boldsymbol{a} = \left(\dfrac{-ky}{r},\, \dfrac{kx}{r},\, 0\right)$ (ただし $k\ (\neq 0)$ は定数，$r = \sqrt{x^2 + y^2}$ は z 軸からの距離)

一方，ポテンシャル $\phi(\mathrm{P}) = \phi(x,\, y,\, z)$ が与えられているときには，式 (1.79) のベクトル場 $\boldsymbol{a}$ は，ϕ の勾配を用いて以下のように求めることができる。

定理 1.15

ポテンシャル $\phi(\mathrm{P}) = \phi(x,\, y,\, z)$ に対応するベクトル場 $\boldsymbol{a}$ はつぎのように与えられる。

$$\boldsymbol{a} = -\mathrm{grad}\ \phi = -\nabla\phi \tag{1.89}$$

証明 任意の点 $\mathrm{P} = (x,\, y,\, z)$ の近傍に $\mathrm{P}' = (x + \Delta x,\, y,\, z)$ をとる。

$$\phi(\mathrm{P}') = \int_{\mathrm{P}' \to \mathrm{P}_0} \boldsymbol{a} \cdot d\boldsymbol{r} \tag{1.90}$$

であるが，これは $\mathrm{P}' \to \mathrm{P}_0$ の途中の経路によらないので，経路として $\mathrm{P}' \to \mathrm{P} \to \mathrm{P}_0$ をとると

$$\begin{aligned}\phi(\mathrm{P}') &= \int_{\mathrm{P}' \to \mathrm{P}} \boldsymbol{a} \cdot d\boldsymbol{r} + \int_{\mathrm{P} \to \mathrm{P}_0} \boldsymbol{a} \cdot d\boldsymbol{r} \\ &= \int_{\mathrm{P}' \to \mathrm{P}} \boldsymbol{a} \cdot d\boldsymbol{r} \ + \ \phi(\mathrm{P})\end{aligned} \tag{1.91}$$

$\Delta x \to 0$ の極限で

$$\phi(\mathrm{P}') - \phi(\mathrm{P}) = \int_{\mathrm{P}' \to \mathrm{P}} \boldsymbol{a} \cdot d\boldsymbol{r} = -a_1 \Delta x \tag{1.92}$$

ここで，a_1 はベクトル場 $\boldsymbol{a} = (a_1,\ a_2,\ a_3)$ の x 成分である。したがって

$$\begin{aligned}\frac{\partial \phi}{\partial x} &= \lim_{\Delta x \to 0} \frac{\phi(x + \Delta x,\ y,\ z) - \phi(x,\ y,\ z)}{\Delta x} \\ &= \lim_{\Delta x \to 0} \frac{\phi(\mathrm{P}') - \phi(\mathrm{P})}{\Delta x} \\ &= -a_1\end{aligned} \tag{1.93}$$

となる。y 方向，z 方向の偏微分についても同様である。 □

与えられたポテンシャル ϕ から式 (1.89) によって得られるベクトル場 $\boldsymbol{a}$ は，定理 1.9 (1) で示した

$$\nabla \times (\nabla \phi) = \mathbf{0} \tag{1.94}$$

により，条件式 (1.80) を自動的に満たすことがわかる。

問 17. つぎのポテンシャルに対応するベクトル場を求めよ。

(1) $\phi(x,\ y,\ z) = \boldsymbol{c} \cdot \boldsymbol{r}$ （ただし $\boldsymbol{c}$ は定数ベクトル，$\boldsymbol{r}$ は位置ベクトルとする。）

(2) $\phi(x,\ y,\ z) = V(r)$ （ただし $r = \sqrt{x^2 + y^2 + z^2}$，$V(r)$ は r の任意の関数とする。）

1.10.3 積分定理の応用

3 次元空間の点 P を表す位置ベクトルを $\boldsymbol{r} = (x,\ y,\ z)$，原点 O と点 P の距離を $r = |\boldsymbol{r}| = \sqrt{x^2 + y^2 + z^2}$ とする。ベクトル場

$$\boldsymbol{a} = \frac{k}{r^2}\boldsymbol{e}_r \quad (k\text{ は定数}) \tag{1.95}$$

について考察する。ここで，$\boldsymbol{e}_r = \dfrac{\boldsymbol{r}}{r}$ は原点から遠ざかる方向 (**動径方向**とよぶ) の単位ベクトルである。このベクトル場 $\boldsymbol{a}$ の様子は，$k > 0$ のとき図 **1.49** のようになっている。式 (1.95) のベクトル場は力学や電磁気学でしばしば登場する。例えば力学では原点に置かれた質点が位置ベクトル $\boldsymbol{r}$ の位置に置かれた質点におよぼす万有引力が，また電磁気学では原点に置かれた点電荷により位置ベクトル $\boldsymbol{r}$ の位置に作られる電場 (クーロン電場) が，それぞれ式 (1.95) の形をしている。

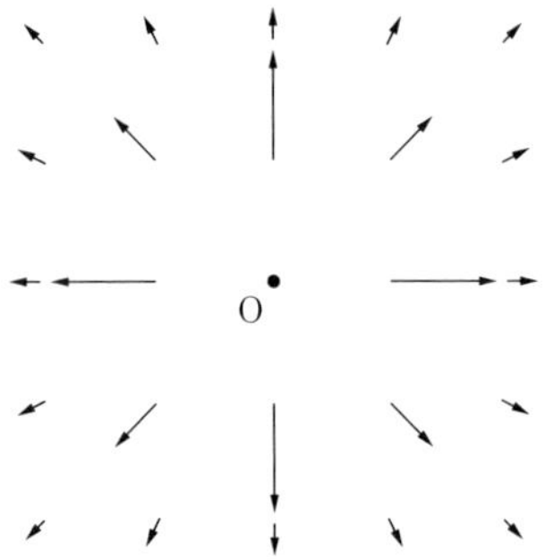

図 **1.49**　クーロン電場の様子

つぎに原点を中心とする半径 r の球面全体を S_r として，この球面全体について，式 (1.95) のベクトル場 $\boldsymbol{a}$ の面積分を求めてみる。

$$\begin{aligned}\int_{S_r} \boldsymbol{a}\cdot\boldsymbol{n}\,dS &= \int_{S_r} \frac{k}{r^2}\boldsymbol{e}_r\cdot\boldsymbol{n}\,dS = \int_{S_r}\frac{k}{r^2}\,dS \\ &= \frac{k}{r^2}\int_{S_r} dS = \frac{k}{r^2}\times 4\pi r^2 \\ &= 4\pi k \end{aligned} \tag{1.96}$$

式 (1.96) の 2 番目の等式において，単位ベクトル $\boldsymbol{e}_r$ と球面上の単位法線ベクトル $\boldsymbol{n}$ は図 **1.50** のように同じ方向を向いているので両者の内積が 1 であることを用いた。また 3 番目の等式において，球面上では r は一定なので，積分の外に出すことができる。球の表面積 $\displaystyle\int_{S_r} dS$ は $4\pi r^2$ である。面積分 (1.96) はベクトル場 $\boldsymbol{a}$ の球面全体からの湧き出し量を与えていることに注意しよう。

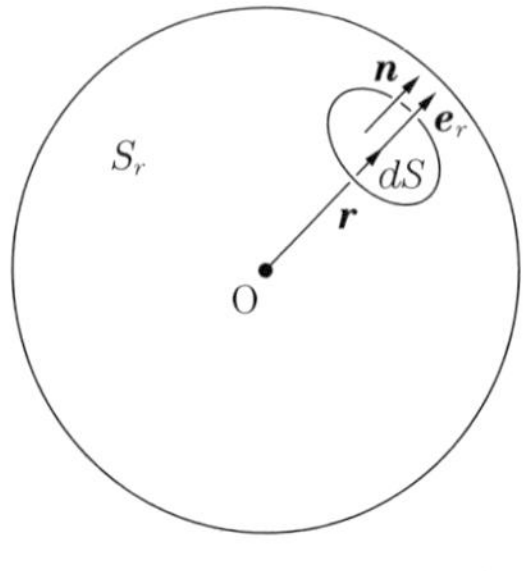

図 **1.50**　クーロン電場の球面上での面積分

このベクトル場 $\boldsymbol{a}$ の発散 $\nabla\cdot\boldsymbol{a}$ についてみてみよう。

定理 1.16

ベクトル場 $\boldsymbol{a} = \dfrac{k}{r^2}\boldsymbol{e}_r$ について，その発散は以下のとおりである。

$$\nabla \cdot \boldsymbol{a} = \begin{cases} \infty & (r = 0) \\ 0 & (r > 0) \end{cases} \tag{1.97}$$

証明　まず，原点 $(r = 0)$ 以外について調べよう。

$$\frac{\partial a_1}{\partial x} = k\frac{\partial}{\partial x}\left(\frac{x}{r^3}\right) = k\left(\frac{1}{r^3} - \frac{3x}{r^4}\frac{x}{r}\right) = k\left(\frac{1}{r^3} - \frac{3x^2}{r^5}\right) \tag{1.98}$$

同様に

$$\frac{\partial a_2}{\partial y} = k\left(\frac{1}{r^3} - \frac{3y^2}{r^5}\right) \tag{1.99}$$

$$\frac{\partial a_3}{\partial z} = k\left(\frac{1}{r^3} - \frac{3z^2}{r^5}\right) \tag{1.100}$$

したがって

$$\begin{aligned} \nabla \cdot \boldsymbol{a} &= \frac{\partial a_1}{\partial x} + \frac{\partial a_2}{\partial y} + \frac{\partial a_3}{\partial z} \\ &= k\left\{\frac{3}{r^3} - \frac{3(x^2 + y^2 + z^2)}{r^5}\right\} = k\left\{\frac{3}{r^3} - \frac{3}{r^3}\right\} = 0 \end{aligned} \tag{1.101}$$

式 (1.101) の最後の等式は原点では成り立たない。原点では式 (1.101) の最後から 2 番目の式は $\infty - \infty$ となり，このままでは値がわからない。

原点 $(r = 0)$ での発散はガウスの発散定理 1.13 にしたがって考察することができる。閉曲面として原点を中心とする半径 r の球面 S_r をとる。半径 r の球の体積を ΔV とおくと，球の半径 $r \to 0$ の極限で $\Delta V \to 0$ であり，その極限で式 (1.74) の両辺は (右辺 = 左辺の順で)

$$\nabla \cdot \boldsymbol{a}\,\Delta V = \int_{S_r} \boldsymbol{a} \cdot \boldsymbol{n}\,dS = 4\pi k \tag{1.102}$$

式 (1.102) の 2 番目の等式では式 (1.96) の結果を用いた。式 (1.102) より以下が得られる。

$$\nabla \cdot \boldsymbol{a} = \lim_{\Delta V \to 0} \frac{4\pi k}{\Delta V} = \infty \tag{1.103}$$

□

ベクトル場 (1.95) が満たす以下の定理は，力学，電磁気学における**ガウスの法則**の基礎になっている。

定理 1.17

任意の閉曲面 S についてベクトル場 $\boldsymbol{a} = \dfrac{k}{r^2}\boldsymbol{e}_r$ の面積分は

$$\int_S \boldsymbol{a}\cdot\boldsymbol{n}\,dS = \begin{cases} 4\pi k & (\text{閉曲面 } S \text{ が原点 O を内側に含むとき}) \\ 0 & (\text{閉曲面 } S \text{ が原点 O を内側に含まないとき}) \end{cases} \tag{1.104}$$

となる。

証明　まず図 **1.51** のように，閉曲面 S が原点 O を内側に含まないときを考えよう。閉曲面 S に囲まれた空間領域を V とすると，ガウスの発散定理により

$$\int_S \boldsymbol{a}\cdot\boldsymbol{n}\,dS = \int_V \nabla\cdot\boldsymbol{a}\,dV \tag{1.105}$$

となる。そして，領域 V には原点が含まれないので，定理 1.16 より，領域 V では $\nabla\cdot\boldsymbol{a} = 0$。したがって以下が示される。

$$\int_S \boldsymbol{a}\cdot\boldsymbol{n}\,dS = 0 \tag{1.106}$$

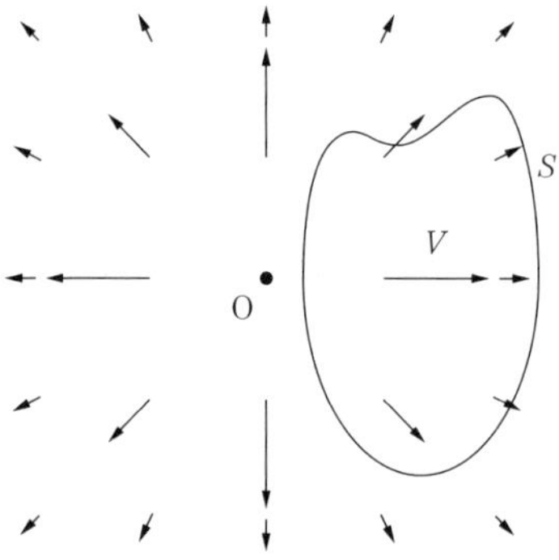

図 1.51　閉曲面 S が原点 O を含まない場合

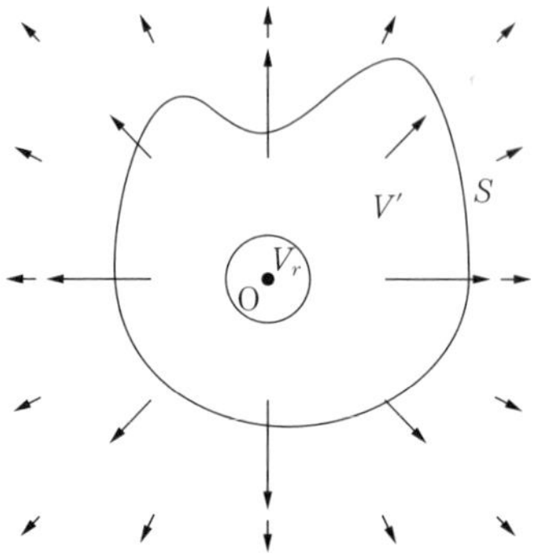

図 1.52　閉曲面 S が原点 O を含む場合

つぎに図 **1.52** のように，閉曲面 S が原点 O を内側に含むときを考えよう。閉曲面の内側の空間領域を V とする。原点を中心とした球 V_r をとり，その半径 r は V_r が閉曲面の内側に含まれてしまうように十分小さくとる。領域 V のうち，球 V_r を除く領域を V' とする。ガウスの発散定理より

$$\int_S \boldsymbol{a}\cdot\boldsymbol{n}\,dS = \int_V \nabla\cdot\boldsymbol{a}\,dV = \int_{V_r} \nabla\cdot\boldsymbol{a}\,dV + \int_{V'} \nabla\cdot\boldsymbol{a}\,dV \qquad (1.107)$$

そして，領域 V' には原点が含まれないので，領域 V' では $\nabla\cdot\boldsymbol{a}=0$。したがって

$$\int_S \boldsymbol{a}\cdot\boldsymbol{n}\,dS = \int_{V_r} \nabla\cdot\boldsymbol{a}\,dV = \int_{S_r} \boldsymbol{a}\cdot\boldsymbol{n}\,dS = 4\pi k \qquad (1.108)$$

である。ここで S_r は原点 O を中心とする半径 r の球面である。最後の等式には式 (1.96) を用いた。 □

問 18. ベクトル場 $\boldsymbol{a}=\left(\dfrac{-ky}{r^2},\ \dfrac{kx}{r^2},\ 0\right)$ (ただし k は定数，$r=\sqrt{x^2+y^2}$ は z 軸からの距離) について，以下の問いに答えよ。

(1) $r>0$ (すなわち z 軸上を除くすべての点) では $\nabla\times\boldsymbol{a}=\boldsymbol{0}$ を示せ。

(2) 任意の閉曲線 C を考え，C を境界とする任意の曲面を S とする。z 軸が曲面 S を貫いていないとき，以下が成り立つことを (1) の結果を用いて示せ。

$$\int_C \boldsymbol{a}\cdot d\boldsymbol{r} = 0$$

(3) z 軸と垂直な面内で z 軸を中心とする半径 r の任意の円 C_r について，以下が成り立つことを示せ。

$$\int_{C_r} \boldsymbol{a}\cdot d\boldsymbol{r} = 2\pi k$$

(4) $r=0$ では $\nabla\times\boldsymbol{a}$ の z 成分が発散する (無限大になる) ことを，ストークスの定理と (3) の結果を用いて示せ。

(5) 任意の閉曲線 C を考え，C を境界とする任意の曲面を S とする。z 軸が曲面 S を貫いているとき，以下が成り立つことを，ストークスの定理と (3) の結果を用いて示せ。

$$\int_C \boldsymbol{a}\cdot d\boldsymbol{r} = 2\pi k$$

[上問の (2)，(5) は電磁気学における**アンペールの法則**の例になっている。]

章　末　問　題

【1】 定理 1.3 (4) $(k\boldsymbol{a})\cdot\boldsymbol{b}=k(\boldsymbol{a}\cdot\boldsymbol{b})=\boldsymbol{a}\cdot(k\boldsymbol{b})$ を示せ。

【2】 零ベクトルでない $\boldsymbol{a}$，$\boldsymbol{b}$ と $\boldsymbol{a}$ に垂直な平面 α について，$\boldsymbol{b}$ の平面 α への正射影を $\boldsymbol{b}'$ とするとき，つぎの等式が成り立つことを示せ。

(1) $\boldsymbol{a}\times\boldsymbol{b}=\boldsymbol{a}\times\boldsymbol{b}'$　　(2) $|\boldsymbol{a}\times\boldsymbol{b}|=|\boldsymbol{a}|\ |\boldsymbol{b}'|$

【3】 定理 1.6 (3) $\boldsymbol{a}\times(\boldsymbol{b}+\boldsymbol{c})=\boldsymbol{a}\times\boldsymbol{b}+\boldsymbol{a}\times\boldsymbol{c}$（外積の分配法則）を示せ。

【4】 定理 1.6 (4) $(k\boldsymbol{a})\times\boldsymbol{b}=k(\boldsymbol{a}\times\boldsymbol{b})=\boldsymbol{a}\times(k\boldsymbol{b})$ を示せ。

【5】 ベクトル $\boldsymbol{a}$, $\boldsymbol{b}$, $\boldsymbol{c}$ に対して，$(\boldsymbol{a}\times\boldsymbol{b})\cdot\boldsymbol{c}$, $\boldsymbol{a}\cdot(\boldsymbol{b}\times\boldsymbol{c})$ の形の三重積を**スカラー三重積**という。つぎの等式が成り立つことを示せ。

(1) $(\boldsymbol{a}\times\boldsymbol{b})\cdot\boldsymbol{c}=|\boldsymbol{a}\,\boldsymbol{b}\,\boldsymbol{c}|$ (それぞれのベクトルを列ベクトルとみて成分を並べて作った行列の行列式)

(2) $(\boldsymbol{a}\times\boldsymbol{b})\cdot\boldsymbol{c}=\boldsymbol{a}\cdot(\boldsymbol{b}\times\boldsymbol{c})$

(3) $\boldsymbol{a}$, $\boldsymbol{b}$, $\boldsymbol{c}$ でできる平行六面体の体積 V について，$V=|(\boldsymbol{a}\times\boldsymbol{b})\cdot\boldsymbol{c}|$

【6】 ベクトル $\boldsymbol{a}$, $\boldsymbol{b}$, $\boldsymbol{c}$ に対して，$\boldsymbol{a}\times(\boldsymbol{b}\times\boldsymbol{c})$, $(\boldsymbol{a}\times\boldsymbol{b})\times\boldsymbol{c}$ の形の三重積を**ベクトル三重積**という。$\boldsymbol{a}\times(\boldsymbol{b}\times\boldsymbol{c})=(\boldsymbol{a}\cdot\boldsymbol{c})\boldsymbol{b}-(\boldsymbol{a}\cdot\boldsymbol{b})\boldsymbol{c}$ が成り立つことを示せ†。

【7】 ベクトル関数 $\boldsymbol{a}(t)$ の大きさがつねに一定 $(\neq 0)$ であるとき，$\boldsymbol{a}(t)$ と $\boldsymbol{a}'(t)$ は直交することを示せ。

【8】 定理 1.9 (3) $\mathrm{rot}\,(\mathrm{rot}\,\boldsymbol{a})=\mathrm{grad}\,(\mathrm{div}\,\boldsymbol{a})-\triangle\boldsymbol{a}$ を示せ。

【9】 曲線 C を xy-平面上の反時計回りの単位円とするとき，つぎの線積分の値をグリーンの公式を利用して求めよ。

$$\int_C\{(2xe^y+x^2y-y^3)\,dx+(x^2e^y+x^3-xy^2)\,dy\}$$

【10】 曲面 $\boldsymbol{r}=(2\cos u, 2\sin u, v)$ $(0\leqq u\leqq\frac{\pi}{2}, 0\leqq v\leqq 1)$ を S とし，S の単位法線ベクトル $\boldsymbol{n}$ は曲面から原点を含まない側を向くものとする。このとき，ベクトル場 $\boldsymbol{a}=(z,0,y)$ の S 上の面積分 $\displaystyle\int_S\boldsymbol{a}\cdot\boldsymbol{n}\,dS$ の値を求めよ。

† 前者のベクトル三重積は $\boldsymbol{b}$, $\boldsymbol{c}$ が作る平面上にあり，後者のベクトル三重積は $\boldsymbol{a}$, $\boldsymbol{b}$ が作る平面上にあるから，一般に $\boldsymbol{a}\times(\boldsymbol{b}\times\boldsymbol{c})\neq(\boldsymbol{a}\times\boldsymbol{b})\times\boldsymbol{c}$ であることもわかる。

2 複素解析

2.1 はじめに

複素関数とは，変数を複素数とし，値も複素数となる関数のことである。複素関数として至る所微分可能な関数を正則関数といい，この正則関数の理論が「複素解析学」である（伝統的に「複素関数論」または「関数論」とよばれることも多い）。複素数の集まりを2次元の平面と考えると，複素関数は平面から平面への写像とみなすことができるが，複素解析学は単に変数や値の次元を1次元から2次元に変えただけではない豊富な内容をもち，実関数だけを考えていたときには気付かなかった現象をわれわれに明示してくれる。複素解析学は本書1章のベクトル解析，3章のラプラス変換や4章のフーリエ解析と関連しているだけでなく，理工学の他分野においてさまざまな重要な応用があり，いまも発展し続けている学問領域である。したがって，工学を学ぶ者は少なくともその基礎的事項を理解しておくことが望ましい。この章では，複素解析学の基本となる事項について，数学的な厳密性を犠牲にしてもわかりやすさに留意しつつ解説する。

2.2 複素数

2.2.1 実数から複素数へ

実数全体の集合を $\mathbb{R}$，xy 平面を $\mathbb{R}^2$ と表す。$i^2 = -1$ となる数を**虚数単位**と

いう。

$$z = x + iy \quad (x \in \mathbb{R}, y \in \mathbb{R}, i = \sqrt{-1})$$

の形の数を**複素数**という。このとき，x を z の**実部**，y を z の**虚部**といい

$$x = \mathrm{Re}\,[z], \quad y = \mathrm{Im}\,[z] \tag{2.1}$$

とかく。複素数全体の集合は $\mathbb{C}$ で表す。2 つの複素数 $z_1 = x_1 + iy_1$，$z_2 = x_2 + iy_2$ に対して

$$z_1 = z_2 \tag{2.2}$$

となるのは，実部・虚部が両方とも等しいとき，つまり

$$x_1 = x_2 \quad \text{かつ} \quad y_1 = y_2 \tag{2.3}$$

のときであり，またそのときに限る。

＜工学初学者からの質問と回答 2–1 ＞

質問　どうして複素数や複素関数を考える必要があるのですか？

回答　複素数は 2 次方程式の解を記述するのに必要であるのはご存知ですよね。でも，それだけではないんです。複素変数の関数を考えることで，実数だけで考えていたら気付かなかった興味深い関数の性質がたくさん見付かっているんです。それらの中には，理工学のさまざまな分野に応用できる重要な結果も含まれています。

虚数単位 i はどういう数なのか少し詳しく考えてみることにしよう。そこで，平面の 2 点 (x_1, y_1)，(x_2, y_2) に対して，つぎのように四則演算を定義する。

$$\text{（和）}\quad (x_1, y_1) + (x_2, y_2) = (x_1 + x_2, y_1 + y_2) \tag{2.4}$$

$$\text{（差）}\quad (x_1, y_1) - (x_2, y_2) = (x_1 - x_2, y_1 - y_2) \tag{2.5}$$

$$\text{（積）}\quad (x_1, y_1) \cdot (x_2, y_2) = (x_1x_2 - y_1y_2, x_1y_2 + y_1x_2) \tag{2.6}$$

$$\text{（商）}\quad (x_1, y_1) \div (x_2, y_2) = \left(\frac{x_1x_2 + y_1y_2}{{x_2}^2 + {y_2}^2}, \frac{-x_1y_2 + y_1x_2}{{x_2}^2 + {y_2}^2}\right) \tag{2.7}$$

(ただし，商に対しては　$(x_2, y_2) \neq (0, 0)$ とする。)

すると，任意の点 (x, y) に対して

$$(x, y) = (x, 0) + (0, y) = (x, 0) + (0, 1) \cdot (y, 0) \tag{2.8}$$

とかける。また

$$(0, 1)^2 = (0, 1) \cdot (0, 1) = (-1, 0) \tag{2.9}$$

が成り立つ。実数 x と x 軸上の点 $(x, 0)$ を同一視し，虚数単位 i と y 軸上の点 $(0, 1)$ を同一視することが自然にでき，$i^2 = -1$ が成り立つのである。

問 1. 平面上の点に対する積の定義にしたがって，つぎの等式が成り立つことを確認せよ。

(1)　$(0, y) = (0, 1) \cdot (y, 0)$　　(2)　$(0, 1) \cdot (0, 1) = (-1, 0)$

＜工学初学者からの質問と回答 2–2 ＞

質問　虚数単位 i は架空の数だと思っていましたが違うのですか？

回答　虚数単位 i は 1 次元の数直線つまり実数の中には存在しませんが，数を 2 次元の平面に拡大することで存在することがわかりますね。虚数単位 i は架空の数ではなく，まさに xy 平面の点 $(0,1)$ のことなんです。

複素数 $z = x + iy$ に対して，xy 平面 $\mathbb{R}^2$ の点 (x, y) を対応させることによって，複素数全体の集合 $\mathbb{C}$ と xy 平面 $\mathbb{R}^2$ を同じものとみなして考えることができる。複素数を平面の点と同一視して考えるとき，この平面を**複素平面**という（図 **2.1** 参照)。

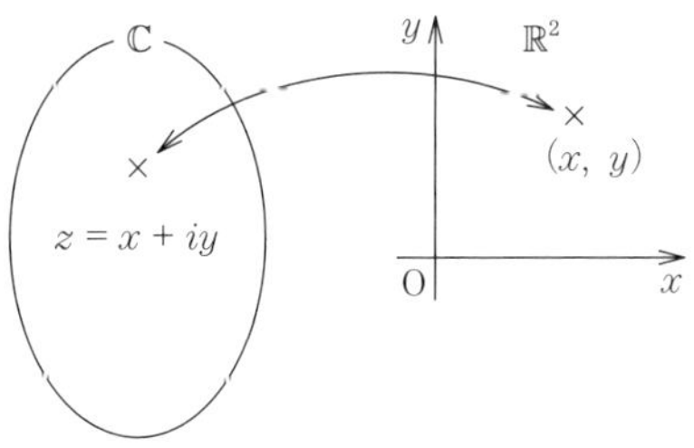

図 **2.1**　複 素 平 面

2.2.2　複素数の性質

複素数の四則演算をあらためて表現し直すと，つぎのようになる。

定義 2.1　(複素数の四則演算)

$z_1 = x_1 + iy_1,\ z_2 = x_2 + iy_2 \in \mathbb{C}$ とする (ただし, 商に対しては $z_2 \neq 0$)。

$$\text{(和)}\quad z_1 + z_2 = (x_1 + x_2) + i(y_1 + y_2) \tag{2.10}$$

$$\text{(差)}\quad z_1 - z_2 = (x_1 - x_2) + i(y_1 - y_2) \tag{2.11}$$

$$\text{(積)}\quad z_1 \cdot z_2 = (x_1x_2 - y_1y_2) + i(x_1y_2 + y_1x_2) \tag{2.12}$$

$$\text{(商)}\quad z_1 \div z_2 = \frac{z_1}{z_2} = \frac{x_1x_2 + y_1y_2}{{x_2}^2 + {y_2}^2} + i\frac{-x_1y_2 + y_1x_2}{{x_2}^2 + {y_2}^2} \tag{2.13}$$

原点 O(0, 0) から複素数 $z = x + iy$ に対応する点 P(x, y) までの距離 $|z| = \sqrt{x^2 + y^2}$ を複素数 z の**絶対値**という。また OX と OP のなす角（反時計回りを正とする）を z の**偏角**といい, $\arg[z]$ とかく。$r = |z|$, $\theta = \arg[z]$ とすると

$$\begin{cases} x = r\cos\theta \\ y = r\sin\theta \end{cases}$$

が成り立つので

$$z = r(\cos\theta + i\sin\theta) \tag{2.14}$$

とかくことができる。これを複素数の**極表示**または**極形式**という（図 **2.2**）。また, $z = x + iy$ に対して, $\bar{z} = x - iy$ を z の**共役**(きょうやく)**複素数**という（図 **2.3**）。z と $\bar{z}$ の積をとると

$$\begin{aligned} z \cdot \bar{z} &= (x + iy) \cdot (x - iy) \\ &= x^2 + y^2 = |z|^2 \end{aligned} \tag{2.15}$$

が成り立つ。

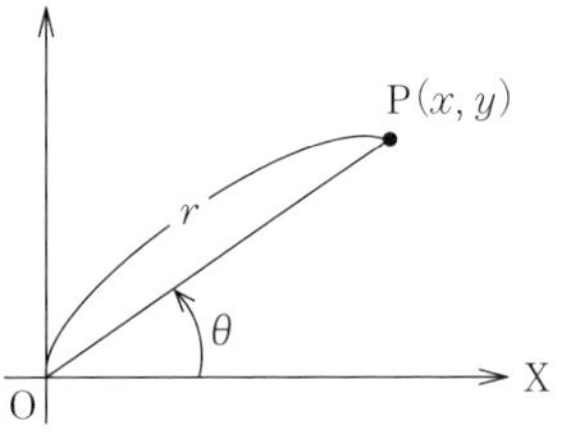

図 **2.2**　極　座　標

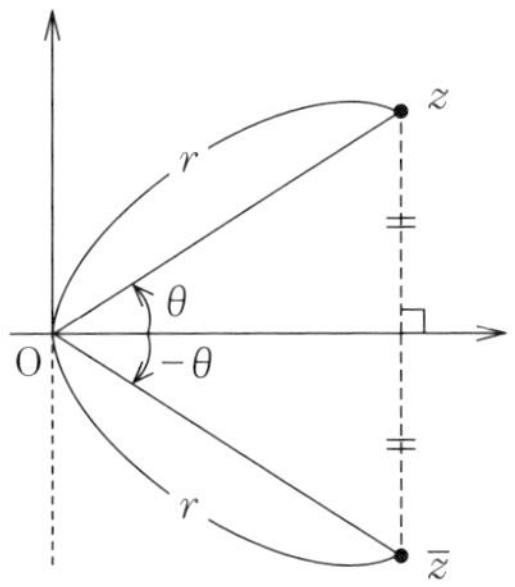

図 **2.3**　共役複素数

例題 2.1　$\dfrac{1+2i}{3+4i}$ の実部と虚部を求めよ。

【**解答**】 分母の共役複素数 $3-4i$ を分子・分母に同時に掛けると

$$\frac{1+2i}{3+4i} = \frac{(1+2i)(3-4i)}{(3+4i)(3-4i)} = \frac{11+2i}{3^2+4^2} = \frac{11}{25} + \frac{2}{25}i \tag{2.16}$$

となる。よって

$$\mathrm{Re}\left[\frac{1+2i}{3+4i}\right] = \frac{11}{25}, \quad \mathrm{Im}\left[\frac{1+2i}{3+4i}\right] = \frac{2}{25} \tag{2.17}$$

◇

問 2.　$\dfrac{22+19i}{12-5i}$ の実部と虚部を求めよ。

さて，三角形の2辺の長さの和は残りの1辺の長さより大きくなることより，複素数の和と絶対値に関して，つぎの不等式が成り立つ（図 **2.4**）。

$$|z_1 + z_2| \leqq |z_1| + |z_2| \quad (\text{三角不等式}) \tag{2.18}$$

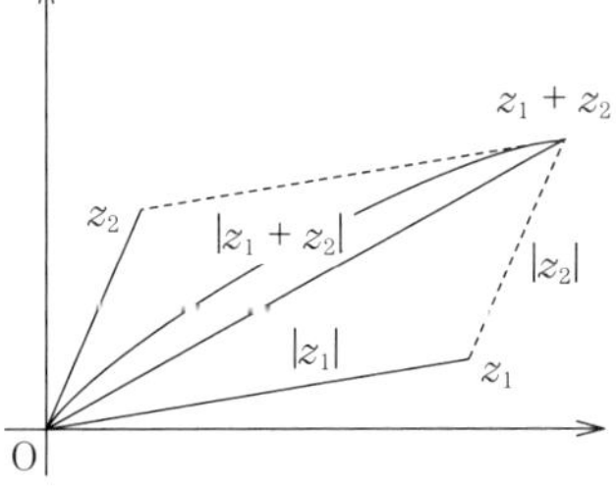

図 **2.4**　三角不等式

が成り立つ。

問 3.　$z_1 = 3+4i$，$z_2 = 9+i$ に対して三角不等式が成り立つことを確認せよ。

$r_1 = |z_1|$，$r_2 = |z_2|$，$\theta_1 = \arg[z_1]$，$\theta_2 = \arg[z_2]$ とすると

$$\begin{aligned}z_1 \cdot z_2 &= \{r_1(\cos\theta_1 + i\sin\theta_1)\} \cdot \{r_2(\cos\theta_2 + i\sin\theta_2)\} \\ &= r_1 r_2\{(\cos\theta_1\cos\theta_2 - \sin\theta_1\sin\theta_2) + i(\cos\theta_1\sin\theta_2 + \sin\theta_1\cos\theta_2)\} \\ &= r_1 r_2\{\cos(\theta_1+\theta_2) + i\sin(\theta_1+\theta_2)\} \qquad (2.19)\end{aligned}$$

よって，複素数の積と絶対値・偏角に関して，つぎの等式が成り立つ。

$$|z_1 \cdot z_2| = r_1 \cdot r_2 = |z_1| \cdot |z_2| \qquad (2.20)$$

$$\arg[z_1 \cdot z_2] = \theta_1 + \theta_2 = \arg[z_1] + \arg[z_2] \qquad (2.21)$$

n を自然数とすると，$z = r(\cos\theta + i\sin\theta)$ に対して

$$|z^n| = r^n = |z|^n \qquad (2.22)$$

$$\arg[z^n] = n\theta = n \cdot \arg[z] \qquad (2.23)$$

が成り立つことがわかる。複素数の積と絶対値の関係については，つぎのように直接計算して確かめることもできる。

$$\begin{aligned}|z_1 \cdot z_2| &= |(x_1+iy_1)\cdot(x_2+iy_2)| = |(x_1x_2 - y_1y_2) + i(x_1y_2 + y_1x_2)| \\ &= \sqrt{(x_1x_2 - y_1y_2)^2 + (x_1y_2 + y_1x_2)^2} \\ &= \sqrt{{x_1}^2{x_2}^2 + {y_1}^2{y_2}^2 + {x_1}^2{y_2}^2 + {y_1}^2{x_2}^2} \\ &= \sqrt{({x_1}^2 + {y_1}^2)\cdot({x_2}^2 + {y_2}^2)} = \sqrt{{x_1}^2 + {y_1}^2} \cdot \sqrt{{x_2}^2 + {y_2}^2} \\ &= |x_1 + iy_1| \cdot |x_2 + iy_2| = |z_1| \cdot |z_2| \qquad (2.24)\end{aligned}$$

例題 2.2　$|(6+7i)(2+9i)|$ の値を求めよ。

【解答】　複素数の積を先に計算した後で絶対値をとると

$$\begin{aligned}|(6+7i)(2+9i)| &= |-51+68i| \\ &= \sqrt{(-51)^2 + 68^2} = \sqrt{7\,225} = 85 \qquad (2.25)\end{aligned}$$

となる。また，それぞれの絶対値を先に計算した後で実数の積をとっても

$$|(6+7i)(2+9i)| = |6+7i| \cdot |2+9i|$$

$$= \sqrt{36+49}\cdot\sqrt{4+81} = \sqrt{85}\cdot\sqrt{85} = 85 \qquad (2.26)$$

となり，結果は同じである。 ♢

問 4. $|(7+9i)(3+11i)|$ の値を求めよ。

2.2.3 オイラーの公式

実関数としての指数関数，三角関数のマクローリン展開について復習すると

$$e^{\theta} = 1 + \theta + \frac{1}{2!}\theta^2 + \frac{1}{3!}\theta^3 + \cdots \qquad (2.27)$$

$$\cos\theta = 1 - \frac{1}{2!}\theta^2 + \frac{1}{4!}\theta^4 - \frac{1}{6!}\theta^6 + \cdots \qquad (2.28)$$

$$\sin\theta = \theta - \frac{1}{3!}\theta^3 + \frac{1}{5!}\theta^5 - \frac{1}{7!}\theta^7 + \cdots \qquad (2.29)$$

であった。e^{θ} の指数 θ を $i\theta$ でおきかえてみると

$$\begin{aligned} e^{i\theta} &= 1 + (i\theta) + \frac{1}{2!}(i\theta)^2 + \frac{1}{3!}(i\theta)^3 + \frac{1}{4!}(i\theta)^4 + \frac{1}{5!}(i\theta)^5 + \cdots \\ &= \left(1 - \frac{1}{2!}\theta^2 + \frac{1}{4!}\theta^4 - \cdots\right) + i\left(\theta - \frac{1}{3!}\theta^3 + \frac{1}{5!}\theta^5 - \cdots\right) \\ &= \cos\theta + i\sin\theta \end{aligned} \qquad (2.30)$$

となる。したがって，$e^{i\theta}$ をつぎのように定義する。

定義 2.2 (オイラーの公式)

任意の実数 $\theta \in \mathbb{R}$ に対して

$$e^{i\theta} = \cos\theta + i\sin\theta \qquad (2.31)$$

と定義する。この等式を**オイラーの公式**という。

---

n を整数とすると，$\cos 2n\pi = 1$，$\sin 2n\pi = 0$ より

$$e^{2n\pi i} = \cos(2n\pi) + i\sin(2n\pi) = 1 \qquad (2.32)$$

が成り立つ。n を自然数とすると

$$\left(e^{i\theta}\right)^n = \overbrace{\left(e^{i\theta}\right)\cdot\left(e^{i\theta}\right)\cdot\cdots\cdot\left(e^{i\theta}\right)}^{n\text{ 個の積}} = e^{i(\theta+\theta+\cdots+\theta)} = e^{i(n\theta)} \tag{2.33}$$

となり，等式

$$\left(e^{i\theta}\right)^n = e^{i(n\theta)} \tag{2.34}$$

が得られる。この等式は **ド・モアブルの公式**とよばれ，三角関数を用いて表現すると

$$(\cos\theta + i\sin\theta)^n = \cos(n\theta) + i\sin(n\theta) \tag{2.35}$$

となる。また，$z = re^{i\theta}$ とすると，$z^n = r^n e^{in\theta}$ が成り立つ。

問 5.　任意の実数 $\theta \in \mathbb{R}$ に対して，$\left|e^{i\theta}\right| = 1$ が成り立つことを示せ。

例題 2.3　$(1+\sqrt{3}i)^3$ の値を求めよ。

【解答】　$\left|1+\sqrt{3}\,i\right| = 2$，$\arg[1+\sqrt{3}\,i] = \dfrac{\pi}{3}$ より

$$\begin{aligned}(1+\sqrt{3}\,i)^3 &= \left(2e^{\frac{\pi i}{3}}\right)^3 = 2^3 e^{\pi i}\\ &= 8(\cos\pi + i\sin\pi) = 8(-1) = -8\end{aligned} \tag{2.36}$$

となる。また，二項定理を用いて直接展開してみても

$$\begin{aligned}(1+\sqrt{3}\,i)^3 &= 1^3 + 3\cdot 1^2\cdot(\sqrt{3}\,i) + 3\cdot 1\cdot(\sqrt{3}\,i)^2 + (\sqrt{3}\,i)^3\\ &= 1 + 3\sqrt{3}\,i - 9 - 3\sqrt{3}\,i = -8\end{aligned} \tag{2.37}$$

となり，上と同じ計算結果が得られる。　◇

問 6.　$(1+i)^4$ の値を求めよ。

2.2.4　指数関数・三角関数

複素数 $z = x + iy$ ($x = \mathrm{Re}\,[z]$，$y = \mathrm{Im}\,[z]$) に対して，複素関数としての**指数関数**を

$$e^z = e^x \cdot (\cos y + i \sin y) \quad \left(= e^x \cdot e^{iy}\right) \tag{2.38}$$

と定義する。ここで右辺の e^x は実関数の指数関数である。実関数の指数関数には指数法則が成り立つが，複素関数の指数関数に対しても同様に成り立つ。

定理 2.1　(指数法則)

z_1，z_2 を任意の複素数とすると

$$e^{z_1} \cdot e^{z_2} = e^{z_1 + z_2} \tag{2.39}$$

が成り立つ。

証明　$x_k = \mathrm{Re}\,[z_k],\ y_k = \mathrm{Im}\,[z_k]$　$(k = 1,\ 2)$ とすると

$$\begin{aligned} e^{z_1} \cdot e^{z_2} &= \left(e^{x_1} e^{iy_1}\right) \cdot \left(e^{x_2} e^{iy_2}\right) = \left(e^{x_1} e^{x_2}\right) \cdot \left(e^{iy_1} e^{iy_2}\right) \\ &= e^{x_1 + x_2} \cdot e^{i(y_1 + y_2)} = e^{(x_1 + x_2) + i(y_1 + y_2)} = e^{z_1 + z_2} \end{aligned} \tag{2.40}$$

□

複素関数としての**三角関数**は，指数関数を用いてつぎのように定義される。

$$\cos z = \frac{e^{iz} + e^{-iz}}{2}, \quad \sin z = \frac{e^{iz} - e^{-iz}}{2i} \tag{2.41}$$

＜工学初学者からの質問と回答 2–3 ＞

質問　指数関数と三角関数は別々の関数だと思っていましたが違うのですか？

回答　オイラーの公式の左辺は指数関数なのに，右辺は三角関数を用いた式になっています。複素数を用いることで，指数関数と三角関数の結びつきが明らかになったわけです。複素関数としての三角関数は式 (2.41) のように指数関数を用いて定義されます。

2.2.5　べ　き　乗　根

n を自然数とする。$\alpha \in \mathbb{C}$ に対して，$z^n = \alpha$ となる複素数 z を α の ***n* 乗根**という。

定理 2.2

任意の $\alpha(\neq 0)$ に対して，α の n 乗根は複素平面 $\mathbb{C}$ 内に n 個存在する。

証明　複素数の極表示を用いて，α の n 乗根を求めてみよう。$r_\alpha = |\alpha|, \theta_\alpha = \arg[\alpha]$ $(0 \leqq \theta_\alpha < 2\pi)$ とし，$\alpha = r_\alpha e^{i\theta_\alpha}$ とする。$z = re^{i\theta}$ とおくと，$z^n = r^n e^{in\theta}$ となるので

$$r^n e^{in\theta} = r_\alpha e^{i\theta_\alpha} \Leftrightarrow \begin{cases} r^n = r_\alpha \\ n\theta = \theta_\alpha + 2k\pi \quad (k \text{ は整数}) \end{cases}$$

$$\Leftrightarrow \begin{cases} r = \sqrt[n]{r_\alpha} \quad (\sqrt[n]{r_\alpha} \text{ は } r_\alpha \text{の 正の実数の } n \text{ 乗根}) \\ \theta = \dfrac{\theta_\alpha}{n} + 2\left(\dfrac{k}{n}\right)\pi \quad (k \text{ は整数}) \end{cases}$$

ここで，$\theta_k = \dfrac{\theta_\alpha}{n} + 2\left(\dfrac{k}{n}\right)\pi$ とおくと，$re^{i\theta_k}$ は $k = 0, 1, \cdots, n-1$ のときに，異なる n 個の複素数となり，それ以外の整数 k のときは $k = 0, 1, \cdots, n-1$ のいずれかのときに一致する。したがって，α の n 乗根は

$$\left\{re^{i\theta_0}, re^{i\theta_1}, \cdots, re^{i\theta_{n-1}}\right\} \tag{2.42}$$

で与えられる。 □

例題 2.4　$z^3 = -8$ を満たす複素数を求めよ。

【解答】　$z = re^{i\theta}$ $(r > 0)$ とおくと，$z^3 = r^3 e^{3i\theta}$ となる。$-8 = 8e^{i\pi}$ より

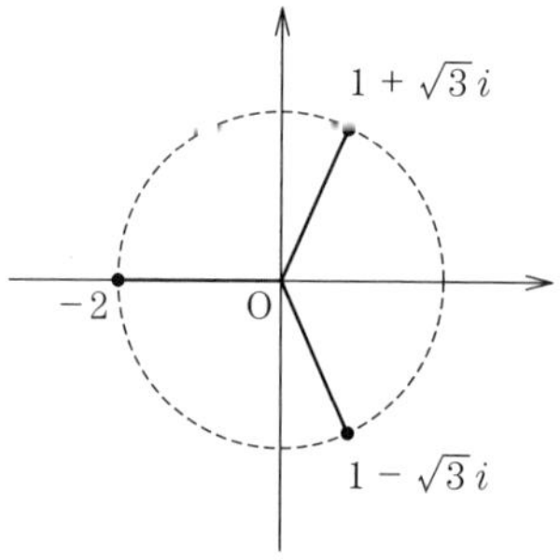

図 **2.5**　−8 の 3 乗根

$$r^3 e^{3i\theta} = 8e^{i\pi} \Leftrightarrow \begin{cases} r^3 = 8 \\ 3\theta = \pi + 2k\pi \quad (k \text{ は整数}) \end{cases}$$

$$\Leftrightarrow \begin{cases} r = \sqrt[3]{8} = 2 \\ \theta = \dfrac{\pi}{3} + 2\left(\dfrac{k}{3}\right)\pi \quad (k \text{ は整数}) \end{cases}$$

$k = 0, 1, 2$ のときに，$re^{i\left(\frac{\pi}{3} + 2\frac{k}{3}\pi\right)}$ は異なる 3 個の複素数となり，それ以外の整数 k のときは，$k = 0, 1, 2$ のいずれかのときに一致する。よって，-8 の 3 乗根は 3 個あり

$$\left\{2e^{i\left(\frac{\pi}{3}\right)}, 2e^{i\left(\frac{\pi}{3}+2\frac{1}{3}\pi\right)}, 2e^{i\left(\frac{\pi}{3}+2\frac{2}{3}\pi\right)}\right\} = \left\{1+\sqrt{3}\,i, -2, 1-\sqrt{3}\,i\right\} \quad (2.43)$$

で与えられる（図 **2.5**）。 ◇

先の例題 2.3 で，$1+\sqrt{3}\,i$ の 3 乗が -8 になることをみたが，逆に 3 乗すると -8 になる複素数は，3 個存在することに注意しよう。

問 7. つぎの問いに答えよ。

(1) $8i$ の 3 乗根を求めよ。

(2) $z^4+1=0$ を満たす複素数を求めよ。

2.2.6 距　　離

複素数全体の集合には，絶対値を用いて**距離**を定義することができる。一般に距離が定義されている集合を**距離空間**という。2 つの複素数 $z_1 = x_1 + iy_1$, $z_2 = x_2 + iy_2$ に対して，距離 $d(z_1, z_2)$ は

$$d(z_1, z_2) = |z_1 - z_2| \quad (2.44)$$

$$= \sqrt{(x_1 - x_2)^2 + (y_1 - y_2)^2} \quad (2.45)$$

で定義される。このとき，$d(z_1, z_2)$ は，つぎの性質を満たす。

$$d(z_1, z_2) \geqq 0 \quad (d(z_1, z_2) = 0 \Leftrightarrow z_1 = z_2) \quad (2.46)$$

$$d(z_2, z_1) = d(z_1, z_2) \quad (2.47)$$

$$d(z_1, z_3) \leqq d(z_1, z_2) + d(z_2, z_3) \quad (\text{三角不等式}) \quad (2.48)$$

実関数の微積分学では，関数の定義域は数直線の部分集合である「区間」であった。複素解析学では，複素関数（特に後の節で定義される正則関数）は複素平面内の部分集合である「領域」を定義域とする。この節では，「領域」とはどういう集合であるかを理解するために，複素平面内の部分集合について少し考えてみることにする。つぎの開円板は，複素平面におけるもっとも基本的な領域の 1 つである。

定義 2.3　(開円板)

$\alpha \in \mathbb{C}$, $r > 0$ に対して，$\triangle(\alpha; r) = \{z \in \mathbb{C} | d(z, \alpha) < r\}$ を中心 α，半径 r の**開円板**という（図 **2.6**）。

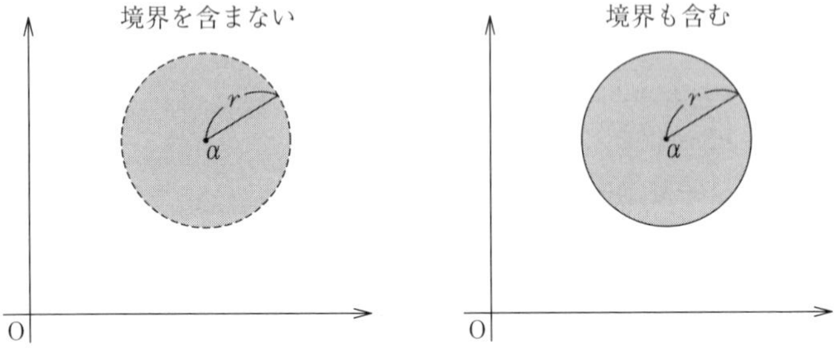

図 **2.6**　開　円　板　　図 **2.7**　閉　円　板

開円板の境界は，円周 $C = \{z \in \mathbb{C} \mid d(z, \alpha) = r\}$ である。開円板と円周をあわせたものがつぎの閉円板である。

定義 2.4　(閉円板)

$\alpha \in \mathbb{C}$, $r > 0$ に対して，$\overline{\triangle(\alpha; r)} = \{z \in \mathbb{C} | d(z, \alpha) \leqq r\}$ を中心 α，半径 r の**閉円板**という（図 **2.7**）。

数直線上の開区間に相当するのが，つぎの平面における開集合である。定義は少しわかりづらいかもしれないが，開集合は境界を含まない部分集合であると理解してもらいたい。また，数直線上の閉区間に相当するのが，平面の**閉集合**である。一般に閉集合はある開集合の補集合として定義される。

定義 2.5　(開集合)

$\mathbb{C}$ の部分集合 U について，各 $z \in U$ に対して，$\triangle(z; r_z) \subset U$ が成り立つような $r_z > 0$ が存在するとき，U は**開集合**であるという（図 **2.8**）。

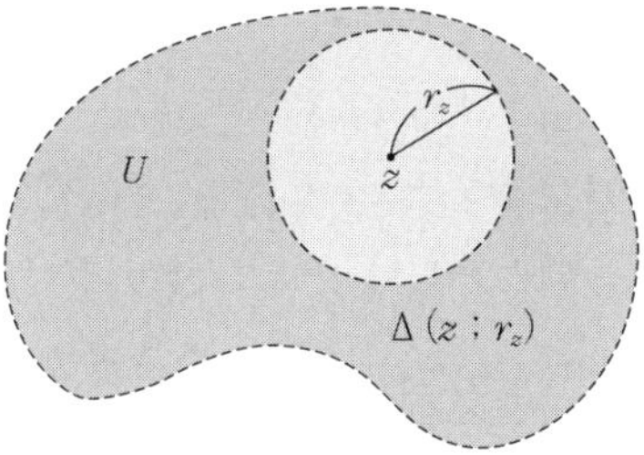

図 **2.8**　開　集　合

有限個の線分をつないだものを折れ線とよぶことにする。$\mathbb{C}$ の部分集合 X について，X の任意の 2 点が X に含まれる折れ線によりつながれるとき，X は**弧状連結**であるという。弧状連結とは考えている集合がバラバラではなく，ひとまとまりになっている状態を数学的に表現しているに過ぎない（図 **2.9**, 図 **2.10**）。

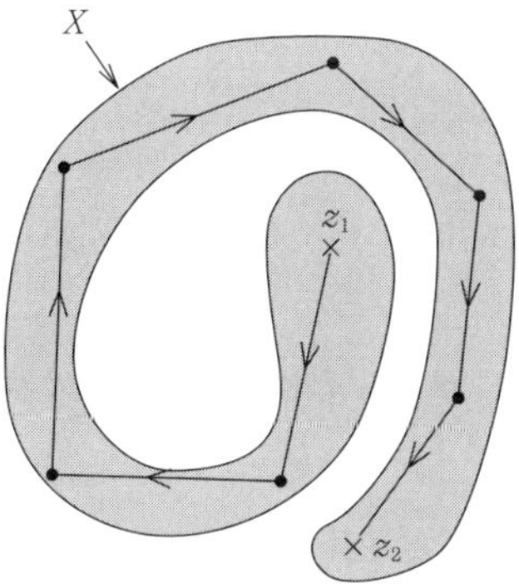

図 **2.9**　弧状連結である例

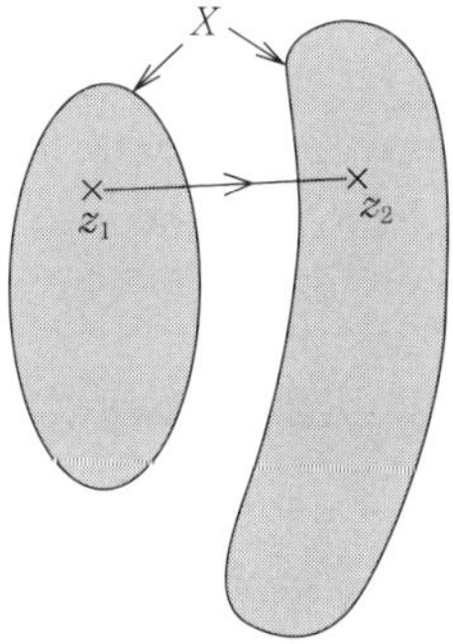

図 **2.10**　弧状連結でない例

定義 2.6　(領域)

$\mathbb{C}$ の部分集合 D が弧状連結な開集合であるとき，D は**領域**であるという。

2.2.7 数　　　　列

番号付けされた複素数の列 $\{z_n\}_{n=0}^{\infty} = \{z_0, z_1, z_2, \cdots, z_n, \cdots\}$ を**複素数列**という。$x_n = \mathrm{Re}\,[z_n]$，$y_n = \mathrm{Im}\,[z_n]$ とおくと，$\{x_n\}_{n=0}^{\infty}$，$\{y_n\}_{n=0}^{\infty}$ は2つの実数列となる。つまり，1つの複素数列に対して2つの実数列が対応している。

複素数列 $\{z_n\}_{n=0}^{\infty}$ に対して，$\lim_{n\to\infty} |z_n - \alpha| = 0$ となる定数 $\alpha \in \mathbb{C}$ が存在するとき，複素数列 $\{z_n\}_{n=0}^{\infty}$ は**極限値** α に**収束する**といい，$\lim_{n\to\infty} z_n = \alpha$ とかく。

「$\lim_{n\to\infty} |z_n - \alpha| = 0$」を，「任意の正数 $\varepsilon > 0$ に対して，自然数 N_ε が存在して，$n \geqq N_\varepsilon$ ならば $|z_n - \alpha| < \varepsilon$ が成り立つことである。」と論理的にいいかえることができる。

複素数列 $\{z_n\}_{n=0}^{\infty}$ が α に収束するとき，$\alpha = a + ib$ ($a = \mathrm{Re}[\alpha], b = \mathrm{Im}[\alpha]$) とおくと

$$0 \leqq |x_n - a| \leqq |z_n - \alpha| \to 0 \quad (n \to \infty) \tag{2.49}$$

$$0 \leqq |y_n - b| \leqq |z_n - \alpha| \to 0 \quad (n \to \infty) \tag{2.50}$$

となるので，$\{x_n\}_{n=0}^{\infty}$ は a に，$\{y_n\}_{n=0}^{\infty}$ は b にそれぞれ収束することがわかる。

逆に，2つの実数列 $\{x_n\}_{n=0}^{\infty}$，$\{y_n\}_{n=0}^{\infty}$ がそれぞれ収束し，その極限値をそれぞれ，$\lim_{n\to\infty} x_n = a$ および $\lim_{n\to\infty} y_n = b$ とする。$z_n = x_n + iy_n$ として，複素数列 $\{z_n\}_{n=0}^{\infty}$ を定義すると，複素数 $\alpha = a + ib$ に対して

$$\begin{aligned} 0 &\leqq |z_n - \alpha| \\ &= |(x_n + iy_n) - (a + ib)| \\ &= |(x_n - a) + i(y_n - b)| \\ &\leqq |x_n - a| + |y_n - b| \to 0 \quad (n \to \infty) \end{aligned} \tag{2.51}$$

となるので，複素数列 $\{z_n\}_{n=0}^{\infty}$ は収束し，$\lim_{n\to\infty} z_n = \alpha$ が成り立つことがわかる。

2.2.8 複素数の完備性

複素解析学では，**べき級数**が重要な役割を果たす。数列や級数の収束を考えるとき，つぎのコーシー列を考えると便利である。この項では，複素数列がコーシー列であれば，必ず収束することを確認する。一般にコーシー列が必ず収束し，その極限値がその集合の要素として存在する距離空間を**完備**な距離空間という。本書では実数の完備性は既知とする。

定義 2.7 (コーシー列)

任意の正数 $\varepsilon > 0$ に対して，自然数 N_ε が存在して

$$m, n \geqq N_\varepsilon \text{ ならば } |z_m - z_n| < \varepsilon$$

が成り立つとき，複素数列 $\{z_n\}_{n=0}^{\infty}$ は**コーシー列**であるという。

距離空間としての完備性に関係なく，つぎの定理が成り立つ。

定理 2.3

$\{z_n\}_{n=0}^{\infty}$ は複素数 α に収束する数列であるとすると，$\{z_n\}_{n=0}^{\infty}$ はコーシー列である。

証明　任意の正数 $\varepsilon > 0$ に対して，$\varepsilon' = \dfrac{\varepsilon}{2} > 0$ とおくと，自然数 $N_{\varepsilon'}$ が存在して，$m, n \geqq N_{\varepsilon'} \Rightarrow |z_m - \alpha| < \varepsilon', |z_n - \alpha| < \varepsilon'$ が成り立つ。よって，$m, n \geqq N_{\varepsilon'}$ ならば

$$|z_m - z_n| \leqq |z_m - \alpha| + |z_n - \alpha| < \varepsilon' + \varepsilon' = \varepsilon \tag{2.52}$$

よって，$\{z_n\}_{n=0}^{\infty}$ はコーシー列である。　□

実数列 $\{a_n\}_{n=0}^{\infty}$ が，$a_0 \leqq a_1 \leqq \cdots \leqq a_n \leqq \cdots$ を満たすとき，実数列 $\{a_n\}_{n=0}^{\infty}$ は**単調増加**であるという。また，$a_n \leqq M \quad (n = 0, 1, \cdots)$ を満たす定数 M が存在するとき，**実数列** $\{a_n\}_{n=0}^{\infty}$ は上に有界であるという。実数全体の集合 $\mathbb{R}$ の完備性から，つぎの補題が得られる。

補題 2.1

上に有界かつ単調増加な実数列は収束する。

一般に実数の部分集合 $X \subset \mathbb{R}$ に対して

$$x \in X \text{ ならば } x \leqq M$$

を満たす定数 M が存在するとき，X は**上に有界**であるといい，M を X の**上界**という。上に有界な集合 X を固定して考えたとき，集合 X の上界は 1 つには決まらないが，実数の完備性から，その上界全体には必ず最小値が存在する。これを X の**上限**といい，$\sup X$ とかく。

実数全体の集合 $\mathbb{R}$ の完備性を用いると，複素数全体の集合 $\mathbb{C}$ の完備性は容易に示すことができる。

定理 2.4　(複素数の完備性)

$\{z_n\}_{n=0}^{\infty}$ がコーシー列とすると，$\{z_n\}_{n=0}^{\infty}$ はある複素数に収束する。

証明　$x_n = \mathrm{Re}[z_n]$，$y_n = \mathrm{Im}[z_n]$ とおくと，任意の正数 $\varepsilon > 0$ に対して，自然数 N_ε が存在して，$m, n \geqq N_\varepsilon$ ならば

$$0 \leqq |x_m - x_n| \leqq |z_m - z_n| < \varepsilon \tag{2.53}$$

$$0 \leqq |y_m - y_n| \leqq |z_m - z_n| < \varepsilon \tag{2.54}$$

が成り立つ。よって，$\{x_n\}_{n=0}^{\infty}$，$\{y_n\}_{n=0}^{\infty}$ はそれぞれ実数のコーシー列である。実数の完備性より，2 つの実数列 $\{x_n\}_{n=0}^{\infty}$，$\{y_n\}_{n=0}^{\infty}$ がそれぞれ収束し，$\lim_{n\to\infty} x_n = a$ かつ $\lim_{n\to\infty} y_n = b$ が成り立つ。$\alpha = a + ib$ とおくと，$\lim_{n\to\infty} z_n = \alpha$ が成り立つ。 □

すべての $n = 0, 1, 2, \cdots$ に対して

$$|z_n| \leqq R \tag{2.55}$$

を満たす正定数 R が存在するとき，複素数列 $\{z_n\}_{n=0}^{\infty}$ は**有界**であるという。

収束する数列 $\{z_n\}_{n=0}^{\infty}$ について，つぎの定理が成り立つ。

定理 2.5

収束する複素数列 $\{z_n\}_{n=0}^{\infty}$ は有界である。

証明　正数 ε を 1 つとって固定する。数列 $\{z_n\}_{n=0}^{\infty}$ の極限値を α とおき，$\lim_{n\to\infty}|z_n-\alpha|=0$ より，十分大きな自然数 $N=N_\varepsilon$ をとると

$$n \geqq N \text{ ならば } |z_n-\alpha|<\varepsilon \tag{2.56}$$

が成り立つ。したがって，$n \geqq N$ を満たす n については

$$\begin{aligned}|z_n| &= |(z_n-\alpha)+\alpha| \leqq |z_n-\alpha|+|\alpha|\\ &< \varepsilon+|\alpha| \end{aligned}\tag{2.57}$$

が成り立つ。$\{|z_0|,|z_1|,\cdots,|z_{N-1}|\}$ の最大値を $M=\max\{|z_0|,|z_1|,\cdots,|z_{N-1}|\}$ とし，$\{\varepsilon+|\alpha|,M\}$ の大きいほうを $R=\max\{\varepsilon+|\alpha|,M\}$ とおくと，すべての $n=0,1,\cdots$ に対して，$|z_n| \leqq R$ が成り立つ（図 **2.11**）。

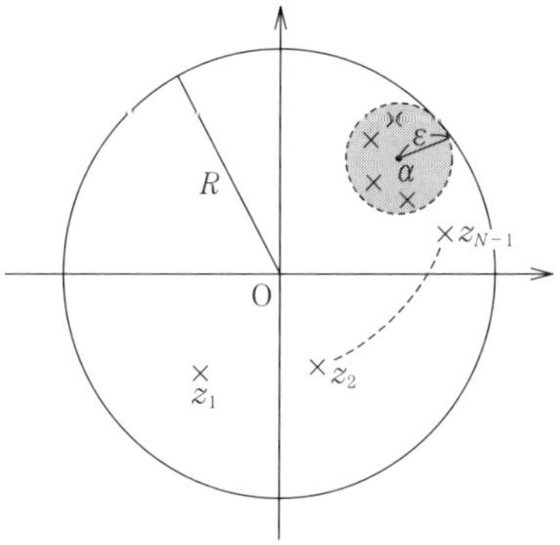

図 **2.11**　収束数列の有界性

□

2.2.9　級　　　数

複素数列 $\{z_n\}_{n=0}^{\infty}$ に対して

$$S_N=\sum_{n=0}^{N} z_n = z_0+z_1+\cdots+z_N \tag{2.58}$$

を第 N **部分和**という。このとき，$\{S_N\}_{N=0}^{\infty}$ は再び複素数列となる。

定義 2.8　(無限級数の収束)

数列 $\{S_N\}_{N=0}^{\infty}$ が収束するとき，つまり極限値 $\lim_{N\to\infty} S_N=A$ が存在するとき，無限級数

$$\sum_{n=0}^{\infty} z_n = z_0 + z_1 + \cdots + z_n + \cdots \tag{2.59}$$

は収束するといい

$$\sum_{n=0}^{\infty} z_n = \lim_{N\to\infty}\left(\sum_{n=0}^{N} z_n\right) = \lim_{N\to\infty} S_N = A \tag{2.60}$$

を**無限級数の和**とよぶ。

複素数列 $\{z_n\}_{n=0}^{\infty}$ に対して

$$T_N = \sum_{n=0}^{N} |z_n| = |z_0| + |z_1| + \cdots + |z_N| \tag{2.61}$$

とおく。このとき，$\{T_N\}_{N=0}^{\infty}$ は明らかに実数列である。

定義 2.9　(絶対収束)

無限級数 $\displaystyle\sum_{n=0}^{\infty} |z_n| \left(= \lim_{N\to\infty} T_N\right)$ が収束するとき，無限級数 $\displaystyle\sum_{n=0}^{\infty} z_n$ は**絶対収束する**という。

つぎの定理が成り立つ。

定理 2.6

絶対収束する無限級数は収束する。

証明　複素数列 $\{z_n\}_{n=0}^{\infty}$ に対して，上と同様に $\{S_N\}_{N=0}^{\infty}$，$\{T_N\}_{N=0}^{\infty}$ を定義する。無限級数 $\displaystyle\sum_{n=0}^{\infty} z_n$ が絶対収束すると仮定すると，$\{T_N\}_{N=0}^{\infty}$ は収束する数列なので，定理 2.3 より $\{T_N\}_{N=0}^{\infty}$ は，コーシー列である。したがって，任意の正数 $\varepsilon > 0$ に対して，自然数 N_ε が存在して

$$m, n \geqq N_\varepsilon \text{ ならば } |T_m - T_n| < \varepsilon \tag{2.62}$$

が成り立つ。いまさらに，$m > n$ とすると

$$
\begin{aligned}
0 &\leqq |S_m - S_n| = |z_m + z_{m-1} + \cdots + z_{n+1}| \\
&\leqq |z_m| + |z_{m-1}| + \cdots + |z_{n+1}| = |T_m - T_n| < \varepsilon
\end{aligned}
$$

が成り立つので，$\{S_N\}_{N=0}^{\infty}$ はコーシー列である。複素数の完備性より，$\{S_N\}_{N=0}^{\infty}$ は収束する。 □

級数の収束性を調べるのに，つぎの**優級数定理**を用いることが多い。

定理 2.7 (優級数定理)

$|z_n| \leqq |w_n|$ $(n = 0, 1, \cdots)$ かつ，無限級数 $\displaystyle\sum_{n=0}^{\infty} w_n$ が絶対収束するならば，無限級数 $\displaystyle\sum_{n=0}^{\infty} z_n$ も絶対収束する。

証明　$T_N = \displaystyle\sum_{n=0}^{N} |z_n|$，$U_N = \displaystyle\sum_{n=0}^{N} |w_n|$ とおくと，無限級数 $\displaystyle\sum_{n=0}^{\infty} w_n$ が絶対収束するので，$\{U_N\}_{N=0}^{\infty}$ は収束する。$\displaystyle\lim_{N\to\infty} U_N = A$ とおくと，$T_N \leqq U_N \leqq A$ $(N = 0, 1, \cdots)$ であるので，$\{T_N\}_{N=0}^{\infty}$ は有界な数列である。また，明らかに $\{T_N\}_{N=0}^{\infty}$ は単調増加な数列であるので，補題 2.1 より $\{T_N\}_{N=0}^{\infty}$ は収束する。つまり，無限級数 $\displaystyle\sum_{n=0}^{\infty} z_n$ も絶対収束する。 □

例題 2.5 (幾何級数)

$|z| < 1$ なる任意の複素数 z に対して，無限級数

$$
\sum_{n=0}^{\infty} z^n = 1 + z + z^2 + \cdots \tag{2.63}
$$

は絶対収束することを示せ。この級数は**幾何級数**とよばれる。

【解答】 $|z| < r < 1$ を満たす $r(0 < r < 1)$ をとる。$U_N = \displaystyle\sum_{n=0}^{N} r^n$ とおくと，$U_N = \dfrac{1 - r^{N+1}}{1 - r}$ となり，$\displaystyle\lim_{N\to\infty} U_N = \dfrac{1}{1 - r}$ が成り立ち，$\{U_N\}_{N=0}^{\infty}$ は収束する。明らかに $|z|^n \leqq r^n$ なので，定理 2.7（優級数定理）より $\displaystyle\sum_{n=0}^{\infty} z^n$ は絶対収束する。 ◇

2.3 正 則 関 数

2.3.1 複 素 関 数

領域 D の各 $z \in D$ に対して, 1 つずつ複素数 w を対応させるとき, $w = f(z)$ とかいて, $f(z)$ を D 上の**複素関数**という。$z = x+iy \quad (x = \mathrm{Re}\,[z], y = \mathrm{Im}\,[z])$ とおくと

$$f(z) = f(x+iy) = u(x,\, y) + i\,v(x,\, y) \tag{2.64}$$

とかける。$u(x,\, y)$, $v(x,\, y)$ は, x と y を変数とする 2 変数の実関数である。それぞれ f の**実部**, f の**虚部**とよび, $u = \mathrm{Re}\,[f]$, $v = \mathrm{Im}\,[f]$ と表記する。

例題 2.6　$f(z) = z^2$ に対して, 実部 $u = \mathrm{Re}\,[f]$, 虚部 $v = \mathrm{Im}\,[f]$ をそれぞれ求めよ。

【解答】

$$z^2 = (x+iy)^2 = x^2 + 2ixy + i^2y^2 = \left(x^2 - y^2\right) + i\,(2xy) \tag{2.65}$$

より

$$u(x,\, y) = x^2 - y^2, \quad v(x,\, y) = 2xy \tag{2.66}$$

となる。　◇

2.3.2 連 続 関 数

複素数 z が α に近付くとは, z と α の距離が小さくなることである。つぎの表現はすべて同じ意味であることを注意しておく。

$$z \to \alpha \;\Leftrightarrow\; d(z,\, \alpha) \to 0 \;\Leftrightarrow\; |z - \alpha| \to 0 \tag{2.67}$$

さて, 複素関数 $f(z)$ は領域 $D \subset \mathbb{C}$ 上で定義されているとする。$z \to \alpha$ のときに, $\displaystyle\lim_{z\to\alpha} f(z)$ が極限値をもつ（収束する）とは, z の近付き方に関係なく,

極限値が存在するということである。複素関数としての連続関数を以下のように定義する。

定義 2.10 (連続関数)

$\alpha \in D$ に対し

$$\lim_{z \to \alpha} f(z) = f(\alpha) \quad \left(\Leftrightarrow \lim_{z \to \alpha} |f(z) - f(\alpha)| = 0 \right) \tag{2.68}$$

が成り立つとき，関数 $f(z)$ は $z = \alpha$ において**連続**であるという。また，領域 D のすべての点において $f(z)$ が連続であるとき，$f(z)$ は D 上の**連続関数**であるという。

2.3.3 正　則　関　数

つぎに複素関数として微分可能な関数である正則関数を定義する。

定義 2.11 (正則関数)

$\alpha \in D$ に対して，$z \to \alpha$ のとき，その近付き方に関係なく $\dfrac{f(z) - f(\alpha)}{z - \alpha}$ がある一定の値に近付くとき，その極限値を $f(z)$ の α における**複素微分係数**といい，$f'(\alpha)$ とかく。このとき，関数 $f(z)$ は $z = \alpha$ において**複素微分可能**であるという。また，領域 D のすべての点において $f(z)$ が複素微分可能であるとき，$f(z)$ は D 上の**正則関数**であるという。

$f(z)$ が $\alpha \in D$ において複素微分可能であるとする。$z \to \alpha$ のとき

$$f(z) - f(\alpha) = \frac{f(z) - f(\alpha)}{z - \alpha} \cdot (z - \alpha) \to f'(\alpha) \cdot 0 = 0 \tag{2.69}$$

となるので，$f(z)$ は $\alpha \in D$ において連続である。つまり，D 上の正則関数は必ず D 上の連続関数である。

$f(z)$ が D 上の正則であるとき，各 $z \in D$ に対して，その複素微分係数 $f'(z)$

を対応させる複素関数を $f(z)$ の **1 次導関数**とよび，記号はそのまま $f'(z)$ を用いる。

$$f'(z) = \lim_{z+\alpha \to z} \frac{f(z+\alpha)-f(z)}{(z+\alpha)-z} = \lim_{\alpha \to 0} \frac{f(z+\alpha)-f(z)}{\alpha} \tag{2.70}$$

と表現することもできる。$f(z)$，$g(z)$ ともに複素微分可能であれば，実関数のときと同様に，つぎの公式が成り立つ。

（和）　$$\{f(z)+g(z)\}' = f'(z)+g'(z) \tag{2.71}$$

（差）　$$\{f(z)-g(z)\}' = f'(z)-g'(z) \tag{2.72}$$

（積）　$$\{f(z)\cdot g(z)\}' = f'(z)g(z)+f(z)g'(z) \tag{2.73}$$

（商）　$$\left\{\frac{f(z)}{g(z)}\right\}' = \frac{f'(z)g(z)-f(z)g'(z)}{g(z)^2} \tag{2.74}$$

(ただし，商に対しては $g(z) \neq 0$ とする。)

例題 2.7　$f(z) = z^3$ は，任意の $z \in \mathbb{C}$ に対して，複素微分可能であることを示せ。

【解答】

$$\begin{aligned}\frac{f(z+\alpha)-f(z)}{\alpha} &= \frac{(z+\alpha)^3-z^3}{\alpha} = \frac{\left(z^3+3\alpha z^2+3\alpha^2 z+\alpha^3\right)-z^3}{\alpha} \\ &= \frac{3\alpha z^2+3\alpha^2 z+\alpha^3}{\alpha} = 3z^2+3\alpha z+\alpha^2 \\ &\to 3z^2 \quad (\ \alpha \to 0 \text{ のとき}) \end{aligned} \tag{2.75}$$

よって，任意の $z \in \mathbb{C}$ に対して $f(z)$ は複素微分可能であり，その導関数は

$$f'(z) = 3z^2 \tag{2.76}$$

となる。　◇

同様に，**多項式関数** $p(z) = a_n z^n + a_{n-1} z^{n-1} + \cdots + a_0$ も複素平面 $\mathbb{C}$ 全体で正則な関数であることを示すことができる。

問 8.　$\displaystyle\lim_{\alpha \to 0} \frac{e^\alpha - 1}{\alpha} = 1$ を用いて，指数関数 $f(z) = e^z$ は任意の $z \in \mathbb{C}$ に対して，複素微分可能であることを示せ。

2.3.4 コーシー・リーマンの関係式

複素関数 $f(z)$ が正則関数であれば，その実部 $u = \mathrm{Re}\,[f]$ と虚部 $v = \mathrm{Im}\,[f]$ に関してつぎの定理が成り立つ。

定理 2.8 (コーシー・リーマンの関係式)

領域 D 上で定義された複素関数 $f(z) = u(x, y) + iv(x, y)$ が D 上正則であれば，実部 $u = \mathrm{Re}\,[f]$ と虚部 $v = \mathrm{Im}\,[f]$ に関して，つぎの**コーシー・リーマンの関係式**が成り立つ。

$$\frac{\partial u}{\partial x} = \frac{\partial v}{\partial y}, \quad \frac{\partial u}{\partial y} = -\frac{\partial v}{\partial x} \tag{2.77}$$

証明　$\alpha = h + ik \quad (h = \mathrm{Re}\,[\alpha],\, k = \mathrm{Im}\,[\alpha])$ に対して

$$\begin{aligned} f(z+\alpha) &= f(x+iy+h+ik) = f((x+h)+i(y+k)) \\ &= u(x+h,\, y+k) + i\,v(x+h,\, y+k) \end{aligned} \tag{2.78}$$

となる。したがって

$$\begin{aligned} &\frac{f(z+\alpha)-f(z)}{\alpha} \\ &= \frac{\{u(x+h,\, y+k)+iv(x+h,\, y+k)\}-\{u(x,\, y)+iv(x,\, y)\}}{h+ik} \\ &= \frac{\{u(x+h,\, y+k)-u(x,\, y)\}+i\{v(x+h,\, y+k)-v(x,\, y)\}}{h+ik} \end{aligned} \tag{2.79}$$

が成り立つ。まず $k=0$ とすると，$\alpha = h$ なので

$$\begin{aligned} &\lim_{\alpha\to 0}\frac{f(z+\alpha)-f(z)}{\alpha} \\ &= \lim_{h\to 0}\left(\frac{u(x+h,\, y)-u(x,\, y)}{h} + i\frac{v(x+h,\, y)-v(x,\, y)}{h}\right) \\ &= \frac{\partial u}{\partial x} + i\frac{\partial v}{\partial x} \end{aligned} \tag{2.80}$$

が成り立つ。つぎに $h=0$ とすると，$\alpha = ik$ なので

$$\begin{aligned} &\lim_{\alpha\to 0}\frac{f(z+\alpha)-f(z)}{\alpha} \\ &= \lim_{k\to 0}\frac{1}{i}\left(\frac{u(x,\, y+k)-u(x,\, y)}{k} + i\frac{v(x,\, y+k)-v(x,\, y)}{k}\right) \end{aligned}$$

$$= \frac{1}{i}\left(\frac{\partial u}{\partial y} + i\frac{\partial v}{\partial y}\right) \tag{2.81}$$

$f(z)$ が正則であれば，α の 0 への近付き方に関係なく極限値が一致するので

$$\frac{\partial u}{\partial x} + i\frac{\partial v}{\partial x} = f'(z) = \frac{1}{i}\left(\frac{\partial u}{\partial y} + i\frac{\partial v}{\partial y}\right) \tag{2.82}$$

が成り立つ。したがって

$$\frac{\partial u}{\partial x} + i\frac{\partial v}{\partial x} = \frac{\partial v}{\partial y} - i\frac{\partial u}{\partial y} \tag{2.83}$$

となり，両辺の実部と虚部をそれぞれ比較することにより

$$\frac{\partial u}{\partial x} = \frac{\partial v}{\partial y}, \quad \frac{\partial u}{\partial y} = -\frac{\partial v}{\partial x} \tag{2.84}$$

が得られる。 □

例題 2.8 $f(z) = z^3$ の実部 $u = \mathrm{Re}\,[f]$ と虚部 $v = \mathrm{Im}\,[f]$ は，コーシー・リーマンの関係式を満たすことを示せ。

【解答】

$$\begin{aligned} z^3 &= (x+iy)^3 = x^3 + 3x^2(iy) + 3x(iy)^2 + (iy)^3 \\ &= x^3 + 3ix^2y - 3xy^2 - iy^3 = (x^3 - 3xy^2) + i(3x^2y - y^3) \end{aligned} \tag{2.85}$$

$u(x, y) = x^3 - 3xy^2$，$v(x, y) = 3x^2y - y^3$ とおくと

$$\begin{aligned} \frac{\partial u}{\partial x} &= 3x^2 - 3y^2 = \frac{\partial v}{\partial y} \\ \frac{\partial u}{\partial y} &= -6xy = -\frac{\partial v}{\partial x} \end{aligned} \tag{2.86}$$

が成り立つ。 ◇

問 9. 指数関数 $f(z) = e^z$（2.2.4 項参照）の実部 $u = \mathrm{Re}\,[f]$ と虚部 $v = \mathrm{Im}\,[f]$ は，コーシー・リーマンの関係式を満たすことを示せ。

2.4 複 素 積 分

2.4.1 複 素 線 積 分

$f(t) = u(t) + iv(t)$ $(u = \mathrm{Re}[f], v = \mathrm{Im}[f])$ を閉区間 $[a, b] = \{t \in \mathbb{R}|$

$a \leqq t \leqq b\}$ で定義された実変数の複素数値連続関数とする。このとき，$u(t)$, $v(t)$ も閉区間 $[a,b]$ で連続であり，実関数として積分可能である。$f(t)$ の**定積分**をつぎのように定義する。

$$\int_a^b f(t)\,dt = \int_a^b u(t)\,dt + i\int_a^b v(t)\,dt \tag{2.87}$$

定数 $\alpha = h + ik \in \mathbb{C}$ に対して，つぎの等式が成り立つ。

補題 2.2

$$\int_a^b \alpha f(t)\,dt = \alpha\int_a^b f(t)\,dt \tag{2.88}$$

証明

$$\begin{aligned}\alpha f(t) &= (h+ik)\{u(t)+iv(t)\}\\ &= \{hu(t)-kv(t)\}+i\{hv(t)+ku(t)\}\end{aligned}$$

より

$$\mathrm{Re}[\alpha f(t)] = hu(t) - kv(t), \quad \mathrm{Im}[\alpha f(t)] = hv(t) + ku(t) \tag{2.89}$$

よって

$$\begin{aligned}\int_a^b \alpha f(t)\,dt &= \int_a^b \{hu(t)-kv(t)\}\,dt + i\int_a^b \{hv(t)+ku(t)\}\,dt\\ &= h\int_a^b u(t)\,dt - k\int_a^b v(t)\,dt + i\left\{h\int_a^b v(t)\,dt + k\int_a^b u(t)\,dt\right\}\\ &= (h+ik)\left\{\int_a^b u(t)\,dt + i\int_a^b v(t)\,dt\right\} = \alpha\int_a^b f(t)\,dt \quad (2.90)\end{aligned}$$

□

複素関数の定積分について，つぎの不等式が成り立つ。

補題 2.3

$$\left|\int_a^b f(t)\,dt\right| \leqq \int_a^b |f(t)|\,dt \tag{2.91}$$

証明 $\theta = \arg\left[\int_a^b f(t)\,dt\right]$ とおく。

$$\left|\int_a^b f(t)\,dt\right| = e^{-i\theta}\int_a^b f(t)\,dt = \int_a^b e^{-i\theta} f(t)\,dt = \mathrm{Re}\left[\int_a^b e^{-i\theta} f(t)\,dt\right]$$
$$= \int_a^b \mathrm{Re}\left[e^{-i\theta} f(t)\right] dt \leqq \int_a^b \left|e^{-i\theta} f(t)\right| dt = \int_a^b |f(t)|\,dt \tag{2.92}$$

□

$f(z)$ は領域 D 上の連続関数とする。$C: z(t) = x(t) + iy(t) \quad (a \leqq t \leqq b)$ は領域 D 内の曲線で,（有限個の点を除いて）微分可能であり, $z'(t) = x'(t) + iy'(t)$ は（有限個の点を除いて）連続であるとする。以下このような曲線を**区分的に滑らかな曲線**という。このとき

$$\int_C f(z)\,dz = \int_a^b f(z(t))z'(t)\,dt \tag{2.93}$$

を $f(z)$ の曲線 C に沿った**線積分**という。線積分の実部と虚部をみてみると

$$\begin{aligned}
&\int_a^b f(z(t))z'(t)dt \\
&= \int_a^b \{u(x(t), y(t)) + iv(x(t), y(t))\}\{x'(t) + iy'(t)\}\,dt \\
&= \int_a^b \{(ux' - vy') + i\,(vx' + uy')\}\,dt \\
&= \int_a^b (ux' - vy')\,dt + i\int_a^b (vx' + uy')\,dt
\end{aligned} \tag{2.94}$$

となる。また

$$\int_C f(z)\,|dz| = \int_a^b f(z(t))\,|z'(t)|\,dt \tag{2.95}$$

を $f(z)$ の曲線 C に沿った**弧長に関する線積分**という。特に

$$L(C) = \int_C |dz| = \int_a^b |z'(t)|\,dt = \int_a^b \sqrt{x'(t)^2 + y'(t)^2}\,dt \tag{2.96}$$

は曲線 C の**長さ**である（1.5.1 項参照）。

例題 2.9　$f(z) = z^2$ とする。つぎの曲線 C（図 **2.12**）に沿った線積分 $\displaystyle\int_C f(z)\,dz$ の値を求めよ。

$$C : z(t) = t^2 + it \quad (0 \leqq t \leqq 1) \tag{2.97}$$

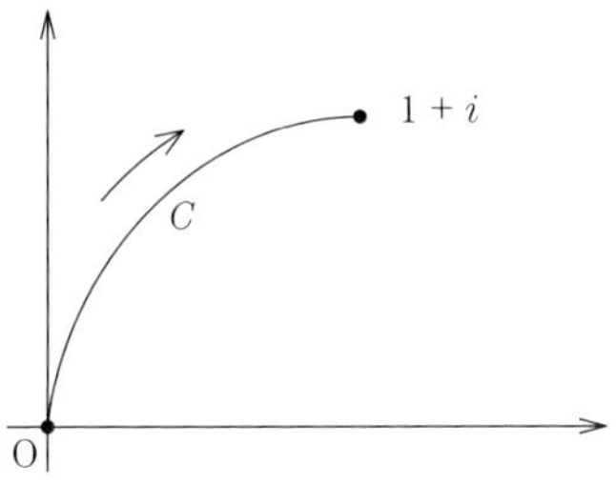

図 **2.12**　曲線 C

【解答】

$$\begin{aligned} f(z(t))z'(t) &= (t^2+it)^2(2t+i) = \left\{(t^4-t^2)+i(2t^3)\right\}(2t+i) \\ &= (2t^5-4t^3)+i(5t^4-t^2) \end{aligned} \tag{2.98}$$

よって

$$\begin{aligned} \int_C f(z)\,dz &= \int_0^1 f(z(t))z'(t)\,dt = \int_0^1 \left\{(2t^5-4t^3)+i(5t^4-t^2)\right\}dt \\ &= \int_0^1 (2t^5-4t^3)\,dt + i\int_0^1 (5t^4-t^2)\,dt \\ &= \left[\frac{1}{3}t^6 - t^4\right]_0^1 + i\left[t^5 - \frac{1}{3}t^3\right]_0^1 = -\frac{2}{3}+\frac{2}{3}i \end{aligned} \tag{2.99}$$

◇

問 10. $f(z) = z^2$ とする。曲線 $C : z(t) = t + it \quad (0 \leqq t \leqq 1)$ に沿った線積分 $\displaystyle\int_C f(z)\,dz$ の値を求めよ。

$\alpha \in \mathbb{C}$ を中心とする半径 $r > 0$ の円周 $|z-\alpha| = r$ は，反時計まわりに向きがつけられているとする。つまり，$z = \alpha + re^{it} \quad (0 \leqq t \leqq 2\pi)$ と媒介変数表示されるものとする（図 **2.13**）。

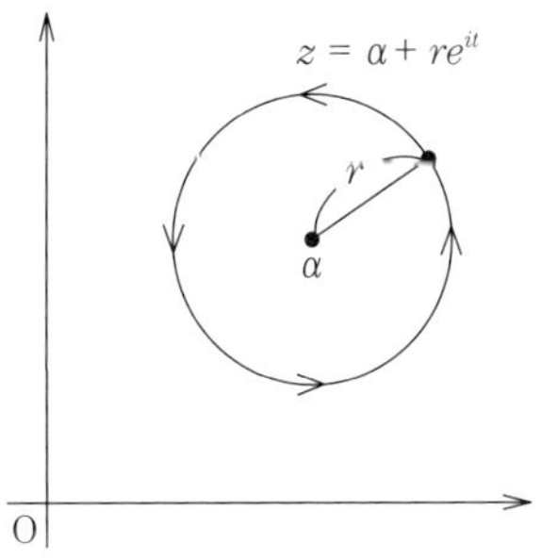

図 **2.13**　円周 $|z-\alpha| = r$

例題 2.10　$f(z) = \dfrac{1}{z-\alpha}$ に対して，円周 $|z-\alpha| = r$ に沿った線積分 $\displaystyle\int_{|z-\alpha|=r} f(z)\,dz$ の値を求めよ。

【解答】　$\alpha = a + ib\ (a \in \mathbb{R},\ b \in \mathbb{R})$ とおくと

$$z(t) = \alpha + re^{it} = (a + r\cos t) + i(b + r\sin t)$$

に対して

$$\begin{aligned} z'(t) &= -r\sin t + ir\cos t = i^2 r\sin t + ir\cos t \\ &= ir\,(i\sin t + \cos t) = ire^{it} \end{aligned} \tag{2.100}$$

となる。よって

$$\begin{aligned} \int_{|z-\alpha|=r} \frac{1}{z-\alpha}\,dz &= \int_0^{2\pi} \frac{1}{(\alpha + re^{it}) - \alpha} \cdot \left(ire^{it}\right) dt \\ &= \int_0^{2\pi} i\,dt = i\int_0^{2\pi} 1\,dt = i \cdot 2\pi = 2\pi i \end{aligned} \tag{2.101}$$

◇

問 11. n を 2 以上の自然数とするとき，線積分 $\displaystyle\int_{|z-\alpha|=r} \frac{1}{(z-\alpha)^n}\,dz$ の値を求めよ。

曲線 $C_1 : z = z_1(t)\quad (a_1 \leqq t \leqq b_1)$ と曲線 $C_2 : z = z_2(t)\quad (a_2 \leqq t \leqq b_2)$ に対して，**曲線の和**をつぎのように定義する（図 **2.14**）。

$$C_1 + C_2 : z = \begin{cases} z_1(t) & (a_1 \leqq t \leqq b_1) \\ z_2(a_2 + (t - b_1)) & (b_1 \leqq t \leqq b_1 + b_2 - a_2) \end{cases}$$

また，曲線 $C : z = z(t)\quad (a \leqq t \leqq b)$ に対して

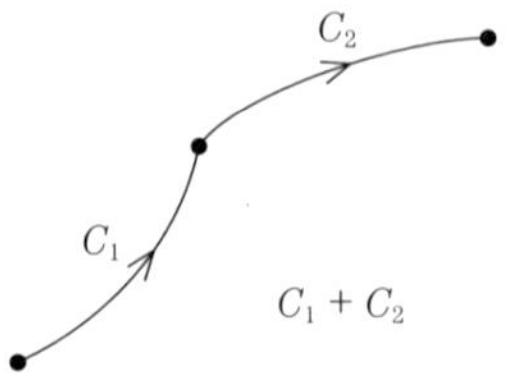

図 **2.14**　曲 線 の 和

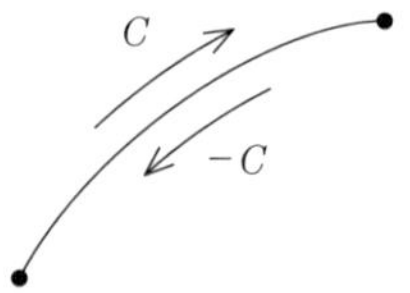

図 **2.15**　逆向きの曲線

$$-C : z = z(a+b-t) \quad (a \leqq t \leqq b)$$

を C の**逆向きの曲線**とよぶことにする（図 **2.15**）（1.7 節参照）。

曲線に沿う線積分に関して，つぎの等式が成り立つ（定理 1.10 参照）。

補題 2.4

$$\int_{C_1+C_2} f(z)\,dz = \int_{C_1} f(z)\,dz + \int_{C_2} f(z)\,dz \tag{2.102}$$

$$\int_{-C} f(z)\,dz = -\int_{C} f(z)\,dz \tag{2.103}$$

証明　第 1 式は自明であるので，第 2 式を証明しよう。$\dfrac{d}{dt}z(a+b-t) = z'(a+b-t)\cdot(-1) = -z'(a+b-t)$ である。

$$\int_{-C} f(z)\,dz = -\int_a^b f(z(a+b-t))z'(a+b-t)\,dt$$

（$s = a+b-t$ とおき置換積分する。$\dfrac{ds}{dt} = -1$ である。）

$$= \int_b^a f(z(s))z'(s)\,ds = -\int_a^b f(z(s))z'(s)\,ds = -\int_C f(z)\,dz \qquad \square$$

2.4.2　コーシーの積分定理

複素平面 $\mathbb{C}$ 内の有界な領域 D に対して，その**境界** ∂D は区分的に滑らかな閉曲線であり，∂D の向きは進行方向に対して左側に D があるように向き付けられているとする（1.7.3 項参照）。以後，特にことわらない限り領域 D はつねにこのような性質をもっていると仮定する。正則関数に対して，つぎの**コーシーの積分定理**が成り立つ。

定理 2.9　（コーシーの積分定理）

$f(z)$ は領域 D で正則であり，その境界 ∂D も含めた範囲で連続であるとする。このとき，つぎの等式が成り立つ。

$$\int_{\partial D} f(z)\,dz = 0 \tag{2.104}$$

証明　境界 ∂D の媒介変数表示を $z(t) = x(t) + iy(t)$ $(a \leqq t \leqq b)$ とおくと

$$\int_{\partial D} f(z)\,dz = \int_a^b f(z(t))z'(t)\,dt$$
$$= \int_a^b \left(ux' - vy'\right)\,dt + i\int_a^b \left(vx' + uy'\right)\,dt$$
$$= \left(\int_{\partial D} u\,dx + (-v)\,dy\right) + i\left(\int_{\partial D} v\,dx + u\,dy\right)$$

（定理 1.11（グリーンの公式）より）

$$= \iint_D \left(-\frac{\partial v}{\partial x} - \frac{\partial u}{\partial y}\right) dxdy + i\iint_D \left(\frac{\partial u}{\partial x} - \frac{\partial v}{\partial y}\right) dxdy$$

（定理 2.8（コーシー・リーマンの関係式）より）

$$= \iint_D 0\,dxdy + i\iint_D 0\,dxdy = 0 \tag{2.105}$$

□

多項式関数 $p(z) = a_n z^n + a_{n-1}z^{n-1} + \cdots + a_0$ や，指数関数 $f(z) = e^z$ は複素平面 $\mathbb{C}$ 全体で正則だから，区分的に滑らかな任意の単純閉曲線 C に沿った線積分について，定理 2.9（コーシーの積分定理）より

$$\int_C \left(a_n z^n + a_{n-1}z^{n-1} + \cdots + a_0\right)\,dz = 0 \tag{2.106}$$

$$\int_C e^z\,dz = 0 \tag{2.107}$$

が成り立つ。

問 12. n を自然数とするとき，線積分 $\displaystyle\int_{|z-\alpha|=r} (z-\alpha)^n\,dz$ の値を求めよ。

例題 2.11　実軸と平行な無限直線 $C : z(t) = t + ib$ $(-\infty < t < \infty$, b は実定数$)$ に対して

$$\int_C e^{-az^2} dz = \sqrt{\frac{\pi}{a}} \quad (\text{ただし}, a > 0 \text{ は実定数}) \tag{2.108}$$

が成り立つことを示せ。

【解答】 以下 $b > 0$ の場合のみを示す。R を十分大きい正数とし，以下の 4 つの直線を考える（図 **2.16**）。

$$C_1 : z(t) = t \quad (-R \leqq t \leqq R)$$
$$C_2 : z(t) = R + it \quad (0 \leqq t \leqq b)$$
$$C_3 : z(t) = t + ib \quad (-R \leqq t \leqq R)$$
$$C_4 : z(t) = -R + it \quad (0 \leqq t \leqq b)$$

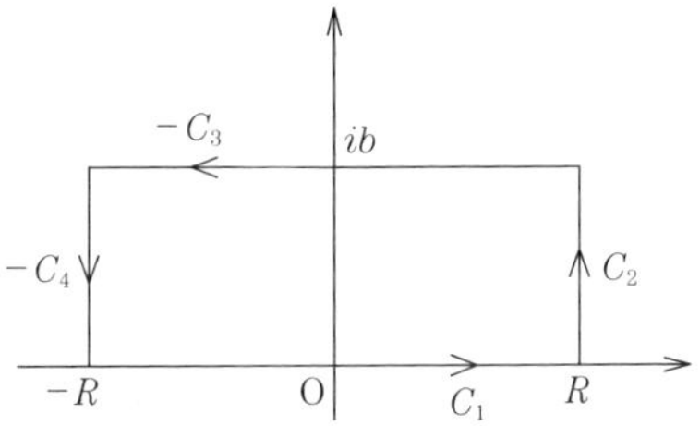

図 2.16 長方形 $C_1+C_2-C_3-C_4$

関数 $f(z) = e^{-az^2}$ は複素平面 $\mathbb{C}$ 全体で正則なので，定理 2.9（コーシーの積分定理）より，長方形の周 $C_1 + C_2 - C_3 - C_4$ に沿っての線積分は

$$\int_{C_1+C_2-C_3-C_4} e^{-az^2} dz = 0 \tag{2.109}$$

となる。すなわち

$$\int_{C_1} e^{-az^2} dz + \int_{C_2} e^{-az^2} dz - \int_{C_3} e^{-az^2} dz - \int_{C_4} e^{-az^2} dz = 0 \tag{2.110}$$

が成り立つ。$R \to \infty$ の極限をとると以下が成り立つ。

$$\int_{C_1} e^{-az^2} dz \to \int_{-\infty}^{\infty} e^{-ax^2} dx \tag{2.111}$$

$$\int_{C_3} e^{-az^2} dz \to \int_C e^{-az^2} dz \tag{2.112}$$

$$\left|\int_{C_2} e^{-az^2}dz\right| \leqq \int_0^b \left|e^{-a(R+it)^2}\right| dt = \int_0^b \left|e^{-a(R^2-t^2)-2iaRt}\right| dt$$
$$= \int_0^b e^{-a(R^2-t^2)}dt \to 0 \qquad (2.113)$$

$$\left|\int_{C_4} e^{-az^2}dz\right| \leqq \int_0^b \left|e^{-a(-R+it)^2}\right| dt = \int_0^b \left|e^{-a(R^2-t^2)+2iaRt}\right| dt$$
$$= \int_0^b e^{-a(R^2-t^2)}dt \to 0 \qquad (2.114)$$

したがって

$$\int_C e^{-az^2}dz = \int_{-\infty}^{\infty} e^{-ax^2}dx = \sqrt{\frac{\pi}{a}} \qquad (2.115)$$

が得られる。 ◇

$f(z)$ は，領域 D から 1 点 α を除いた集合 $D \setminus \{\alpha\}$ において正則とする。このとき，$f(z)$ は，α において**孤立特異点**をもつという。孤立特異点については，2.6.1 項で詳しく考えることにする。$\alpha \in D$ に対して，$\overline{\triangle(\alpha;r)} \subset D$ となる半径 $r > 0$ をとると，つぎの等式が成り立つ。

補題 2.5

$$\int_{\partial D} f(z)\,dz = \int_{|z-\alpha|=r} f(z)\,dz \qquad (2.116)$$

証明　領域 D から円板 $\triangle(\alpha;r)$ およびその周 $|z-\alpha| = r$ を取り除いた領域を D' とすると，D' の境界は，$\partial D' = \partial D - \{z||z-\alpha| = r\}$ となる（図 **2.17**）。定理 2.9（コーシーの積分定理）より

$$\int_{\partial D'} f(z)\,dz = 0 \qquad (2.117)$$

が成り立つ。したがって

$$\int_{\partial D'} f(z)\,dz = \int_{\partial D-\{|z-\alpha|=r\}} f(z)\,dz$$

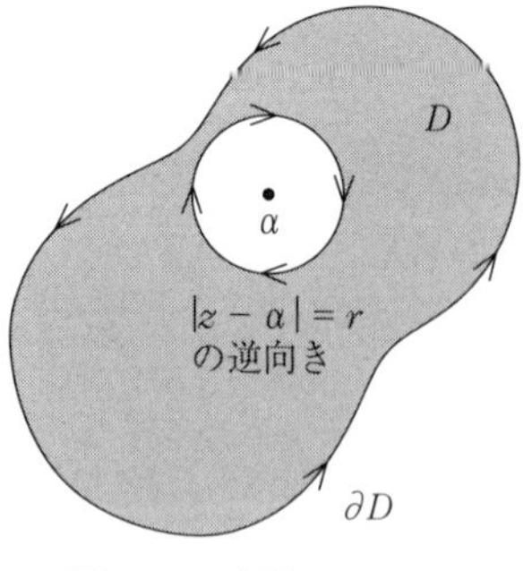

図 **2.17**　領域 $D \setminus \{\alpha\}$

$$= \int_{\partial D} f(z)\,dz - \int_{|z-\alpha|=r} f(z)\,dz$$
$$= 0 \tag{2.118}$$

となるので

$$\int_{\partial D} f(z)\,dz = \int_{|z-\alpha|=r} f(z)\,dz \tag{2.119}$$

が得られる。 □

補題 2.5 を用いると，つぎの定理を得る。

定理 2.10

$f(z)$ は領域 $D \setminus \{\alpha\}$ で正則であり，∂D も含めた範囲で連続であるとする。$\lim_{z\to\alpha}(z-\alpha)f(z) = 0$ が成り立つと仮定すると，つぎの等式が成り立つ。

$$\int_{\partial D} f(z)\,dz = 0 \tag{2.120}$$

証明 $\overline{\triangle(\alpha; r)} \subset D$ となる半径 $r > 0$ をとると，補題 2.5 より

$$\int_{\partial D} f(z)\,dz = \int_{|z-\alpha|=r} f(z)\,dz \tag{2.121}$$

が成り立つ。よって，十分小さい半径 $r > 0$ に対して，$\displaystyle\int_{|z-\alpha|=r} f(z)\,dz$ の値は r によらない定数である。したがって

$$\int_{|z-\alpha|=r} f(z)\,dz = 0 \tag{2.122}$$

が成り立つことを示せばよい。$\varepsilon(r) = \max_{|z-\alpha|=r} |(z-\alpha)f(z)|$ とおくと，$\lim_{z\to\alpha}(z-\alpha)f(z) = 0$ より，$r \to 0$ のとき，$\varepsilon(r) \to 0$ となる。補題 2.3 より

$$\left|\int_{|z-\alpha|=r} f(z)\,dz\right| = \left|\int_0^{2\pi} f(\alpha + re^{it})\,ire^{it}\,dt\right| \leqq \int_0^{2\pi} \left|f(\alpha + re^{it})\,ire^{it}\right| dt$$
$$= \int_0^{2\pi} \left|f(\alpha + re^{it})\,r\right| dt \leqq \int_0^{2\pi} \left|\frac{\varepsilon(r)}{(\alpha + re^{it}) - \alpha}\, r\right| dt$$

$$= \int_0^{2\pi} \varepsilon(r)\,dt = 2\pi \cdot \varepsilon(r) \to 0 \quad (r \to 0 \text{ のとき }) \tag{2.123}$$

が得られる。したがって，十分小さい半径 $r > 0$ に対して

$$\int_{|z-\alpha|=r} f(z)\,dz = 0$$

でなければならない。 □

2.4.3 コーシーの積分公式

正則関数に対して，つぎの**コーシーの積分公式**が成り立つ。この公式は関数の値と領域の境界に沿った線積分の値の関係を記述した公式であるが，複素解析学において重要な意味をもつ。D は複素平面 $\mathbb{C}$ 内の有界な領域であり，その境界 ∂D は区分的に滑らかな閉曲線であるとする（1.7.3 項参照）。

定理 2.11 (コーシーの積分公式)

関数 $f(z)$ は領域 D において正則であり，その境界 ∂D も含めた範囲で連続であるとする。このとき，任意の $\alpha \in D$ に対してつぎの等式が成り立つ。

$$f(\alpha) = \frac{1}{2\pi i} \int_{\partial D} \frac{f(z)}{z - \alpha}\,dz \tag{2.124}$$

証明

$$F(z) = \frac{f(z) - f(\alpha)}{z - \alpha} \tag{2.125}$$

とおくと，$F(z)$ は，$D \setminus \{\alpha\}$ において正則であり，∂D も含めた範囲で連続である。

$$\lim_{z \to \alpha} (z - \alpha) \cdot F(z) = \lim_{z \to \alpha} (f(z) - f(\alpha)) = 0 \tag{2.126}$$

となるので，定理 2.10 より

$$\int_{\partial D} F(z)\,dz = 0 \tag{2.127}$$

が成り立つ。したがって

$$\int_{\partial D} \frac{f(z)-f(\alpha)}{z-\alpha}\,dz = \int_{\partial D} \left(\frac{f(z)}{z-\alpha} - \frac{f(\alpha)}{z-\alpha}\right) dz$$
$$= \int_{\partial D} \frac{f(z)}{z-\alpha}\,dz - \int_{\partial D} \frac{f(\alpha)}{z-\alpha}\,dz = 0 \qquad (2.128)$$

が成り立つ。よって

$$\int_{\partial D} \frac{f(\alpha)}{z-\alpha}\,dz = \int_{\partial D} \frac{f(z)}{z-\alpha}\,dz \qquad (2.129)$$

が得られる。また，例題 2.10 および補題 2.5 より，十分小さい半径 $r > 0$ をとると

$$\int_{\partial D} \frac{f(\alpha)}{z-\alpha}\,dz - f(\alpha)\cdot\int_{\partial D} \frac{1}{z-\alpha}\,dz = f(\alpha)\cdot\int_{|z-\alpha|=r} \frac{1}{z-\alpha}\,dz$$
$$= f(\alpha)\cdot(2\pi i) \qquad (2.130)$$

が成り立つ。以上より

$$f(\alpha) = \frac{1}{2\pi i}\int_{\partial D} \frac{f(z)}{z-\alpha}\,dz \qquad (2.131)$$

が得られる。　□

例題 2.12　線積分 $\displaystyle\int_{|z-3|=1} \frac{z^2}{z-3}\,dz$ の値を求めよ。

【解答】　$f(z) = z^2$ とおくと，$f(z)$ は全平面で正則であるので，$\triangle(3;1)$ において正則であり，その境界 $|z-3| = 1$ を含めて連続である。コーシーの積分公式より

$$9 = f(3) = \frac{1}{2\pi i}\int_{|z-3|=1} \frac{z^2}{z-3}\,dz \qquad (2.132)$$

よって

$$\int_{|z-3|=1} \frac{z^2}{z-3}\,dz = 18\pi i \qquad (2.133)$$

◇

問 13. 線積分 $\displaystyle\int_{|z-\pi|=1} \frac{e^{iz}}{z-\pi}\,dz$ の値を求めよ。

さて，コーシーの積分公式より，任意の $z \in D$ に対して

$$f(z) = \frac{1}{2\pi i}\int_{\partial D}\frac{f(\zeta)}{\zeta - z}\,d\zeta \tag{2.134}$$

が成り立つ。右辺は変数 z の関数とみると，領域 D の内部で複素微分可能な関数で

$$f'(z) = \frac{1}{2\pi i}\int_{\partial D}\frac{f(\zeta)}{(\zeta - z)^2}\,d\zeta \tag{2.135}$$

が得られる。再び右辺は D 上の正則関数である。したがって，同様な議論により $f(z)$ は D 上において無限回複素微分可能な関数であることがわかり

$$f^{(n)}(z) = \frac{n!}{2\pi i}\int_{\partial D}\frac{f(\zeta)}{(\zeta - z)^{n+1}}\,d\zeta \tag{2.136}$$

が成り立つ。ここで，$f^{(n)}(z)$ は $f(z)$ の $\boldsymbol{n}$ **次導関数**である。

2.5　テイラー展開

2.5.1　テイラー展開

複素平面の部分集合 X に対して，$|f(z)|$ の上限を

$$\left\|f(z)\right\|_X = \sup\{|f(z)|\ |z \in X\} \tag{2.137}$$

とかくことにする。

定義 2.12　(一様収束)

関数列 $\{f_n(z)\}_{n=0}^{\infty}$ に対して

$$\lim_{n\to\infty}\left\|f_n(z) - f(z)\right\|_X = 0 \tag{2.138}$$

が成り立つとき，関数列 $\{f_n(z)\}_{n=0}^{\infty}$ は集合 X 上で関数 $f(z)$ に**一様収束**するという。

曲線 C 上で一様収束している**関数列** $\{f_n(z)\}_{n=0}^{\infty}$ に対して，つぎの補題が成り立つ。

補題 2.6

$$\lim_{n\to\infty}\int_C f_n(z)\,dz = \int_C \left(\lim_{n\to\infty} f_n(z)\right)\,dz \tag{2.139}$$

証明 **極限関数**を $f(z) = \lim_{n\to\infty} f_n(z)$ とし，$M_n = \left\|f_n(z) - f(z)\right\|_C$ とおくと，一様収束の仮定から，$\lim_{n\to\infty} M_n = 0$ である。

$$\begin{aligned}\left|\int_C f_n(z)\,dz - \int_C f(z)\,dz\right| &= \left|\int_C \{f_n(z) - f(z)\}\,dz\right| \\ &\leqq \int_C |f_n(z) - f(z)|\,|dz| \leqq \int_C M_n\,|dz| \\ &= M_n \cdot L(C) \to 0 \quad (n\to\infty)\end{aligned} \tag{2.140}$$

□

定義 2.13 (べき級数)

複素数列 $\{a_n\}_{n=0}^{\infty}$ に対して

$$\sum_{n=0}^{\infty} a_n\,(z-\alpha)^n = a_0 + a_1\,(z-\alpha) + a_2\,(z-\alpha)^2 + \cdots + a_n\,(z-\alpha)^n + \cdots \tag{2.141}$$

を α を中心とする**べき級数**という。このとき，a_n を n 次の項の**係数**という。

べき級数 $\sum_{n=0}^{\infty} a_n\,(z-\alpha)^n$ はいつでも収束するとは限らないが，ある 1 つの複素数 $z = z_1$ のときに収束することがわかっていると，$|z-\alpha| < |z_1-\alpha|$ を満たす任意の複素数 z に対して収束することを示すことができる。

定理 2.12

$z = z_1$ において，べき級数 $\sum_{n=0}^{\infty} a_n (z_1 - \alpha)^n$ が収束したとき，$|z-\alpha| < |z_1 - \alpha|$ を満たすすべての z に対して，べき級数 $\sum_{n=0}^{\infty} a_n (z - \alpha)^n$ は絶対収束する。

証明 $\sum_{n=0}^{\infty} a_n (z_1 - \alpha)^n$ が収束するとき，$\lim_{n\to\infty} a_n (z_1 - \alpha)^n = 0$ となる。よって，$\{a_n (z_1 - \alpha)^n\}_{n=0}^{\infty}$ は有界な数列である。つまり，$|a_n (z_1 - \alpha)^n| \leqq M$ $(n = 0, 1, \cdots)$ を満たす定数 M が存在するので，つぎの不等式が成り立つ。

$$|a_n (z-\alpha)^n| = \frac{|a_n|\,|z-\alpha|^n}{|a_n|\,|z_1-\alpha|^n} \cdot |a_n|\,|z_1-\alpha|^n \leqq \left|\frac{z-\alpha}{z_1-\alpha}\right|^n \cdot M \qquad (2.142)$$

$\left|\dfrac{z-\alpha}{z_1-\alpha}\right| < 1$ より，$\displaystyle\sum_{n=0}^{\infty} \left|\frac{z-\alpha}{z_1-\alpha}\right|^n \cdot M = \frac{M}{1-\left|\dfrac{z-\alpha}{z_1-\alpha}\right|}$ となり，定理 2.7（優級数定理）より $\sum_{n=0}^{\infty} |a_n (z-\alpha)^n|$ も収束することがわかる。 □

$f(z) = \sum_{n=0}^{\infty} a_n (z-\alpha)^n$，$f_N(z) = \sum_{n=0}^{N} a_n (z-\alpha)^n$ とおく。$|z-\alpha| \leqq r < |z_1 - \alpha|$ を満たす r に対して，$K = \overline{\triangle(\alpha; r)}$ とおくと

$$\begin{aligned}
\left\|f_N(z) - f(z)\right\|_K &= \left\|a_{N+1}(z-\alpha)^{N+1} + a_{N+2}(z-\alpha)^{N+2} + \cdots\right\|_K \\
&\leqq \left\|a_{N+1}(z-\alpha)^{N+1}\right\|_K + \left\|a_{N+2}(z-\alpha)^{N+2}\right\|_K + \cdots \\
&\leqq M \cdot \left(\frac{r}{|z_1-\alpha|}\right)^{N+1} + M \cdot \left(\frac{r}{|z_1-\alpha|}\right)^{N+2} + \cdots \\
&= M \cdot \frac{\left(\dfrac{r}{|z_1-\alpha|}\right)^{N+1}}{1-\left(\dfrac{r}{|z_1-\alpha|}\right)} \to 0 \quad (N \to \infty)
\end{aligned} \qquad (2.143)$$

したがって，この級数 $\sum_{n=0}^{\infty} a_n (z-\alpha)^n$ は K 上で一様収束していることがわ

かる。

定義 2.14 (収束半径)

べき級数 $\displaystyle\sum_{n=0}^{\infty} a_n (z-\alpha)^n$ に対して

$$\rho = \sup\left\{ |z_1 - \alpha| \;\middle|\; z = z_1 \text{に対して，} \sum_{n=0}^{\infty} a_n (z-\alpha)^n \text{ が収束する。} \right\} \tag{2.144}$$

を**収束半径**という。

つぎに，正則関数は収束するべき級数として表されることを示す。

定理 2.13 (テイラー展開)

$f(z)$ は領域 D 上の正則関数とする。任意に，$\alpha \in D$ をとり，$\overline{\triangle(\alpha; r)} \subset D$ となるように半径 r をとる。$z \in \triangle(\alpha; r)$ に対して，$f(z)$ はつぎのようにべき級数展開される。この展開を $f(z)$ の α を中心とする**テイラー展開**という。

$$f(z) = \sum_{n=0}^{\infty} a_n (z-\alpha)^n \tag{2.145}$$

ただし，$n = 0, 1, 2, \cdots$ に対して

$$a_n = \frac{f^{(n)}(\alpha)}{n!} = \frac{1}{2\pi i} \int_{|\zeta-\alpha|=r} \frac{f(\zeta)}{(\zeta-\alpha)^{n+1}}\, d\zeta \tag{2.146}$$

とおく。

証明 定理 2.11（コーシーの積分公式）より

$$\begin{aligned} f(z) &= \frac{1}{2\pi i} \int_{|\zeta-\alpha|=r} \frac{f(\zeta)}{\zeta - z}\, d\zeta = \frac{1}{2\pi i} \int_{|\zeta-\alpha|=r} \frac{f(\zeta)}{(\zeta-\alpha)-(z-\alpha)}\, d\zeta \\ &= \frac{1}{2\pi i} \int_{|\zeta-\alpha|=r} \frac{f(\zeta)}{(\zeta-\alpha)\left(1 - \dfrac{z-\alpha}{\zeta-\alpha}\right)}\, d\zeta \end{aligned}$$

$$= \frac{1}{2\pi i}\int_{|\zeta-\alpha|=r}\frac{f(\zeta)}{\zeta-\alpha}\cdot\frac{1}{\left(1-\dfrac{z-\alpha}{\zeta-\alpha}\right)}\,d\zeta \tag{2.147}$$

$C=\{\zeta\in\mathbb{C}\,|\,|\zeta-\alpha|=r\}$ とおく。任意の $z\in\triangle(\alpha;r)$ に対して，$\zeta\in C$ のとき，$\left|\dfrac{z-\alpha}{\zeta-\alpha}\right|<1$ より

$$\sum_{n=0}^{\infty}\left(\frac{z-\alpha}{\zeta-\alpha}\right)^n=\lim_{N\to\infty}\left\{\sum_{n=0}^{N}\left(\frac{z-\alpha}{\zeta-\alpha}\right)^n\right\}=\frac{1}{1-\left(\dfrac{z-\alpha}{\zeta-\alpha}\right)} \tag{2.148}$$

が成り立つ。この級数は ζ を変数とする関数としては，C 上一様収束しているので，補題 2.6 より

$$\begin{aligned}
f(z) &= \frac{1}{2\pi i}\int_{|\zeta-\alpha|=r}\frac{f(\zeta)}{(\zeta-\alpha)}\sum_{n=0}^{\infty}\left(\frac{z-\alpha}{\zeta-\alpha}\right)^n d\zeta\\
&= \frac{1}{2\pi i}\sum_{n=0}^{\infty}\int_{|\zeta-\alpha|=r}\frac{f(\zeta)}{\zeta-\alpha}\cdot\left(\frac{z-\alpha}{\zeta-\alpha}\right)^n d\zeta\\
&= \sum_{n=0}^{\infty}\left\{\frac{1}{2\pi i}\int_{|\zeta-\alpha|=r}\frac{f(\zeta)}{(\zeta-\alpha)^{n+1}}\,d\zeta\right\}(z-\alpha)^n\\
&= \sum_{n=0}^{\infty}a_n(z-\alpha)^n
\end{aligned} \tag{2.149}$$

が成り立つ。 □

領域 D 上の正則関数はコーシー・リーマンの関係式を満たす（定理 2.8）。コーシー・リーマンの関係式を満たす複素関数に対しては，コーシーの積分定理（定理 2.9）・コーシーの積分公式（定理 2.11）が成り立つ。また，定理 2.13 よりコーシーの積分公式で表示される関数は領域 D の各点の近くでテイラー展開されることがわかった。さらに，テイラー展開されている関数は複素微分可能となる（章末問題参照）。つまり，「複素微分可能」，「コーシー・リーマンの関係式を満たす」，「テイラー展開可能」の 3 つはたがいに同値な条件である。

例題 2.13　$f(z)=e^z$（2.2.4 項参照）の 0 中心のテイラー展開を求めよ。

【解答】　e^z は，全平面で正則な関数であり，$f^{(n)}(0)=1 \quad (n=0,1,2,\cdots)$ なので，0 中心のテイラー展開は

$$e^z = 1 + z + \frac{1}{2!}z^2 + \frac{1}{3!}z^3 + \cdots + \frac{1}{n!}z^n + \cdots \tag{2.150}$$

で与えられる。 ♢

問 14. $f(z) = \sin z$ の 0 中心のテイラー展開を求めよ。

2.5.2 ローラン展開

$\triangle(\alpha; R_1, R_2) = \{z \in \mathbb{C} \mid R_1 < |z - \alpha| < R_2\}$ を**円環領域**という（図 **2.18**）。

$$C_j : z_j(t) = \alpha + R_j e^{it} \quad (j = 1,\ 2)$$

とおくと，円環領域の境界は $C_2 - C_1$ である。

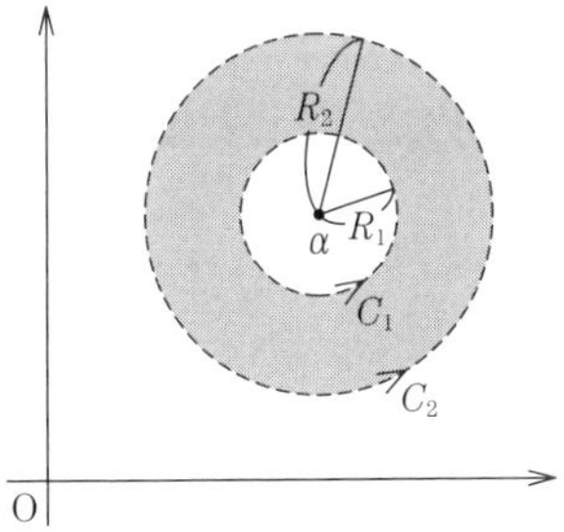

図 **2.18** 円環領域

定理 2.14 （ローラン展開）

$f(z)$ は円環領域 $\triangle(\alpha\,;\,R_1, R_2)$ 上の正則関数であり，その境界上では連続であるとする。任意の $z \in \triangle(\alpha; R_1, R_2)$ に対して，$f(z)$ はつぎのように級数展開される。この展開を $f(z)$ の α を中心とする**ローラン展開**という。

$$\begin{aligned} f(z) &= \cdots + \frac{a_{-m}}{(z-\alpha)^m} + \cdots + \frac{a_{-2}}{(z-\alpha)^2} + \frac{a_{-1}}{z-\alpha} + \sum_{n=0}^{\infty} a_n (z-\alpha)^n \\ &= \sum_{m=1}^{\infty} \frac{a_{-m}}{(z-\alpha)^m} + \sum_{n=0}^{\infty} a_n (z-\alpha)^n \\ &= \sum_{n=-\infty}^{\infty} a_n (z-\alpha)^n \end{aligned} \tag{2.151}$$

ただし，$n = \cdots, -3, -2, -1, 0, 1, 2, 3, \cdots$ に対して

$$a_n = \frac{1}{2\pi i}\int_{|\zeta-\alpha|=r} \frac{f(\zeta)}{(\zeta-\alpha)^{n+1}}\,d\zeta \tag{2.152}$$

とおく。

---

r は $R_1 < r < R_2$ をみたせば任意であることを注意しておく。また，ローラン展開における**負のべき**の部分

$$\sum_{m=1}^{\infty} \frac{a_{-m}}{(z-\alpha)^m} = \cdots + \frac{a_{-m}}{(z-\alpha)^m} + \cdots + \frac{a_{-2}}{(z-\alpha)^2} + \frac{a_{-1}}{z-\alpha} \tag{2.153}$$

をローラン展開の**主要部**という。

証明　$R_1 < r_1 < |z-\alpha| < r_2 < R_2$ を満たす r_1, r_2 をとる。テーラー展開のときと同様に，定理 2.11（コーシーの積分公式）と幾何級数の収束性（例題 2.5）を用いて以下のように示すことができる。

$$\begin{aligned}
f(z) &= \frac{1}{2\pi i}\int_{|\zeta-\alpha|=r_2} \frac{f(\zeta)}{\zeta-z}\,d\zeta - \frac{1}{2\pi i}\int_{|\zeta-\alpha|=r_1} \frac{f(\zeta)}{\zeta-z}\,d\zeta \\
&= \frac{1}{2\pi i}\int_{|\zeta-\alpha|=r_2} \frac{f(\zeta)}{(\zeta-\alpha)-(z-\alpha)}\,d\zeta + \frac{1}{2\pi i}\int_{|\zeta-\alpha|=r_1} \frac{f(\zeta)}{(z-\alpha)-(\zeta-\alpha)}\,d\zeta \\
&= \frac{1}{2\pi i}\int_{|\zeta-\alpha|=r_2} \frac{f(\zeta)}{(\zeta-\alpha)\left(1-\dfrac{z-\alpha}{\zeta-\alpha}\right)}\,d\zeta \\
&\quad + \frac{1}{2\pi i}\int_{|\zeta-\alpha|=r_1} \frac{f(\zeta)}{(z-\alpha)\left(1-\dfrac{\zeta-\alpha}{z-\alpha}\right)}\,d\zeta \\
&= \frac{1}{2\pi i}\int_{|\zeta-\alpha|=r_2} \frac{f(\zeta)}{(\zeta-\alpha)}\sum_{n=0}^{\infty}\left(\frac{z-\alpha}{\zeta-\alpha}\right)^n d\zeta \\
&\quad + \frac{1}{2\pi i}\int_{|\zeta-\alpha|=r_1} \frac{f(\zeta)}{(z-\alpha)}\sum_{n=0}^{\infty}\left(\frac{\zeta-\alpha}{z-\alpha}\right)^n d\zeta \\
&= \sum_{n=0}^{\infty}\left\{\frac{1}{2\pi i}\int_{|\zeta-\alpha|=r_2} \frac{f(\zeta)}{(\zeta-\alpha)^{n+1}}\,d\zeta\right\}(z-\alpha)^n \\
&\quad + \sum_{m=1}^{\infty}\left\{\frac{1}{2\pi i}\int_{|\zeta-\alpha|=r_1} \frac{f(\zeta)}{(\zeta-\alpha)^{-m+1}}\,d\zeta\right\}(z-\alpha)^{-m}
\end{aligned} \tag{2.154}$$

定理 2.9（コーシーの積分定理）により，$R_1 < r < R_2$ を満たす任意の r に対して

$$
\begin{aligned}
a_n &= \frac{1}{2\pi i}\int_{|\zeta-\alpha|=r}\frac{f(\zeta)}{(\zeta-\alpha)^{n+1}}\,d\zeta \\
&= \frac{1}{2\pi i}\int_{|\zeta-\alpha|=r_j}\frac{f(\zeta)}{(\zeta-\alpha)^{n+1}}\,d\zeta \quad (j=1,2)
\end{aligned}
\tag{2.155}
$$

が成り立つことに注意すると，

$$
f(z) = \sum_{n=-\infty}^{\infty} a_n(z-\alpha)^n
$$

が得られる。 □

2.6 孤立特異点と留数定理

2.6.1 孤 立 特 異 点

$f(z)$ が円環 $\triangle(\alpha\,;0,r) = \{z \in \mathbb{C}\,|\,0 < |z-\alpha| < r\}$ を含む領域で正則なとき，$f(z)$ は α を**孤立特異点**にもつという。

定義 2.15

孤立特異点のまわりでのローラン展開の主要部から孤立特異点を，つぎの 3 つの場合に分類することができる。

$$
f(z) = \cdots + \frac{a_{-m}}{(z-\alpha)^m} + \cdots + \frac{a_{-2}}{(z-\alpha)^2} + \frac{a_{-1}}{z-\alpha} + \sum_{n=0}^{\infty} a_n\,(z-\alpha)^n
\tag{2.156}
$$

(1) すべての $m = 1, 2, \cdots$ に対して，$a_{-m} = 0$ の場合
このとき，α を**除去可能特異点**という。

(2) ある自然数 N が存在して，$a_{-N} \neq 0$ かつ，$m = N+1, N+2, \cdots$ に対して，$a_{-m} = 0$ の場合
このとき，α を**極**といい，N を極の**位数**という。

(3) 無限個の m に対して，$a_{-m} \neq 0$ の場合
このとき，α を**真性孤立特異点**という。

孤立特異点をもつ関数の例をあげておく。

$$f(z) = \frac{\sin z}{z} = 1 - \frac{1}{3!}z^2 + \frac{1}{5!}z^4 - \cdots \tag{2.157}$$

は $z=0$ において除去可能特異点をもつ。また，$p(z)$ を多項式関数とするとき

$$f(z) = \frac{1}{p(z)} \tag{2.158}$$

は $p(z)=0$ の解において，解の重複度を位数とする極をもつ。

$$e^{1/z} = 1 + \frac{1}{z} + \frac{1}{2!}\frac{1}{z^2} + \frac{1}{3!}\frac{1}{z^3} + \cdots \tag{2.159}$$

は $z=0$ を真性孤立特異点にもつ。

2.6.2 留　数　定　理

$f(z)$ が α を孤立特異点にもつとき，十分小さい半径 $r>0$ に対して

$$\mathrm{Res}\,[f(z):\alpha] = \frac{1}{2\pi i}\int_{|\zeta-\alpha|=r} f(\zeta)\,d\zeta \tag{2.160}$$

を $f(z)$ の α における**留数** (residue) という。

定理 2.15　(留数定理)

$f(z)$ が領域 D において，N 個の点 $\alpha_1, \cdots, \alpha_N$ のみを孤立特異点にもつとき

$$\frac{1}{2\pi i}\int_{\partial D} f(\zeta)\,d\zeta = \sum_{j=1}^{N} \mathrm{Res}\,[f(z);\alpha_j] \tag{2.161}$$

が成り立つ。

証明　十分小さい半径 $r>0$ をとって

$$\triangle(\alpha_j;r) \subset D \quad (j=1,\cdots,N)$$

かつ

$$\triangle(\alpha_j;r) \cap \triangle(\alpha_k;r) = \phi \quad (j \neq k)$$

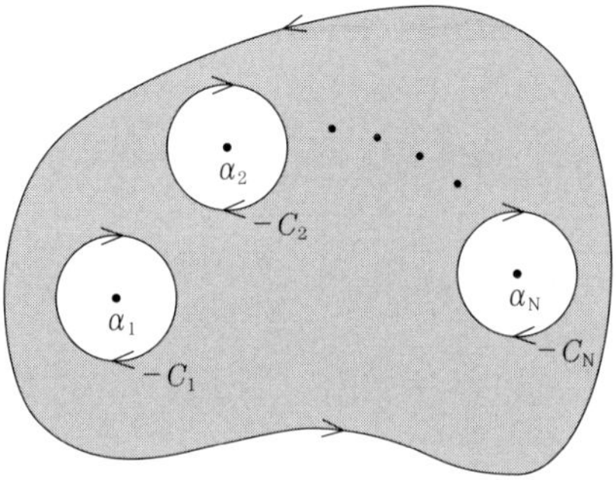

図 **2.19**　留 数 定 理

が成り立つようにする。

$$D' = D \setminus \cup_{j=1}^{N} \overline{\triangle(\alpha_j; r)}$$

とおくと，$f(z)$ は D' において正則である。$C_j = \partial\triangle(\alpha_j; r)$ とおくと，D' の境界は向きを考慮にいれると（図 **2.19**）

$$\partial D' = \partial D - C_1 - C_2 - \cdots - C_N$$

となる。コーシーの積分定理より

$$\int_{\partial D'} f(\zeta)\, d\zeta = 0 \tag{2.162}$$

が成り立つ。よって

$$\int_{\partial D} f(\zeta)\, d\zeta - \int_{|\zeta-\alpha_1|=r} f(\zeta)\, d\zeta - \cdots - \int_{|\zeta-\alpha_N|=r} f(\zeta)\, d\zeta = 0 \tag{2.163}$$

となり，左辺の第 2 項より後ろの項を右辺に移項すると

$$\int_{\partial D} f(\zeta)\, d\zeta = \sum_{j=1}^{N} \int_{|\zeta-\alpha_j|=r} f(\zeta)\, d\zeta \tag{2.164}$$

が得られる。したがって，両辺を $2\pi i$ で割ると

$$\frac{1}{2\pi i} \int_{\partial D} f(\zeta)\, d\zeta = \sum_{j=1}^{N} \mathrm{Res}\,[f(z); \alpha_j] \tag{2.165}$$

が成り立つ。　□

特異点の留数とローラン展開に関して，つぎの定理が成り立つ。

定理 2.16

$f(z)$ が α を孤立特異点にもつとき，ローラン展開を

$$f(z) = \cdots + \frac{a_{-m}}{(z-\alpha)^m} + \cdots + \frac{a_{-2}}{(z-\alpha)^2} + \frac{a_{-1}}{z-\alpha} + \sum_{n=0}^{\infty} a_n\,(z-\alpha)^n \tag{2.166}$$

とすると

$$a_{-1} = \mathrm{Res}\,[f(z):\alpha] \tag{2.167}$$

が成り立つ。

証明

$$\begin{aligned}\frac{1}{2\pi i}\int_{|\zeta-\alpha|=r} f(\zeta)\,d\zeta &= \frac{1}{2\pi i}\int_{|\zeta-\alpha|=r} \sum_{n=-\infty}^{\infty} a_n(\zeta-\alpha)^n\,d\zeta \\ &= \sum_{n=-\infty}^{\infty}\left\{\frac{1}{2\pi i}\int_{|\zeta-\alpha|=r} a_n(\zeta-\alpha)^n\,d\zeta\right\}\end{aligned}$$

（例題 2.10，2 章問 11，問 12 より）

$$= \frac{1}{2\pi i}\int_{|\zeta-\alpha|=r} \frac{a_{-1}}{\zeta-\alpha}\,d\zeta = a_{-1} \tag{2.168}$$

□

さらに，孤立特異点が 1 位の極であるときには，つぎの定理により留数を計算することができる。

定理 2.17

$f(z)$ が α を 1 位の極にもつとき

$$\lim_{z\to\alpha}(z-\alpha)f(z) = \mathrm{Res}\,[f(z);\alpha] \tag{2.169}$$

が成り立つ。

証明 十分小さい半径 $r > 0$ をとると，$f(z)$ は $\triangle(\alpha; 0, r)$ においてローラン展開される。$f(z)$ のローラン展開を

$$f(z) = \frac{a_{-1}}{z-\alpha} + \sum_{n=0}^{\infty} a_n (z-\alpha)^n \tag{2.170}$$

とする。ローラン展開から主要部を除いた部分を

$$f_1(z) = \sum_{n=0}^{\infty} a_n (z-\alpha)^n \tag{2.171}$$

とおくと，$f(z)$ は

$$f(z) = \frac{a_{-1}}{z-\alpha} + f_1(z) \tag{2.172}$$

とかける。$f_1(z)$ は収束べき級数であり，$\triangle(\alpha; r)$ において正則な関数である。$f(z)$ の両辺に $z-\alpha$ を掛けると

$$(z-\alpha)f(z) = a_{-1} + (z-\alpha)f_1(z) \tag{2.173}$$

となる。$f_1(z)$ は，$z = \alpha$ において連続であり

$$\lim_{z\to\alpha} f_1(z) = f_1(\alpha) = a_0 \tag{2.174}$$

が成り立つ。したがって

$$\lim_{z\to\alpha}(z-\alpha)f(z) = a_{-1} + 0 \cdot a_0 = a_{-1} \tag{2.175}$$

が得られる。 □

例題 2.14 $f(z) = \dfrac{1}{z^2+1}$ の $z = i$ における留数 $\mathrm{Res}\,[f(z); i]$ を求めよ。

【解答】

$$f(z) = \frac{1}{z^2+1} = \frac{1}{(z-i)(z+i)} \tag{2.176}$$

より，$f(z)$ は $z = i$ において 1 位の極をもつ。定理 2.17 より

$$\mathrm{Res}\,[f(z); i] = \lim_{z\to i}(z-i)f(z) = \lim_{z\to i}\frac{1}{z+i} = \frac{1}{2i} \tag{2.177}$$

このとき，$|z-i|<2$ の範囲における i 中心のローラン展開を求めてみよう。

$$f(z)=\frac{1}{z^2+1}=\frac{1}{2i}\left(\frac{1}{z-i}-\frac{1}{z+i}\right)$$
$$=\frac{1}{2i}\cdot\frac{1}{z-i}-\frac{1}{2i}\cdot\frac{1}{(z-i)+2i}=\frac{1}{2i}\cdot\frac{1}{z-i}+\frac{1}{4}\cdot\frac{1}{1-\left(-\dfrac{z-i}{2i}\right)} \tag{2.178}$$

$\left|-\dfrac{z-i}{2i}\right|<1$ より，右辺第 2 項は，つぎのように収束べき級数にかける。

$$\frac{1}{4}\cdot\frac{1}{1-\left(-\dfrac{z-i}{2i}\right)}=\frac{1}{4}\cdot\sum_{n=0}^{\infty}\left(-\frac{z-i}{2i}\right)^n \tag{2.179}$$

したがって，$f(z)$ のローラン展開は

$$f(z)=\frac{\left(\dfrac{1}{2i}\right)}{z-i}+\frac{1}{4}\cdot\sum_{n=0}^{\infty}\left(-\frac{1}{2i}\right)^n(z-i)^n \tag{2.180}$$

となる。 ◇

問 15. つぎの留数の値を求めよ。

(1) α，β を定数とするとき，$f(z)=\dfrac{1}{(z-\alpha)(z-\beta)}$ の α における留数 $\mathrm{Res}\,[f(z);\alpha]$

(2) $f(z)=\dfrac{1}{z^4+1}$ の $\alpha=\dfrac{1}{\sqrt{2}}+\dfrac{1}{\sqrt{2}}i$ における留数 $\mathrm{Res}\,[f(z);\alpha]$

2.6.3 実関数の積分への応用

この項では，留数定理を応用して実関数の定積分の計算をしてみよう。

例題 2.15 $\displaystyle\int_{-\infty}^{\infty}\frac{1}{x^2+1}\,dx$ の値を求めよ。

【解答】 $R>1$ とする。円弧 C_R と線分 I_R をつぎのようにおく。

$$C_R : z(t)=Re^{it}\quad(0\leqq t\leqq\pi) \tag{2.181}$$
$$I_R : z(t)=t\quad(-R\leqq t\leqq R) \tag{2.182}$$

C_R と線分 I_R で囲まれた複素平面内の領域を D_R とする（図 **2.20**）。

z を複素変数として，$f(z) = \dfrac{1}{z^2+1}$ とおくと，$f(z)$ は領域 D_R において，$z = i$ のみを孤立特異点にもつ。定理 2.16（留数定理）より

$$\mathrm{Res}\,[f(z); i] = \frac{1}{2\pi i}\int_{\partial D_R} f(\zeta)\,d\zeta \tag{2.183}$$

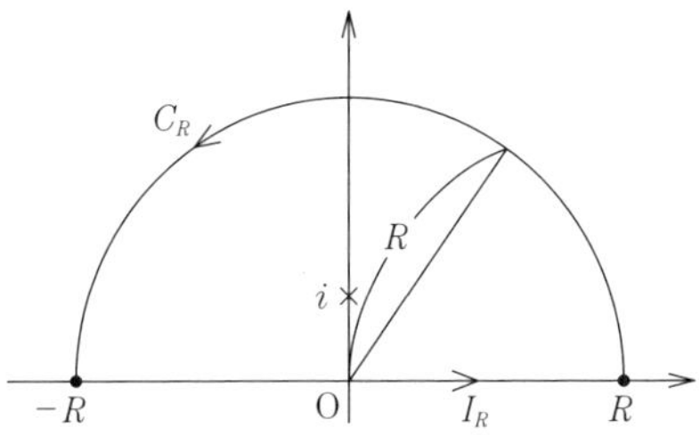

図 **2.20**　領域 D_R

また，先の例題 2.14 より，$\mathrm{Res}\,[f(z); i] = \dfrac{1}{2i}$ であるので

$$\begin{aligned}\frac{1}{2i} &= \frac{1}{2\pi i}\int_{\partial D_R} f(\zeta)\;d\zeta \\ &= \frac{1}{2\pi i}\int_{C_R}\frac{1}{\zeta^2+1}\,d\zeta + \frac{1}{2\pi i}\int_{I_R}\frac{1}{\zeta^2+1}\,d\zeta \\ &= \frac{1}{2\pi i}\int_0^{\pi}\frac{iRe^{it}}{R^2e^{2it}+1}\,dt + \frac{1}{2\pi i}\int_{-R}^{R}\frac{1}{t^2+1}\,dt\end{aligned} \tag{2.184}$$

が得られる。この等式は十分大きい任意の $R > 1$ に対して成り立っていることを注意しておく。

$$\begin{aligned}\left|\int_0^{\pi}\frac{iRe^{it}}{R^2e^{2it}+1}\,dt\right| &\leqq \int_0^{\pi}\left|\frac{iRe^{it}}{R^2e^{2it}+1}\right|dt \leqq \int_0^{\pi}\frac{|iRe^{it}|}{|R^2e^{2it}|-1}\,dt \\ &= \int_0^{\pi}\frac{R}{R^2-1}\,dt = \frac{\pi R}{R^2-1} \to 0 \quad (R\to\infty)\end{aligned} \tag{2.185}$$

より，式 (2.184) の右辺の第 1 項に対して

$$\lim_{R\to\infty}\frac{1}{2\pi i}\int_0^{\pi}\frac{iRe^{it}}{R^2e^{2it}+1}\,dt = 0 \tag{2.186}$$

が成り立つ。よって

$$\frac{1}{2i} = \lim_{R\to\infty}\frac{1}{2\pi i}\int_{-R}^{R}\frac{1}{t^2+1}\,dt = \frac{1}{2\pi i}\int_{-\infty}^{\infty}\frac{1}{t^2+1}\,dt \tag{2.187}$$

となり

$$\begin{aligned}\int_{-\infty}^{\infty}\frac{1}{x^2+1}\,dx &= \int_{-\infty}^{\infty}\frac{1}{t^2+1}\,dt = (2\pi i)\cdot\frac{1}{2i} \\ &= \pi\end{aligned} \tag{2.188}$$

が得られる。 ◇

問 16. $\displaystyle\int_{-\infty}^{\infty} \frac{1}{x^4+1}\,dx$ の値を求めよ。

例題 2.16　$\displaystyle\int_0^{2\pi} \frac{1}{2+\cos\theta}\,d\theta$ の値を求めよ。

【解答】　式 (2.41) より

$$\cos\theta = \frac{e^{i\theta}+e^{-i\theta}}{2} \tag{2.189}$$

である。

$$z(\theta) = e^{i\theta} \quad (0 \leqq \theta \leqq 2\pi) \tag{2.190}$$

とおくと，$dz = ie^{i\theta}d\theta$ となり，$\dfrac{1}{iz}dz = d\theta$ が成り立つ。

$$\begin{aligned}\int_0^{2\pi} \frac{1}{2+\cos\theta}\,d\theta &= \int_0^{2\pi} \frac{1}{2+\left(\dfrac{e^{i\theta}+e^{-i\theta}}{2}\right)}\,d\theta = \int_0^{2\pi} \frac{2}{4+(e^{i\theta}+e^{-i\theta})}\,d\theta \\ &= \int_{|z|=1} \frac{2}{4+\left(z+\dfrac{1}{z}\right)} \cdot \frac{1}{iz}\,dz = \int_{|z|=1} \frac{-2i}{z^2+4z+1}\,dz \\ &= \int_{|z|=1} \frac{-2i}{\{z-(-2+\sqrt{3})\}\{z-(-2-\sqrt{3})\}}\,dz\end{aligned} \tag{2.191}$$

$f(z) = \dfrac{-2i}{z^2+4z+1}$ とおくと，$f(z)$ は $z=-2+\sqrt{3}$ と $z=-2-\sqrt{3}$ で 1 位の極をもつが，$-2+\sqrt{3} \in \triangle(0;1)$，$-2-\sqrt{3} \notin \overline{\triangle(0;1)}$ より（図 **2.21**）

$$\int_{|z|=1} \frac{-2i}{z^2+4z+1}\,dz = 2\pi i \cdot \mathrm{Res}\left[f(z); -2+\sqrt{3}\right]$$

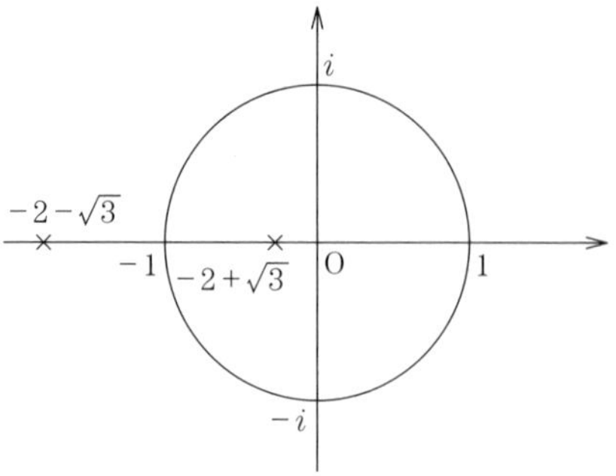

図 **2.21**　円周 $|z|=1$

$$= 2\pi i \cdot \lim_{z \to -2+\sqrt{3}} \{z - (-2+\sqrt{3})\} \cdot f(z)$$

$$= 2\pi i \cdot \left(\frac{-2i}{2\sqrt{3}}\right) = \frac{2\pi}{\sqrt{3}} \qquad (2.192)$$

以上より

$$\int_0^{2\pi} \frac{1}{2+\cos\theta}\, d\theta = \frac{2\pi}{\sqrt{3}}$$

が得られる。 ◇

章　末　問　題

【1】 任意の複素数 α, β に対して不等式 $|\alpha| - |\beta| \leqq |\alpha + \beta|$ が成り立つことを示せ。

【2】 （**加法定理**）任意の複素数 $z_1, z_2 \in \mathbb{C}$ に対してつぎの等式が成り立つことを示せ。

(1) $\cos(z_1 + z_2) = \cos z_1 \cos z_2 - \sin z_1 \sin z_2$

(2) $\sin(z_1 + z_2) = \sin z_1 \cos z_2 + \cos z_1 \sin z_2$

【3】 （**調和関数**）$f(z)$ は領域 D 上の正則関数とする。$u = \mathrm{Re}[f]$, $v = \mathrm{Im}[f]$ とおく。このとき，領域 D 上でつぎの等式が成り立つことを示せ。

$$\triangle u \equiv 0 \quad (恒等的に 0), \quad \triangle v \equiv 0 \quad (恒等的に 0)$$

ただし，$\triangle = \dfrac{\partial^2}{\partial x^2} + \dfrac{\partial^2}{\partial y^2}$ である。

（$\triangle u = 0$ を満たす関数 $u = u(x, y)$ を**調和関数**という。）

【4】 （**正則関数の等角性**）$w = f(z)$ は領域 D 上の正則関数とする。領域 D 内の点 $\alpha \in D$ を任意にとる。$C_j : z = z_j(t)$ $(j = 1, 2)$ を点 $\alpha\,(= z_1(t_0) = z_2(t_0))$ を通る滑らかな曲線とすると，$C'_j : w = w_j(t) = f(z_j(t))$ $(j = 1, 2)$ は w 平面内の $f(\alpha)$ を通る滑らかな曲線となる。さらに $f'(\alpha) \neq 0$ とする。このとき，つぎの等式が成り立つことを示せ。

$$\arg\left[{z_1}'(t_0)\right] - \arg\left[{z_2}'(t_0)\right] = \arg\left[{w_1}'(t_0)\right] - \arg\left[{w_2}'(t_0)\right] \quad (2.193)$$

（この性質を正則関数の**等角性**という。）

【5】 無限級数 $\displaystyle\sum_{n=0}^{\infty} z_n$ が収束しているならば，$\displaystyle\lim_{n\to\infty} z_n = 0$ が成り立つことを示せ。

【6】 テイラー展開されている関数 $f(z) = \displaystyle\sum_{n=0}^{\infty} a_n (z - \alpha)^n$ は収束半径より小さい

半径 $r>0$ をとると，α を中心とする開円板 $\triangle(\alpha;r)$ において複素微分可能であることを証明せよ。

【7】 $a>0$ を定数とする。実関数 $f(x)=e^{-ax^2}$ のフーリエ変換（4.9 節参照）

$$\frac{1}{2\pi}\int_{-\infty}^{\infty} e^{-ax^2}e^{-ikx}dx \tag{2.194}$$

を求めよ。

【8】 つぎの線積分の値を求めよ。

(1) $\displaystyle\int_{|z|=4}\frac{e^{iz}}{z-\pi}\,dz$　　(2) $\displaystyle\int_{|z|=3}\frac{e^{iz}}{z-\pi}\,dz$

【9】 $\displaystyle\int_0^{2\pi}\frac{1}{2+\sin\theta}\,d\theta$ の値を求めよ。

3 ラプラス変換

3.1 は じ め に

工学の諸分野では，ものの状態変動を扱うことが多く，時間を表す変数 t の関数 $f(t)$ を解析することが多い。例えば，機械系においては，振動現象を扱う場合は物体の変位が時間の関数となり，電気系においては回路内の電流や電圧が時間の関数となる。さらに化学系では，例えば化学反応における物質の濃度が時間の関数となり，上記の関数 $f(t)$ に該当する。

さて，関数 $f(t)$ は例えば，上記機械系ではニュートンの運動方程式に，また電気系では回路方程式に代表される微分方程式に従う。工学分野における微分方程式の重要性はいくら強調してもしすぎることはないほどである。そこで，読者は微分方程式の解法を別の機会で学んでいることと思うが，この章で紹介するラプラス変換を用いると定数係数線形の微分方程式をある種機械的に解くことができる。本手法は演算子法ともよばれ，ひとことでいえば，従来の微分演算や積分演算が，ラプラス変換により単なる演算子 s の乗除算で表すことができ，四則演算で処理できてしまう。したがって，制御工学や回路理論などの応用分野で多用される。以下，順を追ってラプラス変換の世界へ飛び込もう。

3.2 複 素 数

2 章で，複素数については詳説されているので，ここではラプラス変換に関する点のみを複素数の復習をかねて思い出しておこう。さて複素数 z は，虚数単位 $i=\sqrt{-1}$ とオイラーの公式を用いて，極形式でつぎのように表される。

$$z = x + iy = re^{i\theta} = r(\cos\theta + i\sin\theta) \tag{3.1}$$

ここで, 2つの実数 x, y はそれぞれ複素数 z の**実部**および**虚部**とよばれ $x = \mathrm{Re}[z]$, $y = \mathrm{Im}[z]$ と表される。さらに，r と θ は x および y とつぎの関係で結ばれる。まず，r は $r = |z| = \sqrt{x^2+y^2} \geqq 0$ となり複素数 z の**大きさ**，または**絶対値**とよばれ，幾何学的には複素平面における原点から点 z までの長さを表す。つぎに θ は $\theta = \tan^{-1}(y/x)$ となり複素数 z の**角度**または**偏角**とよばれ，幾何学的には複素平面において原点と点 z を結ぶ直線が実軸（x 軸）の正の部分となす角度（ただし，反時計まわりを正とする）を表す。応用上は，複素数 z の偏角 θ は，$\arg[z]$ だけでなく $\angle z$ と表すことがある。特に，偏角については $\theta = \tan^{-1}(y/x)$ を用いる場合には，$\tan(\alpha)$ の定義域が $-\pi/2 < \alpha < \pi/2$ であるため，実部 x と虚部 y の符号に注意する必要がある（図 2.2）。

つぎに複素数 e^{zt} を考えよう。ここで，変数 t は実数である。$z = x + iy$ とすると，$e^{zt} = e^{xt+iyt}$ であるが，その絶対値は $\left|e^{iyt}\right| = 1$ を用いると

$$\left|e^{zt}\right| = \left|e^{xt+iyt}\right| = \left|e^{xt}\right|\left|e^{iyt}\right| = e^{xt} \tag{3.2}$$

となる。ここで，$t \to \infty$ の極限を考える。$z \neq 0$ とすれば，つぎの3つの場合に分けられる。

(1)　$x = \mathrm{Re}[z] < 0$ の場合

　$t \to \infty$ のとき，$e^{xt} \to 0$ となり，$\lim_{t\to\infty} e^{zt} = 0$ が成立する。

(2)　$x = \mathrm{Re}[z] = 0$ の場合

　$e^{xt} = 1$ となり，$\lim_{t\to\infty}\left|e^{zt}\right| = 1$ である。しかし，e^{iyt} の偏角が $t \to \infty$ で確定しないので $\lim_{t\to\infty} e^{zt}$ は確定値とならない。

(3)　$x = \mathrm{Re}[z] > 0$ の場合

　$t \to \infty$ のとき，$e^{xt} \to \infty$ となり，$\lim_{t\to\infty} e^{zt}$ は確定値とならない。

以上をまとめて，$z \neq 0$ のとき $x = \mathrm{Re}[z] < 0$ が，$\lim_{t\to\infty} e^{zt}$ が有限確定値として存在するための必要十分条件であることがわかる。

問 1. つぎの極限値のうち有限確定値として存在するのはどれか，存在する有限確定値とともに求めよ。

(1) $\lim_{t\to\infty} e^{(2+3i)t}$ (2) $\lim_{t\to\infty} e^{(-2+3i)t}$ (3) $\lim_{t\to\infty} e^{3it}$

＜工学初学者からの質問と回答 **3–1** ＞

質問 電気関係や制御関係の専門書では，虚数単位は i でなく j としてかかれており，i とは別物と思っていました。どうして，i が使われたり j が使われたりするのですか？

回答 特に数学で，i を用いるのは虚数を表す英語「imaginary number」の頭文字をとっているからです。工学の立場からは電気分野で電流を表すのに記号 i が用いられるため，混同を避ける目的で虚数単位として j が用いられます。本書では数学の立場から虚数単位は $i = \sqrt{-1}$ とします。

3.3 ラプラス変換の定義と例

3.1 節で述べたように，この章で扱う関数は物理的には時間変数 t の関数を想定し $f(t)$ で表すこととする。一般に $f(t)$ と表されたことで，難しく感じる読者がいれば，$f(t)$ を具体的に $t+2$ や $\sin(2t)$ などとみなして以下読んでいただければよい。また，扱う関数 $f(t)$ は $t \geqq 0$ について定義された関数であり，$t<0$ では $f(t)=0$ とする。

定義 3.1 (ラプラス変換)

$t \geqq 0$ について定義された関数 $f(t)$ に対して，つぎの式で定義される関数 $F(s)$ を $f(t)$ の**ラプラス変換**とよぶ。ここで，変数 s は複素数とする。

$$F(s) = \int_0^\infty f(t)e^{-st}dt \tag{3.3}$$

ラプラス変換は，より正確にかくならば次式 (3.4) となるが，式 (3.3) で十分である。

$$F(s) = \lim_{\varepsilon \to +0} \lim_{T \to \infty} \int_{\varepsilon}^{T} f(t) e^{-st} dt \tag{3.4}$$

ここで，$\varepsilon \to +0$ は $\varepsilon > 0$ の側からの極限（右極限）を表している。また，$f(t)$ のラプラス変換は，$f(t)$ に対応する大文字の $F(s)$ 以外にも，ラプラス (Laplace) の頭文字 $\mathcal{L}$ を用いて $\mathcal{L}[f(t)](s)$，$\mathcal{L}[f](s)$，$\mathcal{L}[f]$ などとかかれるが，混乱することはないと思う。式 (3.3) の右辺が確定するとき関数 $f(t)$ は**ラプラス変換可能**であるという。要は，t の関数 $f(t)$ が s の関数 $F(s)$ に写されるというわけである。今後その対応を考えていき，その便利さを体得していただきたい。ラプラス変換を受ける関数 $f(t)$ は $\boldsymbol{t}$ **空間**（**時間領域**）の関数または**原関数**とよばれ，またラプラス変換後の関数 $F(s)$ は $\boldsymbol{s}$ **空間**（**周波数領域**）の関数または**像関数**とよばれる（図 **3.1**）。

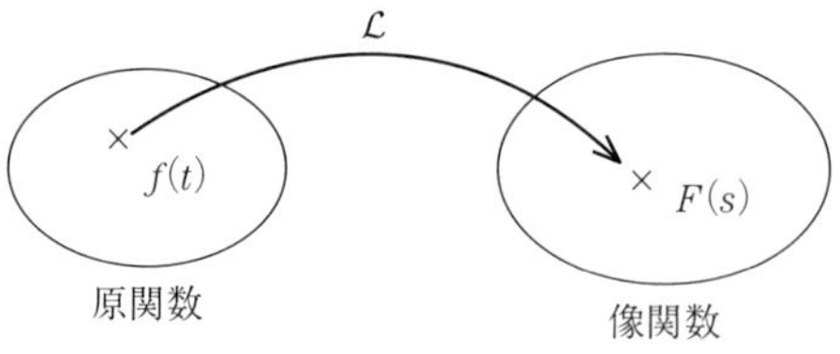

図 **3.1**　ラプラス変換

＜工学初学者からの質問と回答 **3–2** ＞

質問　$t \geqq 0$ のときのみを考えればいいといわれてもよくわかりません。$t < 0$ についてはどう考えればいいのですか？

回答　$t \geqq 0$ のときのみで関数を考えることは，一般に工学の立場ではなんらかの現象が起こる時刻の原点（起点）$t = 0$ を人為的に，われわれの都合で勝手に決定していることに対応しています。したがって，$t < 0$ については $f(t) = 0$ とすればよいのです。移動法則 (定理 3.3) のときは，特に注意してください。

さて，三角関数などの通常よく用いる関数のラプラス変換を定義に基づいて求めていこう。

例題 3.1　定数関数 $f(t) = a$ のラプラス変換を求めよ（a は定数）。

【解答】　定義から，つぎの結果が得られる。

$$F(s) = \int_0^\infty ae^{-st}dt = a\left[-\frac{1}{s}e^{-st}\right]_0^\infty = \frac{a}{s} \quad \text{ただし，} \mathrm{Re}[s] > 0 \tag{3.5}$$

◇

ただし，ここで注意すべきこととして，3.2 節で述べたように積分が確定するためには，$\mathrm{Re}[s] > 0$ でなければならない。今後は，ラプラス変換可能な場合のみを考えるので結果のみを示すこととし，ラプラス変換後の関数 $F(s)$ の変数 s が定義される範囲については特に注釈は加えないこととする。工学での応用上，変数 s の範囲に留意する必要がない場合が多いからである。

例題 3.2　指数関数 $f(t) = e^{at}$ のラプラス変換を求めよ（a は定数）。

【解答】　定義から，つぎの結果が得られる。

$$F(s) = \int_0^\infty e^{at}e^{-st}dt = \left[-\frac{1}{s-a}e^{-(s-a)t}\right]_0^\infty = \frac{1}{s-a}$$
$$\text{ただし，} \mathrm{Re}[s-a] > 0 \tag{3.6}$$

◇

例題 3.3　三角関数 $f(t) = \sin(\omega t)$ のラプラス変換を求めよ（ω は定数）。

【解答】　オイラーの公式から

$$f(t) = \sin(\omega t) = \frac{1}{2i}(e^{i\omega t} - e^{-i\omega t})$$

であるので，例題 3.2 と同様にして次式を得る。

$$F(s) = \int_0^\infty \sin(\omega t)e^{-st}dt = \frac{1}{2i}\left(\frac{1}{s-i\omega} - \frac{1}{s+i\omega}\right) = \frac{\omega}{s^2+\omega^2}$$
$$\text{ただし，} \mathrm{Re}[s] > 0 \tag{3.7}$$

◇

問 2.　$f(t) = \cos(\omega t)$ のラプラス変換が $\dfrac{s}{s^2+\omega^2}$ となることを示せ。

例題 3.4　関数 $f(t) = t^n \quad (n = 0, 1, 2, \cdots)$ のラプラス変換を求めよ。

【解答】　$n = 0$ のときは，すでに例題 3.1 で示したように，$\mathcal{L}[1] = 1/s$ となる。つぎに，$n \geqq 1$ として部分積分によりつぎの式を得る。

$$F(s) = \int_0^\infty t^n e^{-st} dt = \left[\frac{1}{-s} t^n e^{-st}\right]_0^\infty - \int_0^\infty \frac{n}{-s} t^{n-1} e^{-st} dt$$

ここで，$\displaystyle\lim_{t\to\infty} t^n e^{-st} = 0$ が $\mathrm{Re}[s] > 0$ の条件の下で成立するので

$$F(s) = -\int_0^\infty \frac{n}{-s} t^{n-1} e^{-st} dt = \frac{n}{s}\int_0^\infty t^{n-1} e^{-st} dt$$

となり，$\mathcal{L}[t^n] = (n/s)\mathcal{L}[t^{n-1}]$ となる。したがって，この結果を繰返し用いて $\mathcal{L}[1] = 1/s$ を考慮すれば，つぎの結果を得る。

$$\begin{aligned}\mathcal{L}[t^n] &= \left(\frac{n}{s}\right)\mathcal{L}[t^{n-1}] = \left(\frac{n}{s}\right)\left(\frac{n-1}{s}\right)\mathcal{L}[t^{n-2}] = \cdots \\ &= \left(\frac{n}{s}\right)\left(\frac{n-1}{s}\right)\cdots\left(\frac{2}{s}\right)\left(\frac{1}{s}\right)\mathcal{L}[1] = \frac{n!}{s^{n+1}} \end{aligned} \tag{3.8}$$

◇

以上で，基本的な関数のラプラス変換は求められた。次節に示すラプラス変換の性質を用いれば，応用上必要な多くの関数のラプラス変換を求めることができる。

＜工学初学者からの質問と回答 3–3＞

質問　ラプラス変換は私たちの知っているすべての関数に対して可能なのですか？　また，ラプラス変換後の変数 s の範囲は気にする必要がないということですが，本当に注意を払う必要がないのですか？　また，どのようなときに注意を払うべきなのですか？

回答　すべての関数がラプラス変換可能であるとはいえません。つぎのように考えてください。関数 $f(t)$ について $|f(t)| \leqq Me^{\alpha t}$ を $t \geqq 0$ の範囲で満たす定数 $M\ (>0)$ と α が存在すれば，ラプラス変換が可能であ

り，$F(s)$ は $\mathrm{Re}[s] > \alpha$ の範囲で定義されます。α を**収束座標**とよんでいます。例えば，$\sin(t)$ のときは，$M=1$，$\alpha=0$ ととることができるので，ラプラス変換可能であり $\mathrm{Re}[s] > 0$ でのみラプラス変換後の関数 $1/(s^2+1)$ は定義されています（例題 3.3 参照）。初学者にとってラプラス変換後の変数 s の範囲は特に注意する必要はないと思いますが，初期値定理や最終値定理（3.4 節）を応用するときには注意が必要です。

この節の最後として，ラプラス変換後に s の関数として定数関数 $F(s)=1$ となる関数 $f(t)$ を示しておく。まず，関数 $f_n(t)$ をつぎのようにおく。

$$f_n(t) = \begin{cases} 0 & \left(t < 0,\ \dfrac{1}{n} < t\right) \\ n & \left(0 \leqq t \leqq \dfrac{1}{n}\right) \end{cases}$$

このとき

$$\mathcal{L}[f_n(t)] = \int_0^{\frac{1}{n}} ne^{-st}dt = n\left[\frac{e^{-st}}{-s}\right]_0^{\frac{1}{n}} = n\frac{1-e^{-s/n}}{s}$$

となる。さて，$n \to \infty$ の極限を考えると $y = s/n$ とおくことで以下の式を得る。

$$\lim_{n\to\infty} \mathcal{L}[f_n(t)] = \lim_{n\to\infty} \frac{1-e^{-\frac{s}{n}}}{s/n} = \lim_{y\to 0} \frac{1-e^{-y}}{y} = 1$$

ここで，極限操作と積分との順序の交換を認めて，$\lim_{n\to\infty} \mathcal{L}[f_n(t)] = \mathcal{L}\left[\lim_{n\to\infty} f_n(t)\right]$ とする。さらに，$\lim_{n\to\infty} f_n(t)$ を $\delta(t)$ とかくと

$$\mathcal{L}[\delta(t)] = 1 \tag{3.9}$$

が成立する。$\delta(t)$ は**デルタ関数**とよばれ一般に任意の関数 $g(t)$ に対して

$$\int_{-\infty}^{\infty} \delta(t)\,dt = 1, \quad \int_{-\infty}^{\infty} g(t)\delta(t)\,dt = y(0) \tag{3.10}$$

が成り立つことが知られている。

3.4　ラプラス変換の性質

この節では，ラプラス変換の性質を述べ，関数のラプラス変換をラプラス変換の定義式 (3.3) に戻ることなく求めることができることを示す。このことは，例えば $\sin(at)$ の導関数を求めるときには，定義式 $\displaystyle\lim_{\Delta t \to 0} \frac{\sin(a(t+\Delta t)) - \sin(at)}{\Delta t}$ に戻って計算することなく合成関数の微分の公式から $\dfrac{d}{dt}\sin(at) = a\cos(at)$ を導くことに対応する。

定理 3.1　(ラプラス変換の線形性)

ラプラス変換可能な 2 つの関数 $f(t)$，$g(t)$ と 2 つの定数 a，b に対してつぎの**線形性**が成立する。

$$\mathcal{L}[af(t) + bg(t)] = a\mathcal{L}[f(t)] + b\mathcal{L}[g(t)] \tag{3.11}$$

証明　ラプラス変換は積分で定義されているので，積分の線形性より明らかである。 □

この定理は，図 3.1 の t 空間での関数の定数倍や和が s 空間でも同様に保存されて成立することを示している。

例題 3.5　関数 $f(t) = 5t^3 + 4\sin(2t) - 3$ のラプラス変換を求めよ。

【解答】　線形性からつぎのようになる。

$$\begin{aligned}\mathcal{L}[f(t)] &= \mathcal{L}[5t^3 + 4\sin(2t) - 3]\\ &= \mathcal{L}[5t^3] + \mathcal{L}[4\sin(2t)] + \mathcal{L}[-3] = 5\mathcal{L}[t^3] + 4\mathcal{L}[\sin(2t)] - 3\mathcal{L}[1]\\ &= 5\cdot\frac{3!}{s^4} + 4\cdot\frac{2}{s^2+2^2} - 3\cdot\frac{1}{s} = \frac{30}{s^4} + \frac{8}{s^2+4} - \frac{3}{s}\end{aligned}$$

◇

問 3.　つぎの関数のラプラス変換を求めよ。

(1) $2t^2+\cos(3t)$ (2) $-3t+2e^{-3t}$ (3) $-2\sin(3t)+2e^{3t}$

定理 3.2 (ラプラス変換の相似則)

ラプラス変換可能な $f(t)$ について，つぎの**相似則**が成立する。

$$\mathcal{L}[f(at)] = \frac{1}{a}F\left(\frac{s}{a}\right) \quad ただし，a>0,\quad F(s)=\mathcal{L}[f(t)] \tag{3.12}$$

証明 式 (3.12) の左辺は変数変換 $u=at$ により

$$\mathcal{L}[f(at)] = \int_0^\infty f(at)e^{-st}dt = \frac{1}{a}\int_0^\infty f(u)e^{-\left(\frac{s}{a}\right)u}du$$

となる。ここで，右辺の積分は関数 $f(t)$ のラプラス変換の定義式 (3.3) における変数 s を s/a とみなせばよいことがわかる。したがって，次式を得る。

$$\mathcal{L}[f(at)] = \frac{1}{a}F\left(\frac{s}{a}\right)$$

□

この定理は，物理的には時間 t の計り方を a 倍したとき，ラプラス変換 $F(s)$ がどのような変化を受けるかを示している。

例題 3.6 $\mathcal{L}[\sin(\omega t)] = \dfrac{\omega}{s^2+\omega^2}$ を $\mathcal{L}[\sin(t)] = \dfrac{1}{s^2+1}$ と相似則から示せ。

【解答】 つぎの式変形から本例題の主張が示される。ここで，$\mathcal{L}[\sin(t)]\left(\dfrac{s}{\omega}\right)$ は，$\mathcal{L}[\sin(t)]$ の変数 s のところに s/ω を代入している。

$$\mathcal{L}[\sin(\omega t)] = \frac{1}{\omega}\mathcal{L}[\sin(t)]\left(\frac{s}{\omega}\right) = \frac{1}{\omega}\frac{1}{(s/\omega)^2+1} = \frac{\omega}{s^2+\omega^2}$$

◇

問 4. つぎの関数のラプラス変換を相似則を用いて求めよ。

(1) $(2t)^2+\cos(3t)$ (2) e^{-3t}

定理 3.3 (ラプラス変換の移動法則)

ラプラス変換可能な $f(t)$ について，つぎの**移動法則**が成立する。

$$\mathcal{L}[f(t-a)] = e^{-as}\mathcal{L}[f(t)] \quad ただし，a>0 \tag{3.13}$$

$$\mathcal{L}[e^{-at}f(t)] = \mathcal{L}[f(t)](s+a) \tag{3.14}$$

証明　式 (3.13) の左辺は変数変換 $u = t - a$ により

$$\mathcal{L}[f(t-a)] = \int_0^{\infty} f(t-a)e^{-st}dt = \int_{-a}^{\infty} f(u)e^{-s(a+u)}du$$

となる。ここで，$u < 0$ において $f(u) = 0$ より右辺の積分区間は正の範囲となり

$$\mathcal{L}[f(t-a)] = e^{-as}\int_0^{\infty} f(u)e^{-su}du = e^{-as}\mathcal{L}[f(t)]$$

が成立する。式 (3.14) については，次式の変形から成立することがわかる。

$$\mathcal{L}[e^{-at}f(t)] = \int_0^{\infty} e^{-at}f(t)e^{-st}dt = \int_0^{\infty} f(t)e^{-(s+a)t}dt = \mathcal{L}[f(t)](s+a) \quad \square$$

式 (3.13) は，物理的には時間変数 t の基点（時刻）を a だけ移動させたとき，ラプラス変換 $F(s)$ に e^{-as} を掛けることに対応していることを示している（図 **3.2**）。

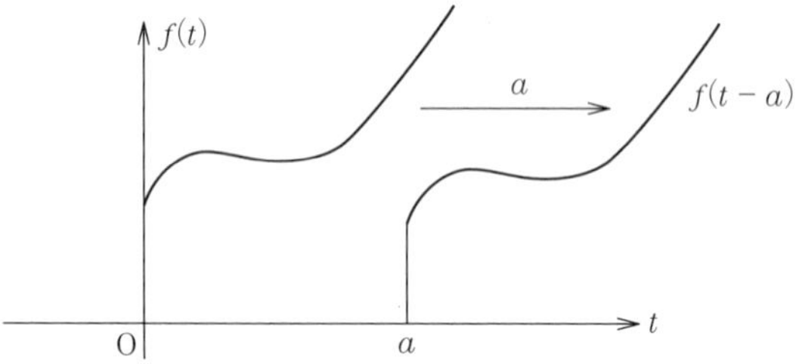

図 **3.2**　$f(t)$ と $f(t-a)$

例題 3.7　つぎの関数のラプラス変換を求めよ。

$$f(t) = \begin{cases} \sin(t-2) & (t \geqq 2) \\ 0 & (t < 2) \end{cases}$$

【解答】　移動法則からつぎの式を得る。

$$\mathcal{L}[\sin(t-2)] = e^{-2s}\mathcal{L}[\sin(t)] = e^{-2s}\frac{1}{s^2+1} \quad \diamondsuit$$

問 5. つぎの関数のラプラス変換を移動法則を用いて求めよ。

(1)　$f(t) = \begin{cases} (t-3)^2 & (t \geqq 3) \\ 0 & (t < 3) \end{cases}$　　(2)　$f(t) = \begin{cases} 2e^{(t-4)} & (t \geqq 4) \\ 0 & (t < 4) \end{cases}$

＜工学初学者からの質問と回答 **3–4** ＞

質問　例題 3.7 を $\sin(t-2) = \sin(t)\cos(2) - \cos(t)\sin(2)$ と展開して，線形性から $\cos(2)\dfrac{1}{s^2+1} - \sin(2)\dfrac{s}{s^2+1}$ と求めたのですが答が一致しません。どこが間違っているのでしょうか？　また，ラプラス変換の移動法則式 (3.13) で $a<0$ のときが気になりますがどのようになるのでしょうか？

回答　ラプラス変換をいろいろな方法で求めることは，ラプラス変換に慣れるという意味でたいへんよいことです。さて，例題 3.7 の関数は，$t<2$ のとき 0 となる関数 $\sin(t-2)$ のラプラス変換であり，質問の関数は $t \geqq 0$ で定義された関数（$0 \leqq t \leqq 2$ の区間においても 0 でない値をもつ関数）$\sin(t-2)$ であるので，ラプラス変換の結果は異なります。つまり，どちらも正しい結果です。つぎに，移動法則で $a<0$ のときは，ラプラス変換の定義式から変数変換 $u = t-a$ をすれば

$$\begin{aligned}\mathcal{L}[f(t-a)] &= \int_0^\infty f(t-a)e^{-st}dt \\ &= \int_{-a}^\infty f(u)e^{-s(a+u)}du = e^{-as}\left(\int_{-a}^\infty f(u)e^{-su}du\right)\end{aligned}$$

となりますが，$-a>0$ だから積分区間を $0 \leqq u < \infty$ とするとつぎの式を得ることができます。

$$\begin{aligned}\mathcal{L}[f(t-a)] &= e^{-as}\left(\int_0^\infty f(u)e^{-su}du - \int_0^{-a} f(u)e^{-su}du\right) \\ &= e^{-as}\mathcal{L}[f(t)] - e^{-as}\int_0^{-a} f(u)e^{-su}du \quad (3.15)\end{aligned}$$

この式が $a<0$ のときの移動法則となります。いずれにしても，不明になればラプラス変換の定義に戻ることが必要です。

さて，線形性から t 空間での関数の和は s 空間でのラプラス変換の和に対応した。つぎに，t 空間での関数の積が s 空間でのラプラス変換の積に対応することを期待したい。そこで，関数 t^3 を $t \cdot t^2$ と積に分解する。$\mathcal{L}[t^3] = 6/s^4$，$\mathcal{L}[t^2] = 2/s^3$，$\mathcal{L}[t] = 1/s^2$ より $\mathcal{L}[t^3] \neq \mathcal{L}[t^2]\mathcal{L}[t]$ となる。つまり，一般に $\mathcal{L}[f(t)g(t)] \neq \mathcal{L}[f(t)]\mathcal{L}[g(t)]$ なのでラプラス変換により関数の積は保存されない。そこで，t 空間における新しい関数の積を定義する。

定義 3.2 (合成積)

$t \geqq 0$ で定義された 2 つの関数 $f(t)$ と $g(t)$ に対して，つぎの積分で定義される関数を $f(t)$ と $g(t)$ の**合成積**または**畳み込み積分**とよび，$(f * g)(t)$ とかく。

$$(f * g)(t) = \int_0^t f(t-y)g(y)\,dy \tag{3.16}$$

この積分で定義された合成積のラプラス変換について考える前に，合成積の基本的な性質を定理としてまとめておく。

定理 3.4 (合成積の性質)

合成積はつぎの式を満たす。

交換法則 $$(f * g)(t) = (g * f)(t) \tag{3.17}$$

分配法則 $$\{(f + g) * h\}(t) = (f * h)(t) + (g * h)(t) \tag{3.18}$$

結合法則 $$\{f * (g * h)\}(t) = \{(f * g) * h\}(t) \tag{3.19}$$

証明 ここでは，交換法則と分配法則を示しておく。まず交換法則を示そう。変数 $u = t - y$ を用いると，積分区間 $0 \leqq y \leqq t$ は $t \geqq u \geqq 0$ となるので，左辺はつぎのように変形される。

$$(f * g)(t) = \int_0^t f(t-y)g(y)\,dy = \int_t^0 f(u)g(t-u)(-du) = \int_0^t g(t-u)f(u)\,du$$

最後の積分は，$(g*f)(t)$ を表しているので，式 (3.17) は証明された。

つぎに分配法則を示そう。左辺は

$$\{(f+g)*h\}(t) = \int_0^t \{f(t-y)+g(t-y)\}\,h(y)\,dy$$
$$= \int_0^t f(t-y)h(y)\,dy + \int_0^t g(t-y)h(y)\,dy$$

と整理される。最後の積分は，$(f*h)(t)+(g*h)(t)$ を表しているので，式 (3.18) は証明された。 □

例題 3.8 つぎの 2 つの関数 $f(t)$ と $g(t)$ の合成積 $(f*g)(t)$ を求めよ。

$$f(t) = \begin{cases} t & (t \geqq 0) \\ 0 & (t < 0) \end{cases}, \quad g(t) = \begin{cases} e^{-t} & (t \geqq 0) \\ 0 & (t < 0) \end{cases}$$

【解答】 部分積分により，つぎのように求められる。

$$(f*g)(t) = \int_0^t (t-y)e^{-y}dy = t\int_0^t e^{-y}dy - \int_0^t ye^{-y}dy$$
$$= t\Big[-e^{-y}\Big]_0^t - \left(\Big[-ye^{-y}\Big]_0^t - \int_0^t (-e^{-y})\,dy\right)$$
$$= t(1-e^{-t}) - (-te^{-t}+1-e^{-t}) = t-1+e^{-t}$$ ◇

問 6. つぎの 2 つの関数 $f(t)$ と $g(t)$ の合成積 $(f*g)(t)$ を求めよ。

$$f(t) = \begin{cases} e^{-t} & (t \geqq 0) \\ 0 & (t < 0) \end{cases}, \quad g(t) = \begin{cases} e^{-t} & (t \geqq 0) \\ 0 & (t < 0) \end{cases}$$

さて，最初の課題である t 空間での関数の積と s 空間での関数の積の対応を考えよう。つぎの定理を示すことができる。

定理 3.5 （ラプラス変換と合成積）

ラプラス変換可能な $f(t)$，$g(t)$ についてつぎの式が成立する。

$$\mathcal{L}[(f*g)(t)] = \mathcal{L}[f(t)]\,\mathcal{L}[g(t)] \tag{3.20}$$

証明 右辺は，積分変数を u，v として

$$\mathcal{L}[f(t)]\mathcal{L}[g(t)]=\int_0^\infty f(u)e^{-su}du\int_0^\infty g(v)e^{-sv}dv$$
$$=\int_0^\infty\int_0^\infty f(u)g(v)e^{-s(u+v)}dudv \qquad (3.21)$$

となる。ここで，変数変換 $t=u+v$，$y=v$ により $0\leqq u<\infty$，$0\leqq v<\infty$ の範囲は $0\leqq t<\infty$，$0\leqq y\leqq t$ となり，かつ変換のヤコビアンは

$$J=\begin{vmatrix}\partial u/\partial t & \partial u/\partial y\\ \partial v/\partial t & \partial v/\partial y\end{vmatrix}=\begin{vmatrix}1 & -1\\ 0 & 1\end{vmatrix}=1$$

なので $dudv=dtdy$ となる。したがって

$$\mathcal{L}[f(t)]\,\mathcal{L}[g(t)]=\int_0^\infty\int_0^t f(t-y)g(y)e^{-st}dydt$$
$$=\int_0^\infty\left(\int_0^t f(t-y)g(y)dy\right)e^{-st}dt=\mathcal{L}[(f*g)(t)]$$

となり式 (3.20) は証明された。 □

この結果は，t 空間での関数の積は，s 空間での関数の積に対応せず，t 空間での関数の合成積が s 空間での関数の積に対応していることを示している。今後 s 空間での関数の四則演算を考えていくので，s 空間での関数の積の意味を t 空間で理解するために本定理は非常に重要な定理である。

例題 3.8 の関数 $f(t)$ と $g(t)$ に対して定理 3.5 をみておこう。$\mathcal{L}[t]=\dfrac{1}{s^2}$ と $\mathcal{L}[e^{-t}]=\dfrac{1}{s+1}$ より，$\mathcal{L}[f(t)]\mathcal{L}[g(t)]=\dfrac{1}{s^2(s+1)}$ である。他方，$(f*g)(t)=t-1+e^{-t}$ であったので，$\mathcal{L}[t-1+e^{-t}]=\dfrac{1}{s^2}-\dfrac{1}{s}+\dfrac{1}{s+1}=\dfrac{1}{s^2(s+1)}$ となる。つまり，$\mathcal{L}[(f*g)(t)]=\mathcal{L}[f(t)]\mathcal{L}[g(t)]$ が成立していることが確認される。

＜工学初学者からの質問と回答 3–5＞

質問 統計学などで学習する合成積は

$$(f*g)(t)=\int_{-\infty}^\infty f(t-y)g(y)\,dy \qquad (3.22)$$

です。定義 3.2 のものと違うのはなぜですか？ また，合成積のイメージがどうもわきません。わかりやすく説明してください。

回答　合成積は一般に式 (3.22) が正確です。ただ，ラプラス変換で扱う関数 $f(t)$ は独立変数 t が負のときは関数値 0 をとります。そこで，式 (3.22) で関数 $f(t)$ と $g(t)$ の変数に注目して $t-y \geqq 0$，$y \geqq 0$ の条件から $0 \leqq y \leqq t$ となります。したがって，式 (3.22) は $\displaystyle\int_0^t f(t-y)g(y)\,dy$ となるのです。また，合成積のイメージですが，積分を離散値の和と考えると，$\displaystyle\int_0^t f(t-y)g(y)\,dy$ は区間 $0 \leqq y \leqq t$ を N 等分割して分割幅を $\Delta y = t/N$ とし，さらに $y_i = i\Delta y$ $(i = 1, 2, \cdots, N)$ とおくと，合成積はつぎのようになります。

$$\int_0^t f(t-y)g(y)\,dy \cong \sum_{i=1}^{N} f(t-y_i)g(y_i)\Delta y \qquad (3.23)$$

図 **3.3** をみれば，畳み込んでいる様子が伺えます。

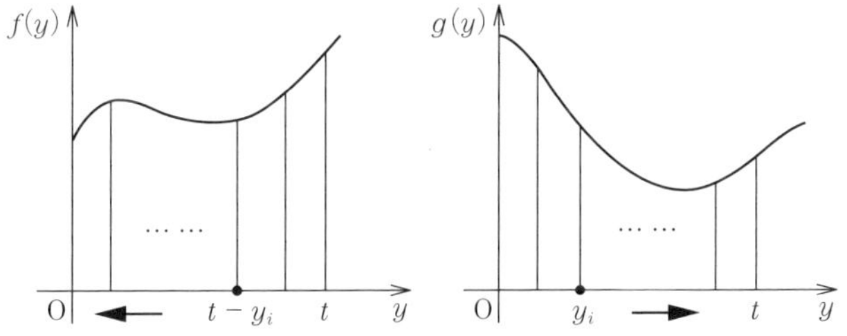

図 **3.3**　合　成　積

さて，3.1 節でも述べたように t 空間の関数は時間の関数であり，微分方程式に従うことが多い。そこで，t 空間での関数の微分が s 空間ではどのようになるかをみよう。

定理 3.6　(ラプラス変換と微分演算)

ラプラス変換可能な $f(t)$ について，つぎの式が成立する。

$$\mathcal{L}[f'(t)] = s\mathcal{L}[f(t)] - f(+0) \qquad (3.24)$$

ここで，$f(+0)$ は $\displaystyle\lim_{\varepsilon \to +0} f(\varepsilon)$ であり，$f(t)$ の $t = 0$ における右側極限値を表す。

証明　式 (3.24) の左辺は，部分積分を用いて変形され，右辺と一致することがつぎのように示される。

$$\begin{aligned}\mathcal{L}\left[f'(t)\right]&=\int_0^\infty \left(f'(t)\right)e^{-st}dt\\&=\Big[f(t)e^{-st}\Big]_0^\infty-\int_0^\infty(-s)f(t)e^{-st}dt=s\mathcal{L}[f(t)]-f(+0)\end{aligned}$$

ここで，$\lim_{t\to\infty} f(t)e^{-st}=0$ を用いている。　□

例えば，$f(t)=\sin(\omega t)$ とすると式 (3.24) の右辺は

$$s\mathcal{L}[f(t)]-f(+0)=s\mathcal{L}[\sin(\omega t)]-0=\frac{s\omega}{s^2+\omega^2}$$

となる。他方，式 (3.24) の左辺は，$f'(t)=\omega\cos(\omega t)$ と線形性から

$$\mathcal{L}\left[f'(t)\right]=\mathcal{L}\left[\omega\cos(\omega t)\right]=\omega\mathcal{L}[\cos(\omega t)]=\frac{s\omega}{s^2+\omega^2}$$

となる。したがって，定理 3.6 が確認される。

定理 3.7　(ラプラス変換と **2** 階微分演算)

ラプラス変換可能な $f(t)$ について，つぎの式が成立する。

$$\mathcal{L}\left[f''(t)\right]=s^2\mathcal{L}[f(t)]-sf(+0)-f'(+0) \tag{3.25}$$

証明　$g(t)=f'(t)$ とおく。定理 3.6 を 2 回適用して

$$\begin{aligned}\mathcal{L}\left[f''(t)\right]&=\mathcal{L}\left[g'(t)\right]\\&=s\mathcal{L}[g(t)]-g(+0)=s\left(\mathcal{L}[f'(t)]\right)-f'(+0)\\&=s\left(s\mathcal{L}[f(t)]-f(+0)\right)-f'(+0)=s^2\mathcal{L}[f(t)]-sf(+0)-f'(+0)\end{aligned}$$

を得ることで，式 (3.25) が成立することが示される。　□

一般に，n 階導関数 $f^{(n)}(t)$ に対してのラプラス変換については，つぎの式が成立する。

$$\mathcal{L}\left[f^{(n)}(t)\right]=s^n\mathcal{L}[f(t)]-s^{n-1}f(+0)-\cdots-f^{(n-1)}(+0) \tag{3.26}$$

つぎに，積分とラプラス変換の関係を調べよう。

定理 3.8 (ラプラス変換と積分演算)

ラプラス変換可能な $f(t)$ について，つぎの式が成立する。

$$\mathcal{L}\left[\int_0^t f(x)\,dx\right] = \frac{1}{s}\mathcal{L}[f(t)] \tag{3.27}$$

証明 $g(t) = \int_0^t f(x)\,dx$ とおく。このとき，$g'(t) = f(t)$ かつ $g(+0) = 0$ であるので定理 3.6 より

$$\mathcal{L}[f(t)] = \mathcal{L}\left[g'(t)\right] = s\mathcal{L}[g(t)] - g(+0) = s\mathcal{L}[g(t)]$$

を得る。したがって，つぎの式が成立する。

$$\mathcal{L}\left[\int_0^t f(x)\,dx\right] = \mathcal{L}[g(t)] = \frac{1}{s}\mathcal{L}[f(t)]$$ □

定理 3.6 と定理 3.8 はそれぞれ，t 空間での微分が s 空間では s を掛けることに対応し，また t 空間での積分が s 空間では s で割ることに対応していることを示している。つまり，t 空間での微積分演算が s 空間での s の乗除算でおきかえられるといえる。このことから，s を**微分演算子**といい，$1/s$ を**積分演算子**とよぶ。こうして，t 空間での微積分演算が s 空間で s の代数演算となることが示された。この結果が，3.6 節や 3.7 節で応用される。

さて，ラプラス変換 $\mathcal{L}[f(t)]$ を用いて原関数 $f(t)$ の特定の値を求めることができる。

定理 3.9 (最終値定理と初期値定理)

ラプラス変換可能な $f(t)$ について，つぎの式が成立する。

$$\lim_{s\to 0} s\mathcal{L}[f(t)] = \lim_{t\to\infty} f(t) \tag{3.28}$$

$$\lim_{s\to\infty} s\mathcal{L}[f(t)] = \lim_{t\to +0} f(t) \tag{3.29}$$

証明　式 (3.24) より

$$\int_0^\infty f'(t)e^{-st}dt = s\mathcal{L}[f(t)] - \lim_{t\to+0} f(t) \tag{3.30}$$

である。ここで，$s \to 0$ とすると極限と積分の操作の順序を交換して式 (3.30) の左辺は

$$\int_0^\infty f'(t)e^{-st}dt \to \int_0^\infty f'(t)\,dt = \lim_{t\to\infty} f(t) - \lim_{t\to+0} f(t) \tag{3.31}$$

となるので，式 (3.28) が成立する。また，同様に式 (3.30) において，$s \to \infty$ とすると $e^{-st} \to 0$ より $\displaystyle\int_0^\infty f'(t)e^{-st}dt \to 0$ となるので，式 (3.29) が成立する。□

式 (3.28) を**最終値定理**，式 (3.29) を**初期値定理**とよぶ。例えば，例題 3.2 より $\mathcal{L}[e^{at}] = \dfrac{1}{s-a}$ である。$\displaystyle\lim_{s\to\infty} s\mathcal{L}[e^{at}] = \lim_{s\to\infty}\frac{s}{s-a} = 1$ であり，他方 $\displaystyle\lim_{t\to+0} e^{at} = 1$ である。したがって，初期値定理が成立していることがわかる。また，$a < 0$ とすると $\displaystyle\lim_{s\to 0} s\mathcal{L}[e^{at}] = \lim_{s\to 0}\frac{s}{s-a} = 0$ である。他方 $\displaystyle\lim_{t\to\infty} e^{at} = 0$ となり，最終値定理が確認できる。

＜工学初学者からの質問と回答 3–6 ＞

質問　上の説明で，$a > 0$ とすると $\displaystyle\lim_{s\to 0} s\mathcal{L}[e^{at}] = \lim_{s\to 0}\frac{s}{s-a} = 0$ と $\displaystyle\lim_{t\to\infty} e^{at} = \infty$ となるので一致しません。最終値定理が成立しないのではありませんか？

回答　質問と回答 3-3 で述べたように変数 s の定義域には注意が必要です。e^{at} のラプラス変換が存在するためには $\mathrm{Re}[s] > a$ であるので $a > 0$ のときには，$\displaystyle\lim_{s\to 0} \mathcal{L}[e^{at}]$ は定義できません。したがって $\displaystyle\lim_{s\to 0} s\mathcal{L}[e^{at}]$ にも意味がないのです。

s 空間での関数 $F(s)$ の微積分と t 空間での関数の関係をまとめておく。

定理 3.10　($\boldsymbol{F(s)}$ の微積分とラプラス変換)

ラプラス変換可能な $f(t)$ について，つぎの式が成立する。ここで，変数 s は実数とする。

$$\mathcal{L}[(-t)f(t)] = \frac{d}{ds}F(s) \tag{3.32}$$

$$\mathcal{L}\left[\frac{1}{t}f(t)\right] = \int_s^\infty F(\sigma)d\sigma \tag{3.33}$$

証明 ラプラス変換の定義式 (3.3) の両辺を s で微分すると次式のように式 (3.32) が成立する。

$$\frac{d}{ds}F(s) = \int_0^\infty f(t)\frac{d}{ds}\left(e^{-st}\right)dt = \int_0^\infty (-t)f(t)e^{-st}dt$$

また，ラプラス変換の定義式 (3.3) の両辺を積分すると

$$\int_s^\infty F(\sigma)d\sigma = \int_s^\infty \int_0^\infty f(t)e^{-\sigma t}dtd\sigma = \int_0^\infty f(t)\left(\int_s^\infty e^{-\sigma t}d\sigma\right)dt$$

となる。σ に関する積分はつぎに示すように $(1/t)c^{-st}$ となるので，式 (3.33) が成立する。

$$\int_s^\infty e^{-\sigma t}d\sigma = \left[\frac{1}{-t}e^{-\sigma t}\right]_s^\infty = \frac{1}{t}e^{-st}$$ □

最後に，回路解析などに用いられる周期関数のラプラス変換についての定理を示しておく。

定理 3.11 (周期関数のラプラス変換)

関数 $f(t)$ は周期 p の**周期関数**とする。つまり，任意の $t\,(>0)$ と任意の自然数 k に対して $f(t+kp) = f(t)$ が成立するとする。このとき，$s>0$ としてつぎの式が成立する。

$$\mathcal{L}[f(t)] = \frac{1}{1-e^{-ps}}\int_0^p e^{-st}f(t)\,dt \tag{3.34}$$

証明 積分区間を周期 p の区間の和で表すと

$$\mathcal{L}[f(t)] = \sum_{k=0}^\infty \int_{kp}^{(k+1)p} f(t)e^{-st}dt$$

となるが，区間 $kp \leqq t \leqq (k+1)p$ を変数 $u - t - kp$ でかくと $0 \leq u \leq p$ となり，関数 $f(t)$ は周期 p の周期関数だから，つぎのように変形される。

$$\mathcal{L}[f(t)] = \sum_{k=0}^{\infty} \int_0^p f(u+kp)e^{-s(u+kp)}du$$
$$= \sum_{k=0}^{\infty} e^{-skp} \int_0^p f(u)e^{-su}du = \frac{1}{1-e^{-ps}} \int_0^p f(u)e^{-su}du \qquad \square$$

例えば，定数関数 $f(t)=a$ は任意の定数 p を周期とする周期関数とみなされる。このとき

$$\mathcal{L}[f(t)] = \frac{1}{1-e^{-ps}} \int_0^p ae^{-su}du$$
$$= \frac{a}{1-e^{-ps}} \left[\frac{e^{-su}}{-s}\right]_0^p = \frac{a}{1-e^{-ps}} \frac{1-e^{-ps}}{s} = \frac{a}{s}$$

となり定数関数のラプラス変換（例題 3.1）と一致することがわかる。

問 7. つぎの関数のラプラス変換を求めよ。

(1) $2(t+1)^2+\cos(3t+1)$ (2) $-3te^{-2t}$ (3) $-2\sin(3t)e^{4t}$

3.5 逆ラプラス変換

3.3 節および 3.4 節でラプラス変換の定義とその性質を述べてきた。つまり，t 空間の関数 $f(t)$ が与えられたとき，s 空間の関数 $F(s)$ を求めてきた。本節では，逆に s 空間の関数 $F(s)$ が与えられたとき，$\mathcal{L}[f(t)]=F(s)$ を満たす関数 $f(t)$ を求めることを考える。

定義 3.3 (逆ラプラス変換)

関数 $F(s)$ に対して，$\mathcal{L}[f(t)]=F(s)$ を満たす関数 $f(t)$ を $F(s)$ の**逆ラプラス変換**といい，つぎの式のように表す。

$$f(t) = \mathcal{L}^{-1}[F(s)] \tag{3.35}$$

関数 $F(s)$ が与えられたとき，$f(t)$ が一意的に決まるかという問題はつぎのように解決される。$f(t)$ が連続関数である場合には，$F(s)$ に対して一意的に決

まることが知られている。逆ラプラス変換は，3.3 節と 3.4 節の結果およびそれらをまとめた**表 3.1** を利用するか，または 2 章で学んだ複素線積分を用いて求めることができる。

応用上現れる関数 $F(s)$ は，多くの場合 s の実数係数の多項式の比で与えられる有理関数であり，しかも分子の次数は分母の次数以下である。そこで，ここでは表 3.1 を利用した逆ラプラス変換の方法を，例題を用いて述べる。分母と分子の多項式の次数に注意して逆ラプラス変換を求めていく。

表 3.1 基礎ラプラス変換表

参照番号	$f(t)$	$F(s)$
1	$\delta(t)$	1
2	1	$\dfrac{1}{s}$
3	t^n	$\dfrac{n!}{s^{n+1}}$
4	e^{at}	$\dfrac{1}{s-a}$
5	$\sin(\omega t)$	$\dfrac{\omega}{s^2+\omega^2}$
6	$\cos(\omega t)$	$\dfrac{s}{s^2+\omega^2}$
7	$af(t)+bg(t)$	$aF(s)+bG(s)$
8	$f(at)$	$\dfrac{1}{a}F\left(\dfrac{s}{a}\right)$
9	$f(t-a)$	$e^{-as}F(s)$
10	$e^{-at}f(t)$	$F(s+a)$
11	$f'(t)$	$s\mathcal{L}[f(t)]-f(+0)$
12	$f''(t)$	$s^2\mathcal{L}[f(t)]-sf(+0)-f'(+0)$
13	$-tf(t)$	$F'(s)$
14	$\dfrac{f(t)}{t}$	$\displaystyle\int_s^\infty F(\sigma)d\sigma$

例題 3.9 定数 a の逆ラプラス変換 $\mathcal{L}^{-1}[a]$ を求めよ。

【解答】 ラプラス変換の線形性および表 3.1 よりデルタ関数 $\delta(t)$ を用いて

$$\mathcal{L}^{-1}[a] = a\mathcal{L}^{-1}[1] = a\delta(t) \tag{3.36}$$

となる。 ◇

例題 3.10　分母の次数が 1 のときの逆ラプラス変換 $\mathcal{L}^{-1}\left[\dfrac{b}{s+a}\right]$ を求めよ。ただし，a，b は定数である。

【解答】　ラプラス変換の線形性および指数関数のラプラス変換から

$$\mathcal{L}^{-1}\left[\frac{b}{s+a}\right] = b\mathcal{L}^{-1}\left[\frac{1}{s+a}\right] = be^{-at} \tag{3.37}$$

となる。 ◇

例題 3.11　分母の次数が 2 で分子が定数のときの逆ラプラス変換 $\mathcal{L}^{-1}\left[\dfrac{\gamma}{s^2+\alpha s+\beta}\right]$ を求めよ。ただし，α，β，γ は定数である。

【解答】　一般に分母の判別式 $D = \alpha^2 - 4\beta$ が負のときは，次式 (3.38) のように分母は実数の範囲で因数分解できず，三角関数のラプラス変換および指数関数と任意の関数の積のラプラス変換から逆変換をつぎのように求めることができる。

$$\begin{aligned}\mathcal{L}^{-1}\left[\frac{b}{(s+a)^2+\omega^2}\right] &= \frac{b}{\omega}\mathcal{L}^{-1}\left[\frac{\omega}{(s+a)^2+\omega^2}\right]\\ &= \frac{b}{\omega}e^{-at}\sin(\omega t) \quad (\omega \neq 0)\end{aligned} \tag{3.38}$$

ここで，$a = \alpha/2$，$\omega = \sqrt{\beta-(\alpha/2)^2}$，$b = \gamma$ である。つぎに，判別式 D が正のときは，次式のように分母が実数の範囲で因数分解できる。

$$F(s) = \frac{b}{(s+a)^2-\omega^2} = \frac{b}{2\omega}\left(\frac{1}{(s+a)-\omega} + \frac{-1}{(s+a)+\omega}\right)$$

ここで，$a = \alpha/2$，$\omega = \sqrt{(\alpha/2)^2-\beta}$，$b = \gamma$ である。このとき例題 3.10 に帰着できて，指数関数のラプラス変換から逆変換を，つぎのように求めることができる。

$$\begin{aligned}\mathcal{L}^{-1}[F(s)] &= \frac{b}{2\omega}\mathcal{L}^{-1}\left[\frac{1}{(s+a)-\omega} + \frac{-1}{(s+a)+\omega}\right]\\ &= \frac{b}{2\omega}\left(e^{-(a-\omega)t} - e^{-(a+\omega)t}\right) \quad (\omega \neq 0)\end{aligned} \tag{3.39}$$

式 (3.38) および式 (3.39) で特に $\omega = 0$ の場合には，つぎのようになる。

$$\mathcal{L}^{-1}\left[\frac{b}{(s+a)^2}\right] = bte^{-at} \tag{3.40}$$

◇

式 (3.38) は，複素数の範囲で因数分解できて指数関数のラプラス変換を用いると，三角関数のラプラス変換を考えなくても求められる。しかし，ここでは複素数の指数関数よりも三角関数のほうが読者は慣れ親しんでいると考えて，あえて場合分けを行った。

つぎの例題 3.12 においては分子が s の 1 次の単項式の場合を考える。

例題 3.12 分母の次数が 2 で分子の次数が 1 の単項式のときの逆ラプラス変換 $\mathcal{L}^{-1}\left[\dfrac{\gamma s}{s^2+\alpha s+\beta}\right]$ を求めよ。ただし，α，β，γ は定数である。

【解答】 例題 3.11 と同じように，分母が実数の範囲で因数分解できるときとできないときにわけて調べる。分母が実数の範囲で因数分解できないときは，$a=\alpha/2$，$\omega=\sqrt{\beta-(\alpha/2)^2}$，$b=\gamma$ として，つぎのようになる。

$$\begin{aligned}\mathcal{L}^{-1}\left[\frac{bs}{(s+a)^2+\omega^2}\right] &= \mathcal{L}^{-1}\left[\frac{b(s+a)}{(s+a)^2+\omega^2}+\frac{-ba}{(s+a)^2+\omega^2}\right]\\ &= \mathcal{L}^{-1}\left[\frac{b(s+a)}{(s+a)^2+\omega^2}-\frac{ab}{\omega}\frac{\omega}{(s+a)^2+\omega^2}\right]\\ &= be^{-at}\cos(\omega t)-\frac{ab}{\omega}e^{-at}\sin(\omega t) \quad (\omega\neq 0)\end{aligned} \tag{3.41}$$

つぎに，分母が次式のように実数の範囲で因数分解できるとき，$a=\alpha/2$，$\omega=\sqrt{(\alpha/2)^2-\beta}$，$b=\gamma$ として，部分分数に分解することで

$$F(s)=\frac{bs}{(s+a)^2-\omega^2}=\frac{1}{2}\left(\frac{b-(ab/\omega)}{(s+a)-\omega}+\frac{b+(ab/\omega)}{(s+a)+\omega}\right)$$

となる。したがって，例題 3.10 に帰着でき逆ラプラス変換はつぎのようになる。

$$\begin{aligned}\mathcal{L}^{-1}[F(s)] &= \mathcal{L}^{-1}\left[\frac{bs}{(s+a)^2-\omega^2}\right]\\ &= \frac{1}{2}\left\{\left(b-\frac{ab}{\omega}\right)e^{-(a-\omega)t}+\left(b+\frac{ab}{\omega}\right)e^{-(a+\omega)t}\right\} \quad (\omega\neq 0)\end{aligned} \tag{3.42}$$

特に式 (3.41) および式 (3.42) で $\omega=0$，つまり $\beta-(\alpha/2)^2=0$ の場合には，つぎのようになる。

$$\mathcal{L}^{-1}[F(s)] = \mathcal{L}^{-1}\left[\frac{bs}{(s+a)^2}\right]$$
$$= b\mathcal{L}^{-1}\left[\frac{-a}{(s+a)^2} + \frac{1}{s+a}\right] = b\left(-ate^{-at} + e^{-at}\right) \quad (3.43)$$

◇

以上の結果を用いると，分母の次数が 2 次までの有理式の逆ラプラス変換を求めることができる。分母の多項式の次数が 3 次以上の場合は，1 次式と 2 次式の積に分解できるので部分分数分解により上記の例題 3.10 から例題 3.12 までの結果に帰着される。

以下，具体的な数値で有理式が与えられた場合の逆ラプラス変換を求める。

例題 3.13　$\mathcal{L}^{-1}\left[\dfrac{s}{(s+1)(s+2)(s+3)}\right]$ を求めよ。

【解答】　すでに分母は因数分解されており未知数 p，q，r を用いてつぎのように部分分数に分解する。

$$\frac{s}{(s+1)(s+2)(s+3)} = \frac{p}{s+1} + \frac{q}{s+2} + \frac{r}{s+3}$$

右辺を通分して，分子を比較すると $p(s+2)(s+3) + q(s+1)(s+3) + r(s+1)(s+2) = s$ となる。この s についての恒等式から未知数は $p = -1/2$，$q = 2$，$r = -3/2$ となる。したがって，つぎの結果が得られる。

$$\mathcal{L}^{-1}\left[\frac{s}{(s+1)(s+2)(s+3)}\right]$$
$$= \frac{-1}{2}\mathcal{L}^{-1}\left[\frac{1}{s+1}\right] + 2\mathcal{L}^{-1}\left[\frac{1}{s+2}\right] + \frac{-3}{2}\mathcal{L}^{-1}\left[\frac{1}{s+3}\right]$$
$$= -\frac{1}{2}e^{-t} + 2e^{-2t} - \frac{3}{2}e^{-3t}$$

◇

逆ラプラス変換を部分分数分解でなく合成積の観点から求めてみよう。

例題 3.14　$a \neq b$ のもとで $\mathcal{L}^{-1}\left[\dfrac{1}{(s+a)(s+b)}\right]$ を求めよ。

【解答】　s 空間での積は t 空間での合成積であったので，$\mathcal{L}^{-1}\left[\dfrac{1}{(s+a)}\right] = e^{-at}$ と $\mathcal{L}^{-1}\left[\dfrac{1}{(s+b)}\right] = e^{-bt}$ を用いると逆ラプラス変換はつぎのように求められる。

$$\mathcal{L}^{-1}\left[\frac{1}{(s+a)(s+b)}\right]=(e^{-at})*(e^{-bt})=\int_0^t e^{-a(t-y)}e^{-by}dy$$
$$=e^{-at}\int_0^t e^{(a-b)y}dy=e^{-at}\left[\frac{1}{a-b}e^{(a-b)y}\right]_0^t$$
$$=\frac{1}{a-b}\left(e^{-bt}-e^{-at}\right) \qquad (3.44)$$

もちろん，部分分数分解を適用すれば，つぎのように求めることもできる。

$$\mathcal{L}^{-1}\left[\frac{1}{(s+a)(s+b)}\right]=\frac{1}{a-b}\mathcal{L}^{-1}\left[\frac{-1}{(s+a)}+\frac{1}{(s+b)}\right]$$
$$=\frac{1}{a-b}\left(e^{-bt}-e^{-at}\right)$$ ◇

以上の逆ラプラス変換は，次節の微分方程式への応用で頻繁に用いられる。

問 8. つぎの関数の逆ラプラス変換を求めよ。

(1) $\dfrac{6}{s(s+1)}$ (2) $\dfrac{6}{s^2+2s+5}$ (3) $\dfrac{s}{s^2+2s+4}$

3.6 微分方程式への応用

前節まででラプラス変換の定義，性質および逆ラプラス変換について述べてきた。本節ではまず微分方程式への応用について述べる。読者は数学として微分方程式の解法をすでに学んでいることと思う。また，力学，振動および回路解析など工学諸分野で微分方程式を解いていることと思う。ラプラス変換の考え方からすれば，これまで学んだ微分方程式は t 空間の中で議論していることになり，本節では微分方程式をラプラス変換して s 空間で議論する。微分方程式の解法がどのように s 空間で行われるかを例題を用いて述べよう。定数係数の線形微分方程式の解をラプラス変換により容易に求めることができる。

例題 3.15 つぎの 1 階微分方程式の**初期値問題**を解け。ただし，$a(\neq 0)$，b，c は定数とする。

$$y'(t)+ay(t)=b, \quad y(0)=c \qquad (3.45)$$

【解答】 $\mathcal{L}[y(t)] = Y(s)$ として，$\mathcal{L}[y'(t)] = sY(s) - y(+0)$ に注意して両辺をラプラス変換するとつぎのようになる。

$$sY(s) - c + aY(s) = \frac{b}{s}$$

式 (3.45) は，t 空間での未知関数 $y(t)$ の導関数を含んだ関係式で，上式は s 空間での未知関数 $Y(s)$ の関係式である。s 空間での未知関数 $Y(s)$ は

$$Y(s) = \frac{1}{s+a}\left(c + \frac{b}{s}\right) = \frac{b+cs}{s(s+a)}$$

となる。したがって，求める t 空間での未知関数 $y(t)$ は逆ラプラス変換により

$$\begin{aligned} y(t) &= \mathcal{L}^{-1}\left[Y(s)\right] = \mathcal{L}^{-1}\left[\frac{b+cs}{s(s+a)}\right] \\ &= \mathcal{L}^{-1}\left[\frac{b/a}{s} + \frac{c-b/a}{s+a}\right] = \frac{b}{a} + \left(c - \frac{b}{a}\right)e^{-at} \end{aligned}$$

と求められる。 ◇

復習をかねて，微分方程式 (3.45) をラプラス変換を用いずに解いておこう。同次形 $y'(t) + ay(t) = 0$ の一般解は定数 k を用いて $y_1(t) = ke^{-at}$ となる。さらに，微分方程式 (3.45) の特殊解は $y_2(t) = b/a$ と求められるので，一般解は $y(t) = ke^{-at} + b/a$ となる。ここで，初期条件を用いて $y(0) = k + b/a = c$ より定数 k は $k = c - b/a$ となり，解 $y(t) = (c - b/a)e^{-at} + b/a$ を得る。例題 3.15 からもわかるように，ラプラス変換による微分方程式の解法の特徴は以下のようにまとめられる。

(1) 微分方程式を初期条件とともにラプラス変換する。

(2) $y(t)$ のラプラス変換 $Y(s)$ の分母の零点に微分方程式の特性根が含まれている。

(3) s 空間での代数演算により $Y(s)$ を求めて，逆ラプラス変換により $y(t)$ を求める。

ラプラス変換による微分方程式の解法の流れを図で表すと，つぎの**図 3.4** のようになる。

典型的な微分方程式および微積分方程式の解法を以下の例題に示す。

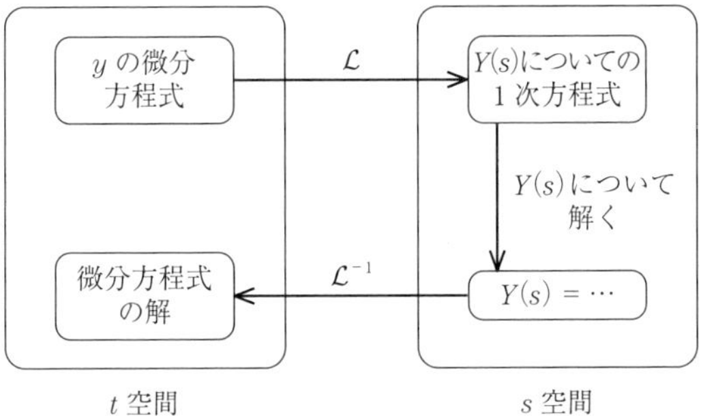

図 3.4 ラプラス変換による微分方程式の解法

例題 3.16 つぎの 2 階微分方程式の**境界値問題**を解け。

$$y''(t) + 3y'(t) + 2y(t) = 1, \quad y(0) = 0, \quad y(1) = 1$$

【解答】 ラプラス変換するためには $y'(0)$ が必要であるが，ここでは与えられていないので $y'(0) = \beta$ とおく。例題 3.15 と同じように $\mathcal{L}[y(t)] = Y(s)$ として，両辺をラプラス変換し初期条件を代入すると

$$s^2Y(s) - \beta + 3sY(s) + 2Y(s) = \frac{1}{s}$$

となる。未知関数 $Y(s)$ について解き，部分分数分解をする。

$$Y(s) = \frac{1}{s^2+3s+2}\left(\frac{1}{s} + \beta\right) = \frac{\beta s + 1}{s(s^2+3s+2)} = \frac{1/2}{s} + \frac{\beta - 1}{s+1} + \frac{1/2 - \beta}{s+2}$$

したがって，求める $y(t)$ は逆ラプラス変換よりつぎのようになる。

$$y(t) = \frac{1}{2} + (\beta - 1)e^{-t} + \left(\frac{1}{2} - \beta\right)e^{-2t}$$

この結果に，条件 $y(1) = 1$ を代入して β について解くと

$$\beta = \frac{1 + 2e^{-1} - e^{-2}}{2(e^{-1} - e^{-2})} = \frac{e^2 + 2e - 1}{2(e-1)}$$

となるので，最終的に解はつぎのようになる。

$$y(t) = \frac{1}{2} + \frac{e^2+1}{2(e-1)}e^{-t} - \frac{e(e+1)}{2(e-1)}e^{-2t}$$ ◇

例題 3.17　つぎの 2 階微分方程式の一般解を求めよ。

$$y''(t)+4y'(t)+4y(t)=1$$

【解答】　ラプラス変換するためには $y(0)$，$y'(0)$ が必要であるが，ここでは与えられていないので $y(0)=\alpha$，$y'(0)=\beta$ とおく。$\mathcal{L}[y(t)]=Y(s)$ として，両辺をラプラス変換し仮定した初期条件を代入すると

$$s^2Y(s)-s\alpha-\beta+4\left(sY(s)-\alpha\right)+4Y(s)=\frac{1}{s}$$

となる。未知関数 $Y(s)$ について解き，部分分数分解をするとつぎのようになる。

$$\begin{aligned}Y(s)&=\frac{1}{s^2+4s+4}\left(\frac{1}{s}+\alpha s+\beta+4\alpha\right)\\&=\frac{\alpha s^2+(\beta+4\alpha)s+1}{s(s+2)^2}=\frac{1/4}{s}+\frac{\alpha-1/4}{s+2}+\frac{2\alpha+\beta-1/2}{(s+2)^2}\end{aligned}$$

したがって，求める $y(t)$ は逆ラプラス変換よりつぎのようになる。

$$y(t)=\frac{1}{4}+\left(\alpha-\frac{1}{4}\right)e^{-2t}+\left(2\alpha+\beta-\frac{1}{2}\right)te^{-2t}$$

ここで，あらためて定数を $c_0=\alpha-1/4$，$c_1=2\alpha+\beta-1/2$ とおくと解 $y(t)$ はつぎのようにもかける。

$$y(t)=\frac{1}{4}+c_0e^{-2t}+c_1te^{-2t}$$

◇

例題 3.18　つぎの連立微分方程式を解け。

$$x'(t)=3x(t)-y(t),\quad y'(t)=x(t)+y(t),$$

$$x(0)=1,\quad y(0)=2$$

【解答】　$\mathcal{L}[x(t)]=X(s)$，$\mathcal{L}[y(t)]=Y(s)$ とおいて 2 つの微分方程式の両辺をそれぞれラプラス変換すると

$$sX(s)-1=3X(s)-Y(s),\quad sY(s)-2=X(s)+Y(s)$$

となり，$X(s)$，$Y(s)$ についての連立 1 次方程式を得る。これを解いて

$$X(s) = \frac{s-3}{(s-2)^2}, \quad Y(s) = \frac{2s-5}{(s-2)^2}$$

となる。したがって，逆ラプラス変換により解 $x(t)$，$y(t)$ はつぎのようになる。

$$x(t) = \mathcal{L}^{-1}[X(s)] = \mathcal{L}^{-1}\left[\frac{s-3}{(s-2)^2}\right] = \mathcal{L}^{-1}\left[\frac{1}{s-2} - \frac{1}{(s-2)^2}\right]$$
$$= e^{2t} - te^{2t}$$

$$y(t) = \mathcal{L}^{-1}[Y(s)] = \mathcal{L}^{-1}\left[\frac{2s-5}{(s-2)^2}\right] = \mathcal{L}^{-1}\left[\frac{2}{s-2} - \frac{1}{(s-2)^2}\right]$$
$$= 2e^{2t} - te^{2t}$$

◇

例題 3.19　つぎの微積分方程式を解け。

$$y'(t) - y(t) = 2\int_0^t y(u)\,du + 3, \quad y(0) = 1$$

【解答】　$\mathcal{L}[y(t)] = Y(s)$ とおいて，$\mathcal{L}\left[\int_0^t y(u)du\right] = \frac{1}{s}Y(s)$ に注意して，両辺をラプラス変換すると

$$sY(s) - 1 - Y(s) = 2\cdot\frac{1}{s}Y(s) + \frac{3}{s}$$

となる。$Y(s)$ について解き，部分分数分解すると

$$Y(s) = \frac{s+3}{s^2-s-2} = \frac{5/3}{s-2} + \frac{-2/3}{s+1}$$

を得るので，逆ラプラス変換により解 $y(t)$ はつぎのようになる。

$$y(t) = \mathcal{L}^{-1}[Y(s)] = \mathcal{L}^{-1}\left[\frac{5/3}{s-2} + \frac{-2/3}{s+1}\right] = \frac{5}{3}e^{2t} - \frac{2}{3}e^{-t}$$

◇

問 9.　つぎの微分方程式を解け。

(1)　$y'(t) - 4y(t) = 1, \quad y(0) = 0$

(2)　$y''(t) + 4y(t) = 0, \quad y(0) = 1, \quad y'(0) = 1$

(3)　$y''(t) + 2y'(t) + 3y(t) = t, \quad y(0) = 0, \quad y'(0) = 1$

3.7　制御工学への応用

ラプラス変換の応用として前節では微分方程式の解法について述べた。本節では，制御工学への応用について述べる。制御工学は，機械工学や電気工学に限らず化学工学や土木工学においても学ぶべき横断的な学問分野である。制御工学は，ラプラス変換で語られるといっても過言ではない。さまざまな工学対象は入力と出力をもった入出力系とみなされる。機械工学の分野と電気工学の分野から代表的な例をとりあげて，入出力系の解析にラプラス変換がどのように用いられるかを述べる。s 空間での議論にはたいへん豊富な話題がある。

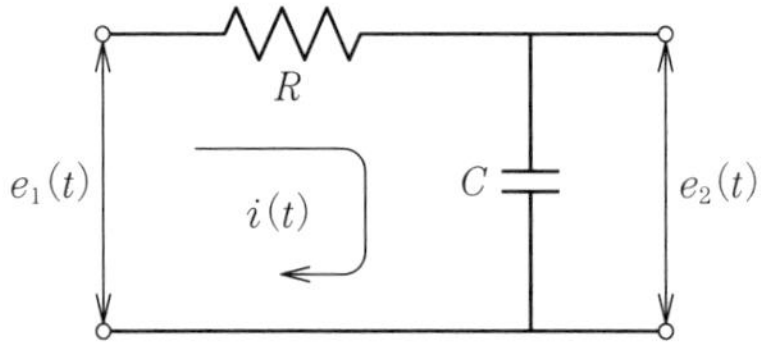

図 3.5　RC 回 路

大きさ R の抵抗と容量 C のコンデンサからなる**図 3.5** に与えられる RC 回路を考えよう。ここで，入力を電圧 $e_1(t)$，出力を電圧 $e_2(t)$ とする。

抵抗を流れる電流を $i(t)$ とする。$i(t)$ は虚数単位の i でなく電流を表す時間 t の関数である。コンデンサの両端の電圧は $\dfrac{1}{C}\displaystyle\int i(t)\,dt$ と積分でかけるので，入力と出力の間には，つぎの式が成立する。

$$e_1(t) = Ri(t) + e_2(t), \quad e_2(t) = \frac{1}{C}\int i(t)\,dt$$

第 2 式から $i(t) = Ce_2'(t)$ となるので，RC 回路の入力 $e_1(t)$ と出力 $e_2(t)$ の関係は，つぎの微分方程式で表される。

$$e_1(t) = RCe_2'(t) + e_2(t)$$

ここで，$t = 0$ での $e_2(t)$ の値を $e_2(0) = 0$ とおき，さらに $E_1(s) = \mathcal{L}[e_1(t)]$ および $E_2(s) = \mathcal{L}[e_2(t)]$ とおいて上式の両辺をラプラス変換すると

$$E_1(s) = RCsE_2(s) + E_2(s)$$

となる。ここで，s 空間での入力 $E_1(s)$ と出力 $E_2(s)$ の比を $G(s)$ とおくと

$$G(s) = \frac{E_2(s)}{E_1(s)} = \frac{1}{RCs+1} \tag{3.46}$$

となる。

以下，一般の入出力系について，基本事項を紹介する。入出力系において入力を $x(t)$，出力を $y(t)$ とするとき，つぎの式で定義される s 空間での入力と出力の比 $G(s)$ を**伝達関数**とよび，$G(s)$ の逆ラプラス変換 $g(t) = \mathcal{L}^{-1}[G(s)]$ を**重み関数**とよぶ。

$$G(s) = \frac{\mathcal{L}[y(t)]}{\mathcal{L}[x(t)]} = \frac{Y(s)}{X(s)} \tag{3.47}$$

また，$Y(s) = G(s)X(s)$ より t 空間での関係をみると

$$y(t) = (g * x)(t) = \int_0^t g(t-u)x(u)\,du \tag{3.48}$$

であるので，入力と重み関数の合成積が出力となる。

問 10. 入力を $x(t) = 2t$，重み関数を $g(t) = e^{-3t}$ とする入出力系において，出力 $y(t)$ を求めよ。

伝達関数を用いるとつぎのような解析が可能となる。

(1) 入力が定数 a で与えられるときの応答を**ステップ応答**とよぶ。入力は

$$x(t) = \begin{cases} a & (t \geqq 0) \\ 0 & (t < 0) \end{cases}$$

だから，$X(s) = a/s$ とかけるので，出力はつぎのようになる。

$$y(t) = a\mathcal{L}^{-1}\left[\frac{G(s)}{s}\right] \tag{3.49}$$

(2) 入力が角周波数 ω の正弦波で与えられるとき，十分時間が経過後の応答を**周波数応答**とよぶ。入力は

$$x(t) = \begin{cases} A\sin(\omega t) & (t \geqq 0) \\ 0 & (t < 0) \end{cases}$$

ここで，定数 A は入力信号の振幅を表す。したがって，$X(s) = A\omega/(s^2 + \omega^2)$ とかけるので，出力はつぎのようになる。

$$y(t) = A\omega\mathcal{L}^{-1}\left[\frac{G(s)}{s^2+\omega^2}\right] \tag{3.50}$$

さて，出力 $y(t)$ も同じ角周波数 ω の正弦波となることを以下具体的な式で示しておこう。定数 P_1，P_2，$Q_m (m = 1, 2, \cdots, n)$ を用いて

$$\frac{G(s)}{s^2+\omega^2} = \frac{P_1}{s-i\omega} + \frac{P_2}{s+i\omega} + \sum_{m=1}^{n}\frac{Q_m}{s-s_m} \tag{3.51}$$

のように部分分数に分解する。ここで，定数 $s_m (\neq \pm i\omega\ (m=1, 2, \cdots, n))$ は $G(s)$ の極であり，簡単のため位数はすべて 1 位としている。なお，極については 2.6 節を参照のこと。式 (3.51) より，定数 P_1，P_2 は容易につぎのように求められる。

$$P_1 = \frac{G(i\omega)}{2i\omega}, \quad P_2 = \frac{G(-i\omega)}{-2i\omega}$$

ここで，複素数 P_1 の共役複素数を $\bar{P}_1$ とかくと $P_2 = \bar{P}_1$ であることがわかる。さらに，式 (3.50)，(3.51) より式 (3.51) の右辺の第 1 項と第 2 項のみに着目すると

$$y(t) = A\omega\left(P_1 e^{i\omega t} + P_2 e^{-i\omega t}\right)$$

となる。式 (3.51) の右辺の第 3 項以降を無視したのは，入出力系 $G(s)$ を**安定**と仮定して，十分時間が経過すると t 空間では 0 となるからである。つまり，安定とは伝達関数 $G(s)$ の極 s_m の実部はすべて負 $(\mathrm{Re}[s_m] < 0\ (m = 1, 2, \cdots, n))$ であることであり，このとき式 (3.51) の右辺の第 3 項以降は t 空間では $t \to \infty$ のとき 0 となるからである。

t 空間での入出力関係は非同次線形微分方程式となり，微分方程式の言葉でいえば，周波数応答は特殊解である。また，対応する同次形の一般解は入出力系の安定性から周波数応答には無関係となる。

ここで，あらたに複素数 $Z = A\omega P_1 e^{i\omega t}$ とおくと，$y(t) = Z + \bar{Z}$ が成立する。したがって，$y(t) = 2\mathrm{Re}[Z]$ である。そこで，Z の大きさと偏角を求めると

$$\begin{aligned}|Z| &= \left|A\omega P_1 e^{i\omega t}\right| = A\omega\left|\frac{G(i\omega)}{2i\omega}\right| = \frac{A}{2}\left|G(i\omega)\right| \\ \arg[Z] &= \arg[A\omega] + \arg[G(i\omega)] - \arg[2i\omega] + \omega t \\ &= \arg[G(i\omega)] - \frac{\pi}{2} + \omega t\end{aligned}$$

となる。したがって，$y(t) = 2\mathrm{Re}[Z]$ に代入して周波数応答の式は，つぎのようになる。

$$\begin{aligned}y(t) &= 2|Z|\cos(\arg[Z]) = A\left|G(i\omega)\right|\cos\left(\arg[G(i\omega)] - \frac{\pi}{2} + \omega t\right) \\ &= A\left|G(i\omega)\right|\sin(\omega t + \arg[G(i\omega)]) \qquad (3.52)\end{aligned}$$

つまり，角周波数 ω の正弦波 $A\sin(\omega t)$ に対して，出力は同じ角周波数 ω の正弦波であるが振幅は $|G(i\omega)|$ 倍され，位相は $\arg[G(i\omega)]$ だけ進むことがわかる。$G(i\omega)$ は**周波数伝達関数**とよばれるたいへん重要な関数である。

再び，先ほどの RC 回路の例に戻ろう。重み関数は

$$\begin{aligned}g(t) &= \mathcal{L}^{-1}[G(s)] \\ &= \mathcal{L}^{-1}\left[\frac{1}{1+CRs}\right] \\ &= \frac{1}{CR}\mathcal{L}^{-1}\left[\frac{1}{s+(1/CR)}\right] \\ &= \frac{1}{CR}e^{-\frac{1}{CR}t}\end{aligned}$$

となり，ステップ応答は式 (3.49) から

$$\begin{aligned}y(t) &= a\mathcal{L}^{-1}\left[\frac{1}{(1+CRs)s}\right] = a\mathcal{L}^{-1}\left[\frac{-CR}{1+CRs} + \frac{1}{s}\right] \\ &= a\mathcal{L}^{-1}\left[\frac{1}{s} + \frac{-1}{s+(1/CR)}\right] = a\left(1 - e^{-\frac{1}{CR}t}\right) \qquad (3.53)\end{aligned}$$

となる。CR は通常応答時間の目安をあらわす指標として，**時定数**とよばれる。また，RC 回路に入力電圧 $e_1(t) = A\sin(\omega t)$ が入力されたときの周波数応答は，周波数伝達関数 $G(i\omega) = 1/(1 + iCR\omega)$ を用いて $|G(i\omega)| = 1/\sqrt{1 + (CR\omega)^2}$ および $\arg[G(i\omega)] = -\tan^{-1}(CR\omega)$ なので

$$y(t) = \frac{A}{\sqrt{1 + (CR\omega)^2}} \sin\left(\omega t - \tan^{-1}(CR\omega)\right) \tag{3.54}$$

となる。この結果から，出力の振幅は必ず入力の振幅より小さくなり，位相も必ず遅れることがわかる。さらに入力の角周波数 ω が増大すれば，出力の振幅は減少し，位相遅れも大きくなることがわかる。この入出力系は **1 次遅れ系**とよばれる。

＜工学初学者からの質問と回答 3–7 ＞

質問　以前 $s = i\omega$ とおけば，コンデンサの積分機能で電流に対して電圧の位相が 90 度遅れることがすぐわかると聞いて，たいへん驚いたのですが，そのあたりのことをわかりやすく教えてください。

回答　それはいい質問ですね。ラプラス変換の威力というよりもオイラーの公式を思い出してください。積分することは s で割ること。つまり，$1/s$ を掛けることで，$s = i\omega$ ですから $1/s = (1/\omega)e^{-\frac{\pi}{2}i}$ となる。オイラーの公式から $\arg[1/(i\omega)] = -\pi/2$ であることより，90 度遅れることがただちにわかります。オイラーの公式は本当に重要です。

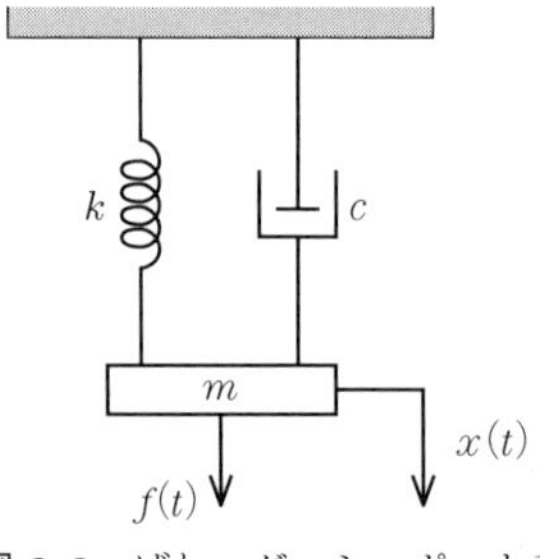

図 3.6　ばね・ダッシュポット系

つぎに，機械系からの例として**図 3.6** のばね・ダッシュポット系を考えよう。これは，質量 m の物体をばねとダッシュポットで支えたもので，ばね定数を k，ダッシュポットの粘性係数を c とする。物体のつりあいからの変位を $x(t)$，作用する力を $f(t)$ とすると物体の運動方程式は

$$mx''(t) = -kx(t) - cx'(t) + f(t)$$

となる。ここで，$x(0) = 0$，$x'(0) = 0$ として $t = 0$ でつりあい状態にあるとす

る。入力を $f(t)$，出力を $x(t)$ とみなして $\mathcal{L}[f(t)] = F(s)$，$\mathcal{L}[x(t)] = X(s)$ とおいてラプラス変換すると，つぎのようになる。

$$ms^2X(s) = -kX(s) - csX(s) + F(s)$$

したがって，伝達関数は

$$G(s) = \frac{X(s)}{F(s)} = \frac{1}{ms^2 + cs + k}$$

となる。この入出力系は，**2 次遅れ系**とよばれ，非常に重要な伝達関数である。特に，定数をつぎのようにおきかえると

$$\omega_n = \sqrt{\frac{k}{m}}, \quad K = \frac{1}{k}, \quad \zeta = \frac{c}{2\sqrt{mk}} \tag{3.55}$$

伝達関数は

$$G(s) = \frac{K\omega_n^2}{s^2 + 2\zeta\omega_n s + \omega_n^2} \tag{3.56}$$

の標準形で表される。以下，一般に 2 次遅れ系の式 (3.56) において減衰比 ζ が $0 < \zeta < 1$ の条件を満たす場合を調べておこう。重み関数は

$$\begin{aligned} g(t) &= \mathcal{L}^{-1}[G(s)] \\ &= \frac{K\omega_n}{\sqrt{1-\zeta^2}}\mathcal{L}^{-1}\left[\frac{\sqrt{1-\zeta^2}\omega_n}{(s+\zeta\omega_n)^2 + (1-\zeta^2)\omega_n^2}\right] \\ &= \frac{K\omega_n}{\sqrt{1-\zeta^2}}e^{-\zeta\omega_n t}\sin\left(\sqrt{1-\zeta^2}\omega_n t\right) \end{aligned} \tag{3.57}$$

となる。また，定数 a の力が加わったときの応答であるステップ応答は複雑であるが，つぎのようになる。

$$\begin{aligned} y(t) &= a\mathcal{L}^{-1}\left[\frac{G(s)}{s}\right] = a\mathcal{L}^{-1}\left[\frac{K\omega_n^2}{s\left((s+\zeta\omega_n)^2 + (1-\zeta^2)\omega_n^2\right)}\right] \\ &= a\mathcal{L}^{-1}\left[\frac{K}{s} + \frac{-Ks - 2K\zeta\omega_n}{(s+\zeta\omega_n)^2 + (1-\zeta^2)\omega_n^2}\right] \\ &= a\mathcal{L}^{-1}\left[\frac{K}{s} + \frac{-K(s+\zeta\omega_n) - K\zeta\omega_n}{(s+\zeta\omega_n)^2 + (1-\zeta^2)\omega_n^2}\right] \end{aligned}$$

$$= aK\left(1 - e^{-\zeta\omega_n t}\left(\cos(\sqrt{1-\zeta^2}\omega_n t) + \frac{\zeta}{\sqrt{1-\zeta^2}}\sin(\sqrt{1-\zeta^2}\omega_n t)\right)\right) \tag{3.58}$$

いずれも，逆ラプラス変換を用いて求めていることに注意してほしい。

最後に，正弦波状の力が作用したときの応答である周波数応答における注意事項について述べよう。振幅比を表す周波数伝達関数の絶対値は

$$|G(i\omega)| = \frac{K\omega_n^2}{\sqrt{(\omega_n^2 - \omega^2)^2 + 4\zeta^2\omega_n^2\omega^2}} \tag{3.59}$$

となる。以下，伝達関数のゲイン K を $K = 1$ とする。分母に注目して $u = \omega^2(\geq 0)$ とおき，分母の根号内を整理すると

$$(\omega_n^2 - u)^2 + 4\zeta^2\omega_n^2 u = \left(u - \omega_n^2(1-2\zeta^2)\right)^2 + 4\zeta^2(1-\zeta^2)\omega_n^4 \tag{3.60}$$

となる。さらに，減衰比 ζ が $0 < \zeta < 1/\sqrt{2}$ のときは $\omega = \omega_n\sqrt{1-2\zeta^2}$ で $|G(i\omega)|$ は最大値 $\dfrac{1}{2\zeta\sqrt{1-\zeta^2}}$ をとる。$\dfrac{1}{2\zeta\sqrt{1-\zeta^2}} > 1$ であることより，入力よりも出力の振幅が大きくなることがわかる。1 次遅れ系のときにはみられなかった現象で**共振現象**とよばれる。また，共振を与える角周波数 $\omega_n\sqrt{1-2\zeta^2}$ を**共振角周波数**とよぶ。このように，入出力系を扱う制御工学はラプラス変換という言葉で語られる。

＜**工学初学者からの質問と回答 3–8**＞

質問　質問できる機会があって，いろいろ質問してきましたが，この章での最後の質問になってしまいました。しっかり聞いておきたいです。周波数の世界で議論して導かれる出力と，時間領域における微分方程式による解析で導かれる結果の関係が，いま少ししっくりしません。そのあたりを具体的に教えてください。

回答　本文で紹介した伝達関数 $G(s) = 1/(RCs+1)$ で定義される 1 次遅れ系の周波数応答を例にとって考えましょう。$T = CR$ とおくと入力は入力電圧 $e_1(t) = A\sin(\omega t)$ であり，出力電圧 $y(t)$（ここでは，出力電

圧 $e_2(t)$ を $y(t)$ とおく）が満たす t 空間での関係である微分方程式は，s 空間での入出力関係 $TsY(s)+Y(s)=E_1(s)$ の関係から

$$Ty'(t)+y(t)=A\sin(\omega t) \tag{3.61}$$

となります。これは線形の非同次の微分方程式ですから，よく知っているように同次形 $Ty'(t)+y(t)=0$ の一般解を $y_1(t)$ とすると定数 C_1 を用いて $y_1(t)=C_1e^{(-t/T)}$ となります。他方，微分方程式 (3.61) の特殊解 $y_2(t)$ を得るために定数 D_1 と D_2 を用いて $y_2(t)=D_1\sin(\omega t)+D_2\cos(\omega t)$ とおき，式 (3.61) に代入します。その結果，$D_1=A/(1+T^2\omega^2)$ と $D_2=-AT\omega/(1+T^2\omega^2)$ が導かれます。したがって，微分方程式 (3.61) の一般解は，つぎのようになります。

$$y_1(t)+y_2(t)=C_1e^{\left(-\frac{t}{T}\right)}+\frac{A}{1+T^2\omega^2}\sin(\omega t)-\frac{AT\omega}{1+T^2\omega^2}\cos(\omega t) \tag{3.62}$$

そこで，式 (3.62) の第 1 項は，十分時間が経過すると，0 となり周波数応答としては無視できることがわかります。このように，同次形の一般解が，十分時間が経過すると 0 となるのは，伝達関数の極が負 $(s=-1/T<0)$ であることによるのです。一般には，極は複素数となるので実部の符号に注意が必要です。入出力系が安定であれば，伝達関数の極の実部はすべて負なので過渡的な状況を表す項は $t\to\infty$ のときに 0 となります。したがって，微分方程式の特殊解が周波数応答を与えます。式 (3.62) の第 2 項と第 3 項が式 (3.54) と一致することを確認してください。

章　末　問　題

【1】 つぎの関数のラプラス変換を求めよ。

(1) $t^3+(t+1)^2$　(2) $\sin(3t)+5\cos(2t)$

(3) $t^2e^{-3t}+2\cos(3t)e^{-4t}$　(4) $\sin(2t-3)+2$

(5)　$3\sin\left(\dfrac{t}{2}\right)+t^2e^{2t-1}$

【2】 つぎの問題に答えよ。

(1)　$\mathcal{L}[\cos(\omega t)]=\dfrac{s}{s^2+\omega^2}$ と定理 3.8 を用いて $\mathcal{L}[\sin(\omega t)]=\dfrac{\omega}{s^2+\omega^2}$ であることを示せ。ただし，ω は定数とする。

(2)　区間 $0\leq t<2$ で $f(t)=t$ と定義される周期 2 の周期関数（k を任意の自然数として $0\leq t<2$ の t に対して $f(t+2k)=f(t)$ を満たす関数）のラプラス変換を求めよ。

【3】 つぎの関数の逆ラプラス変換を求めよ。

(1)　$\dfrac{2}{(s+5)(s-6)}$　　(2)　$\dfrac{1}{(s-1)(s+1)(s+2)}$　　(3)　$\dfrac{s-3}{s^2+4s+3}$

(4)　$\dfrac{s}{s^3+3s^2+3s+1}$　　(5)　$\dfrac{s+2}{2s^2+s+5}$

【4】 つぎの微分方程式をラプラス変換を用いて解け。

(1)　$y'(t)-2y(t)=t,\quad y(0)=4$

(2)　$y''(t)-3y(t)=1,\quad y(0)=1,\ y'(0)=1$

(3)　$y''(t)+2y'(t)+5y(t)=0,\quad y(0)=1,\ y'(0)=0$

(4)　$y''(t)+2y'(t)-3y(t)=e^t,\quad y(0)=1,\ y'(0)=0$

(5)　$y''(t)+4y'(t)+4y(t)=\sin(2t),\quad y(0)=0,\ y'(0)=1$

【5】 つぎの問題に答えよ。

(1)　伝達関数が $G(s)=\dfrac{1}{s+3}$ で与えられる入出力系に入力信号 $x(t)=2t+1$ が入力されたときの，出力信号 $y(t)$ 求めよ。

(2)　入力信号 $x(t)=e^{-2t}$ が入力されたときの出力信号が $y(t)=4\sin(3t)$ であった。この入出力系の重み関数 $g(t)$ 求めよ。

4 フーリエ解析

4.1 は じ め に

ギターや琴の弦の振動を考えてみよう。きれいな正弦波形の振舞いは，物理でも学びよく知っているだろう。では，正弦波形以外の波形から出発したとき，弦はどのような波形を描きながら振動するのだろうか。じつは，任意の波形を一連の基準振動波形とよばれる正弦波形の和に分解することができれば，その後の弦の振動の様子を予測することは容易である。

また，音声波形のグラフをみたことのある人も多いであろう。この音声波形にはさまざまな振動数の正弦波形が含まれているが，それぞれの振動数の波がどれくらいずつ含まれているかを知ることができれば，いいかえれば，音声波形をさまざまな振動数の正弦波形の和に分解することができれば，音声の解析におおいに役立つ。

この作業を数学的に行うのが，フーリエ級数・フーリエ積分である。工学の分野では，フーリエ級数はおもに空間の有限区間の波の解析に，またフーリエ積分は無限に広がった空間の波や時間的に振動する波の解析に活躍する。

4.2 フーリエ級数

n を正の整数とする。区間 $[-\pi,\pi]$ について関数 $\cos nx$ と $\sin nx$ の振舞いをみてみよう。これらの関数は，図 **4.1**，図 **4.2** のように，ともに周期 $\dfrac{2\pi}{n}$ の

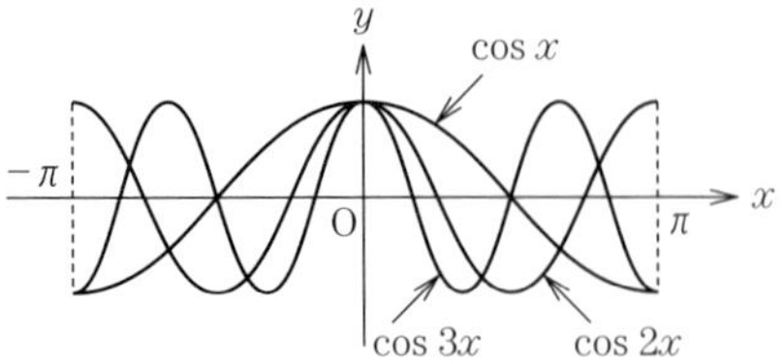

図 **4.1**　関数 $f(x) = \cos nx$ の振舞い

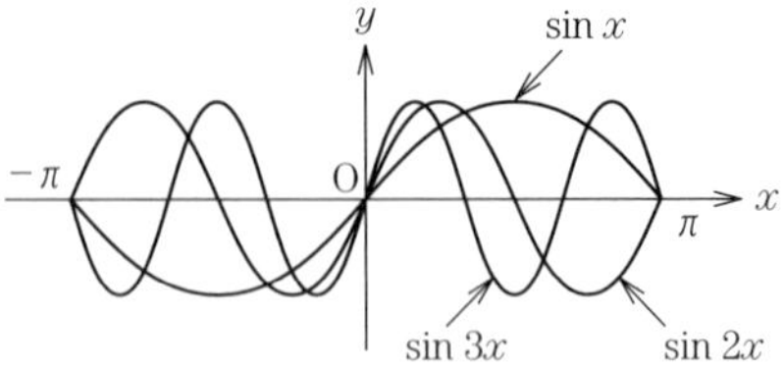

図 **4.2**　関数 $f(x) = \sin nx$ の振舞い

関数で，区間 $[-\pi, \pi]$ の間に n 回だけ振動する。

これらの関数および定数関数 $f(x) = 1$ について，以下の積分公式を確認しておく。m，n は自然数とする。

$$\int_{-\pi}^{\pi} dx = 2\pi \tag{4.1}$$

$$\int_{-\pi}^{\pi} \cos nx \, dx = 0 \tag{4.2}$$

$$\int_{-\pi}^{\pi} \sin nx \, dx = 0 \tag{4.3}$$

$$\int_{-\pi}^{\pi} \cos mx \cos nx \, dx = \begin{cases} \pi & (m = n) \\ 0 & (m \neq n) \end{cases} \tag{4.4}$$

$$\int_{-\pi}^{\pi} \sin mx \sin nx \, dx = \begin{cases} \pi & (m = n) \\ 0 & (m \neq n) \end{cases} \tag{4.5}$$

$$\int_{-\pi}^{\pi} \sin mx \cos nx \, dx = 0 \tag{4.6}$$

すなわち関数の集合 $\{1, \cos x, \cos 2x, \cdots, \sin x, \sin 2x, \cdots\}$ の各々の関数は，自分自身との積の積分は 0 でないが，異なる関数との積の積分はすべて 0 である。このような関数の集合を**直交関数系**とよぶ。

例題 4.1　上記の積分公式 (4.4) を証明せよ。

【解答】　三角関数の加法定理を用いると，$m \neq n$ のとき

$$\int_{-\pi}^{\pi} \cos mx \cos nx \, dx = \int_{-\pi}^{\pi} \frac{\cos(m-n)x + \cos(m+n)x}{2} \, dx$$

$$
\begin{aligned}
&= \left[\frac{1}{2}\left\{\frac{1}{m-n}\sin(m-n)x + \frac{1}{m+n}\sin(m+n)x\right\}\right]_{-\pi}^{\pi} \\
&= \frac{1}{2}\left\{\frac{2}{m-n}\sin(m-n)\pi + \frac{2}{m+n}\sin(m+n)\pi\right\} \\
&= 0 \qquad (4.7)
\end{aligned}
$$

$m=n$ のとき

$$
\begin{aligned}
\int_{-\pi}^{\pi}\cos mx\cos nx\,dx &= \int_{-\pi}^{\pi}\frac{1+\cos 2nx}{2}\,dx \\
&= \left[\frac{1}{2}\left(x + \frac{1}{2n}\sin 2nx\right)\right]_{-\pi}^{\pi} \\
&= \frac{1}{2}\left(2\pi + \frac{1}{n}\sin 2n\pi\right) = \pi \qquad (4.8)
\end{aligned}
$$

◇

問 1. 積分公式 (4.1)〜(4.3)，(4.5)，(4.6) を証明せよ。式 (4.5)，(4.6) については以下の加法定理を用いるとよい。

$$
\begin{aligned}
\sin mx\sin nx &= \frac{\cos(m-n)x - \cos(m+n)x}{2} \\
\sin mx\cos nx &= \frac{\sin(m+n)x + \sin(m-n)x}{2}
\end{aligned}
\qquad (4.9)
$$

<工学初学者からの質問と回答 4–1>

質問 三角関数 $\cos nx$ と $\sin nx$ が波を表しているのはわかりますが，n を自然数に限っているのはなぜですか？ 波ということだけなら実数でもよいのではないですか？

回答 区間 $[-\pi,\pi]$ に弦が張られていることを想像して下さい。弦の両端は固定されているので，n を自然数として $\sin nx$ はちょうどこの固定端の条件を満たす弦の波形になっています。弦の代わりに両側が開いた気柱を想像すると，両端が自由に振動できるので，n を自然数として $\cos nx$ がこの自由端の条件を満たす弦の波形になっています。このように物理や工学への応用を想定して意味のある関数を考察しています。

つぎに，区間 $[-\pi, \pi]$ で定義された任意の関数 $f(x)$ を考える。この関数を，上記の直交関数系の各関数を用いて

$$f(x) = a_0 + \sum_{n=1}^{\infty}(a_n \cos nx + b_n \sin nx) \tag{4.10}$$

と表したい。ここで a_0 は定数項である。右辺の級数の無限和が左辺の $f(x)$ に等しくなるように，定数係数 a_0，a_n，b_n $(n = 1, 2, \cdots)$ を決めたい。なお以下では無限和 $\sum_{n=1}^{\infty}$ と積分とは交換できる，つまり項別積分は可能だとする。

式 (4.10) の両辺を区間 $[-\pi, \pi]$ について積分すると

$$\int_{-\pi}^{\pi} f(x)dx = a_0 \int_{-\pi}^{\pi} dx + \sum_{n=1}^{\infty}\left(a_n \int_{-\pi}^{\pi} \cos nx\, dx + b_n \int_{-\pi}^{\pi} \sin nx\, dx\right) \tag{4.11}$$

であるが，式 (4.1), (4.2), (4.3) を使うと

$$\int_{-\pi}^{\pi} f(x)\, dx = 2\pi a_0 \tag{4.12}$$

つぎに式 (4.10) の両辺に $\cos mx$ を掛けてから区間 $[-\pi, \pi]$ について積分すると

$$\int_{-\pi}^{\pi} f(x) \cos mx\, dx = a_0 \int_{-\pi}^{\pi} \cos mx\, dx + \sum_{n=1}^{\infty}\left(a_n \int_{-\pi}^{\pi} \cos mx \cos nx\, dx + b_n \int_{-\pi}^{\pi} \cos mx \sin nx\, dx\right) \tag{4.13}$$

であるが，式 (4.2), (4.4), (4.6) を使うと

$$\int_{-\pi}^{\pi} f(x) \cos mx\, dx = \pi a_m \tag{4.14}$$

同様に式 (4.10) の両辺に $\sin mx$ を掛けてから区間 $[-\pi, \pi]$ について積分すると

$$\int_{-\pi}^{\pi} f(x) \sin mx\, dx$$

$$= a_0 \int_{-\pi}^{\pi} \sin mx\, dx$$

$$+\sum_{n=1}^{\infty}\left(a_n\int_{-\pi}^{\pi}\sin mx\cos nx\,dx + b_n\int_{-\pi}^{\pi}\sin mx\sin nx\,dx\right) \tag{4.15}$$

であるが，式 (4.3), (4.5), (4.6) を使うと

$$\int_{-\pi}^{\pi} f(x)\sin mx\,dx = \pi b_m \tag{4.16}$$

したがって，式 (4.12), (4.14), (4.16) より，フーリエ級数を以下のように定義する。

定義 4.1 (フーリエ級数)

区間 $[-\pi,\pi]$ で定義された任意の関数 $f(x)$ について

$$f(x) \sim a_0 + \sum_{n=1}^{\infty}(a_n\cos nx + b_n\sin nx) \tag{4.17}$$

と表すとき，この式の右辺を $f(x)$ の**フーリエ級数**とよぶ。ここで

$$a_0 = \frac{1}{2\pi}\int_{-\pi}^{\pi} f(x)\,dx \tag{4.18}$$

$$a_n = \frac{1}{\pi}\int_{-\pi}^{\pi} f(x)\cos nx\,dx \tag{4.19}$$

$$b_n = \frac{1}{\pi}\int_{-\pi}^{\pi} f(x)\sin nx\,dx \tag{4.20}$$

である。

式 (4.17) の右辺と左辺を $=$ で結ばずに $\sim$ で結ぶのは，与えられる関数 $f(x)$ について，右辺のフーリエ級数が左辺の関数 $f(x)$ と区間 $[-\pi,\pi]$ のすべての x において一致するとは限らないからである。どのような場合に一致し，どのような場合に一致しないかについては，4.4 節で詳しく述べる。なお，式 (4.18) は，区間 $[-\pi,\pi]$ にわたる $f(x)$ の**平均値**が a_0 であることを表している。

例題 4.2 区間 $[-\pi,\pi]$ で定義されたつぎの関数のフーリエ級数を求めよ。

$$f(x) = x^2 + 2x$$

【解答】 各フーリエ係数は以下のように計算される。

$$a_0 = \frac{1}{2\pi}\int_{-\pi}^{\pi} f(x)\,dx = \frac{1}{2\pi}\int_{-\pi}^{\pi}(x^2+2x)\,dx = \frac{1}{2\pi}\left[\frac{x^3}{3}+x^2\right]_{-\pi}^{\pi} = \frac{\pi^2}{3}$$

$$\begin{aligned} a_n &= \frac{1}{\pi}\int_{-\pi}^{\pi} f(x)\cos nx\,dx = \frac{1}{\pi}\int_{-\pi}^{\pi}(x^2+2x)\cos nx\,dx \\ &= \frac{1}{n\pi}\Big[(x^2+2x)\sin nx\Big]_{-\pi}^{\pi} - \frac{1}{n\pi}\int_{-\pi}^{\pi}(2x+2)\sin nx\,dx \\ &= \frac{1}{n^2\pi}\Big[(2x+2)\cos nx\Big]_{-\pi}^{\pi} - \frac{1}{n^2\pi}\int_{-\pi}^{\pi} 2\cos nx\,dx \\ &= \frac{4}{n^2}\cos(n\pi) = \frac{4}{n^2}(-1)^n \end{aligned}$$

$$\begin{aligned} b_n &= \frac{1}{\pi}\int_{-\pi}^{\pi} f(x)\sin nx\,dx = \frac{1}{\pi}\int_{-\pi}^{\pi}(x^2+2x)\sin nx\,dx \\ &= -\frac{1}{n\pi}\Big[(x^2+2x)\cos nx\Big]_{-\pi}^{\pi} + \frac{1}{n\pi}\int_{-\pi}^{\pi}(2x+2)\cos nx\,dx \\ &= -\frac{4}{n}\cos(n\pi) + \frac{1}{n^2\pi}\Big[(2x+2)\sin nx\Big]_{-\pi}^{\pi} - \frac{1}{n^2\pi}\int_{-\pi}^{\pi} 2\sin nx\,dx \\ &= -\frac{4}{n}\cos(n\pi) = \frac{4}{n}(-1)^{n+1} \end{aligned}$$

したがって，フーリエ級数はつぎのようになる。

$$f(x) \sim \frac{\pi^2}{3} + \sum_{n=1}^{\infty}\left\{\frac{4}{n^2}(-1)^n\cos nx + \frac{4}{n}(-1)^{n+1}\sin nx\right\}$$ ◇

問 2. 区間 $[-\pi, \pi]$ で定義された以下の関数のフーリエ級数を求めよ。

$$f(x) = \begin{cases} 0 & (-\pi \leqq x < 0) \\ 1 & (0 \leqq x \leqq \pi) \end{cases}$$

一般に関数 $f(x)$ のフーリエ級数で，n についての和を第 N 項まででで打ち切ったものをフーリエ級数の**第 N 部分和**とよぶ。第 N 部分和を $f_N(x)$ と書くことにする。

$$f_N(x) = a_0 + \sum_{n=1}^{N}(a_n\cos nx + b_n\sin nx) \tag{4.21}$$

ここで，区間 $[-\pi, \pi]$ で定義された任意の関数 $f(x)$ を N 次の有限三角級数

$$g_N(x) = \alpha_0 + \sum_{n=1}^{N}(\alpha_n \cos nx + \beta_n \sin nx) \tag{4.22}$$

で近似することを考えてみよう。近似の度合いを判定する指標として 2 乗平均誤差

$$E_N = \frac{1}{2\pi}\int_{-\pi}^{\pi} \{f(x) - g_N(x)\}^2 \, dx \tag{4.23}$$

をとることにする。区間 $[-\pi, \pi]$ 全体にわたって $g_N(x)$ が $f(x)$ に近いほど E_N は小さな値をとることに注意しよう。式 (4.22) を式 (4.23) に代入して

$$\begin{aligned}
E_N &= \frac{1}{2\pi}\int_{-\pi}^{\pi}\left\{f(x) - \alpha_0 - \sum_{n=1}^{N}(\alpha_n \cos nx + \beta_n \sin nx)\right\}^2 dx \\
&= \frac{1}{2\pi}\int_{-\pi}^{\pi}\left\{f(x)^2 - 2\alpha_0 f(x) - 2\sum_{n=1}^{N} f(x)(\alpha_n \cos nx + \beta_n \sin nx)\right. \\
&\qquad + \alpha_0^2 + 2\sum_{n=1}^{N}\alpha_0(\alpha_n \cos nx + \beta_n \sin nx) \\
&\qquad \left. + \sum_{n=1}^{N}\sum_{m=1}^{N}(\alpha_n \cos nx + \beta_n \sin nx)(\alpha_m \cos mx + \beta_m \sin mx)\right\} dx \\
&= \frac{1}{2\pi}\int_{-\pi}^{\pi} f(x)^2 dx - 2\alpha_0 a_0 - \sum_{n=1}^{N}(\alpha_n a_n + \beta_n b_n) + \alpha_0^2 + \sum_{n=1}^{N}\frac{\alpha_n^2 + \beta_n^2}{2} \\
&= \frac{1}{2\pi}\int_{-\pi}^{\pi} f(x)^2 dx - \left\{a_0^2 + \sum_{n=1}^{N}\frac{a_n^2 + b_n^2}{2}\right\} \\
&\qquad + (\alpha_0 - a_0)^2 + \sum_{n=1}^{N}\left\{\frac{(\alpha_n - a_n)^2 + (\beta_n - b_n)^2}{2}\right\}
\end{aligned} \tag{4.24}$$

式 (4.24) の最後の式から，2 乗平均誤差 E_N は $\alpha_0 = a_0$ および $\alpha_n = a_n$, $\beta_n = b_n \, (n = 1, 2, \cdots, N)$ ととったときに最小となることがわかる。すなわち，N 次の有限三角級数のうちで関数 $f(x)$ を最もよく近似するのは，$f(x)$ のフーリエ級数の第 N 部分和 (4.21) である。さらに，フーリエ級数の第 N 部分和は，N を大きくとるほど $f(x)$ との 2 乗平均誤差が小さくなる，すなわち $f(x)$ をよく近似することがわかる。

例題 4.1 の関数 $f(x) = x^2 + 2x$ について，そのフーリエ級数の部分和 $f_5(x)$ および $f_{20}(x)$ を図 **4.3** に示しておく。N の値を大きくしていくにつれて，部分和 $f_N(x)$ の値が $f(x)$ に近づいていく様子がみてとれる。なお，この関数については $x = -\pi$ と $x = \pi$ では部分和 $f_N(x)$ が $f(x)$ に収束していないが，これについては，4.4 節で詳しく説明する。

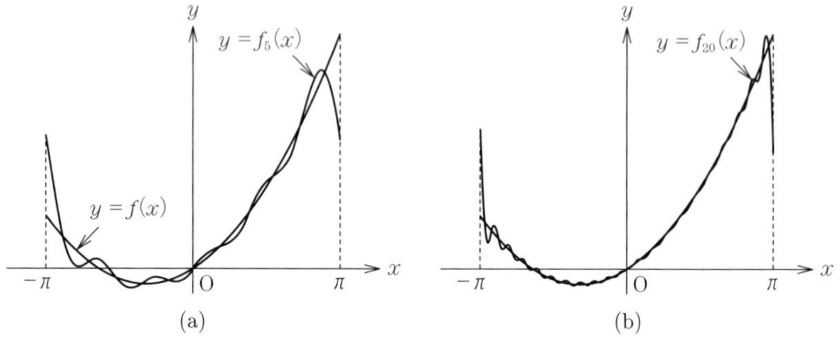

図 **4.3**　$f(x) = x^2 + 2x$ とそのフーリエ級数の部分和 $f_5(x)$ および $f_{20}(x)$

＜工学初学者からの質問と回答 **4–2** ＞

質問　N を増やしていくとフーリエ級数の部分和 $f_N(x)$ が元の関数 $f(x)$ に近付いていくのはわかりましたが，両者が完全に一致するためには N を無限大にしなければいけないと思います。これでは役に立たないのではないですか？

回答　工学や物理ではさまざまな量を数値的に扱うとき多くの場合に，厳密な値ではなくそれぞれの課題に必要な精度を見極めてその精度を保証する計算をします。フーリエ級数の場合でいえば，関数 $f(x)$ が波の波形を表しているとして，部分和 $f_N(x)$ の値が x の指定された区間のあらゆる点で例えば 1%の精度で元の $f(x)$ の値に一致するように要求されれば，それを満たすように N をとっておけばよいのです。要求精度が上がればそれに応じて N を増やしていけばよいのです。

フーリエ級数の考え方は，ベクトルをその成分に分解することに対応している。3 次元空間の x，y，z 軸方向の単位ベクトル $\boldsymbol{i}$，$\boldsymbol{j}$，$\boldsymbol{k}$ (1 章参照) をここで

はそれぞれ $\boldsymbol{e}_1$，$\boldsymbol{e}_2$，$\boldsymbol{e}_3$ と表すことにする。単位ベクトル間の内積は

$$\boldsymbol{e}_m \cdot \boldsymbol{e}_n = \begin{cases} 1 & (m = n) \\ 0 & (m \neq n) \end{cases} \tag{4.25}$$

という性質を満たす。すなわち単位ベクトル $\{\boldsymbol{e}_1, \boldsymbol{e}_2, \boldsymbol{e}_3\}$ は直交系をなしている。フーリエ級数における関数の集合 $\{1, \cos x, \cos 2x, \cdots, \sin x, \sin 2x, \cdots\}$ が式 (4.1)〜(4.6) で表されるように直交関数系をなしていることは，これに対応している。さらに，3 次元空間の任意のベクトル $\boldsymbol{c}$ は以下のように単位ベクトルの 1 次結合で表される。

$$\boldsymbol{c} = c_1\boldsymbol{e}_1 + c_2\boldsymbol{e}_2 + c_3\boldsymbol{e}_3 \tag{4.26}$$

ここで，係数 c_n $(n = 1, 2, 3)$ は $\boldsymbol{c}$ と単位ベクトル $\boldsymbol{e}_n$ との内積を用いて

$$c_n = \boldsymbol{c} \cdot \boldsymbol{e}_n \tag{4.27}$$

で与えられる。フーリエ級数における展開式 (4.17) はベクトルにおける展開式 (4.26) に対応し，フーリエ級数の係数を与える式 (4.18)〜(4.20) は，ベクトルにおける式 (4.27) に対応している。

4.3　正弦フーリエ級数・余弦フーリエ級数

関数 $f(x)$ が偶関数，すなわち $f(-x) = f(x)$ を満たすとき

$$b_n = \frac{1}{\pi}\int_{-\pi}^{\pi} f(x) \sin nx \, dx = 0 \tag{4.28}$$

であるから

$$f(x) \sim a_0 + \sum_{n=1}^{\infty} a_n \cos nx \tag{4.29}$$

が成り立つ。これを**余弦フーリエ級数**とよぶ。フーリエ係数は以下で与えられる。

$$a_0 = \frac{1}{2\pi}\int_{-\pi}^{\pi} f(x) \, dx = \frac{1}{\pi}\int_{0}^{\pi} f(x) \, dx \tag{4.30}$$

$$a_n = \frac{1}{\pi}\int_{-\pi}^{\pi} f(x)\cos nx\,dx = \frac{2}{\pi}\int_{0}^{\pi} f(x)\cos nx\,dx \tag{4.31}$$

また関数 $f(x)$ が奇関数，すなわち $f(-x) = -f(x)$ を満たすとき

$$a_0 = \frac{1}{2\pi}\int_{-\pi}^{\pi} f(x)\,dx = 0 \tag{4.32}$$

$$a_n = \frac{1}{\pi}\int_{-\pi}^{\pi} f(x)\cos nx\,dx = 0 \tag{4.33}$$

であるから

$$f(x) \sim \sum_{n=1}^{\infty} b_n \sin nx \tag{4.34}$$

が成り立つ。これを**正弦フーリエ級数**とよぶ。フーリエ係数は以下で与えられる。

$$b_n = \frac{1}{\pi}\int_{-\pi}^{\pi} f(x)\sin nx\,dx = \frac{2}{\pi}\int_{0}^{\pi} f(x)\sin nx\,dx \tag{4.35}$$

例題 4.3　区間 $[-\pi, \pi]$ で定義されたつぎの関数のフーリエ級数を求めよ。

$$f(x) = |x|$$

【解答】　与えられた関数は偶関数なので，$b_n = 0$ $(n = 1, 2, \cdots)$。

$$a_0 = \frac{1}{\pi}\int_{0}^{\pi} f(x)\,dx = \frac{1}{\pi}\int_{0}^{\pi} x\,dx = \frac{1}{\pi}\left[\frac{x^2}{2}\right]_0^{\pi} = \frac{\pi}{2}$$

$$\begin{aligned} a_n &= \frac{2}{\pi}\int_{0}^{\pi} f(x)\cos nx\,dx = \frac{2}{\pi}\int_{0}^{\pi} x\cos nx\,dx \\ &= \frac{2}{n\pi}\Big[x\sin nx\Big]_0^{\pi} - \frac{2}{n\pi}\int_{0}^{\pi}\sin nx\,dx = -\frac{2}{n^2\pi}(1 - \cos n\pi) \\ &= \begin{cases} -\dfrac{4}{n^2\pi} & (n = 1, 3, 5, \cdots) \\ 0 & (n = 2, 4, 6, \cdots) \end{cases} \end{aligned}$$

したがって

$$|x| \sim \frac{\pi}{2} - \frac{4}{\pi}\left(\cos x + \frac{1}{9}\cos 3x + \frac{1}{25}\cos 5x + \cdots\right)$$

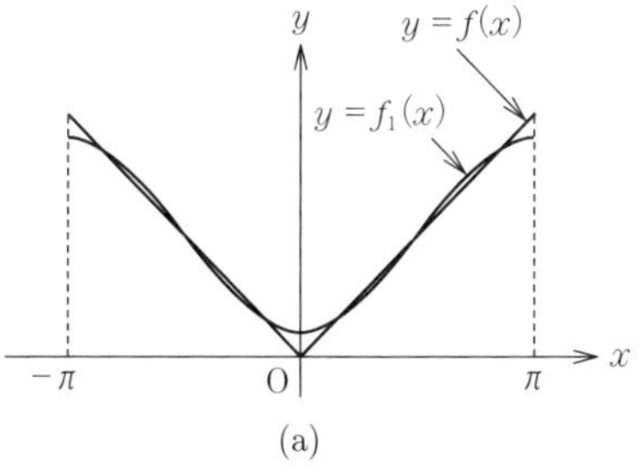

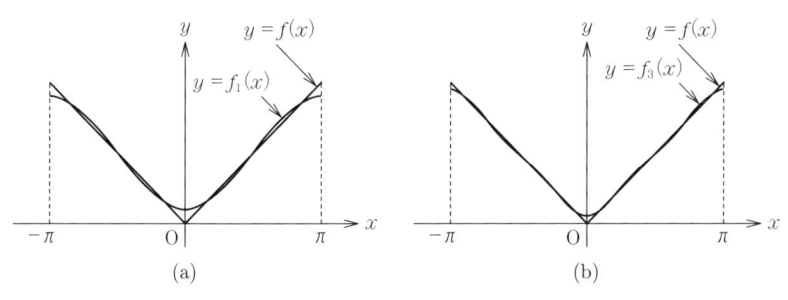

図 4.4　$f(x) = |x|$ とそのフーリエ級数の部分和 $f_1(x)$ および $f_3(x)$

$n = 1, 3$ の場合について，そのグラフを図 **4.4** に示す。　◇

例題 4.4　区間 $[-\pi, \pi]$ で定義されたつぎの関数のフーリエ級数を求めよ。

$$f(x) = \begin{cases} -1 & (-\pi \leqq x < 0) \\ 1 & (0 \leqq x \leqq \pi) \end{cases} \tag{4.36}$$

【解答】　与えられた関数は奇関数なので，$a_n = 0\ (n = 0, 1, 2, \cdots)$。

$$b_n = \frac{2}{\pi}\int_0^{\pi} f(x)\sin nx\,dx = \frac{2}{\pi}\int_0^{\pi}\sin nx\,dx = \frac{2}{n\pi}\Big[-\cos nx\Big]_0^{\pi}$$

$$= \frac{2}{n\pi}(1 - \cos n\pi) = \begin{cases} \dfrac{4}{n\pi} & (n = 1, 3, 5, \cdots) \\ 0 & (n = 2, 4, 6, \cdots) \end{cases}$$

したがって

$$f(x) \sim \frac{4}{\pi}\left(\sin x + \frac{1}{3}\sin 3x + \frac{1}{5}\sin 5x + \cdots\right) \tag{4.37}$$

$n = 5, 20$ の場合について，そのグラフを図 **4.5** に示す。

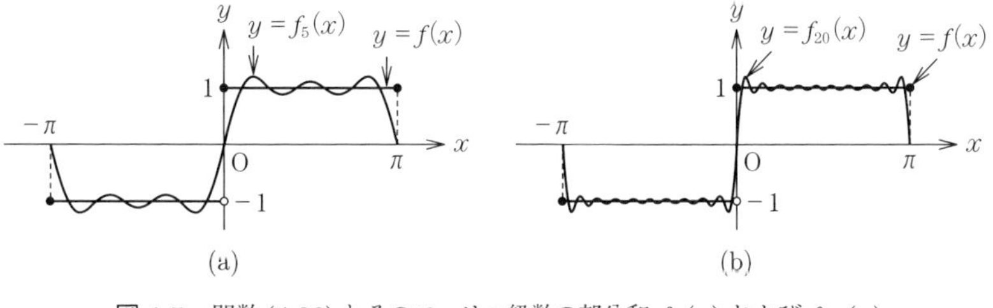

図 4.5　関数 (4.36) とそのフーリエ級数の部分和 $f_5(x)$ および $f_{20}(x)$

◇

問 3. 区間 $[-\pi, \pi]$ で定義されたつぎの関数のフーリエ級数を求めよ。

$$f(x) = x^2$$

問 4. 区間 $[-\pi, \pi]$ で定義されたつぎの関数のフーリエ級数を求めよ。

$$f(x) = x$$

4.4 フーリエ級数の収束性

この節では，定義 4.1 のところで注意したフーリエ級数の収束性について述べる。

定理 4.1 (フーリエ級数の収束定理)

区間 $[-\pi, \pi]$ で関数 $f(x)$ とその導関数 $f'(x)$ はそれぞれ区分的に連続†であるとする。このとき，$f(x)$ のフーリエ級数，すなわち式 (4.17) の右辺の無限和は収束し，その値は

(1) $f(x)$ の連続点で $f(x)$ に等しい。

(2) $f(x)$ の不連続点で $\dfrac{f(x-0)+f(x+0)}{2}$ に等しい。

ここで $f(x \pm 0) = \displaystyle\lim_{\varepsilon(>0)\to 0} f(x \pm \varepsilon)$ である。これをフーリエ級数の**収束定理**とよぶ。ただし区間 $[-\pi, \pi]$ の端点 $x = -\pi$ および $x = \pi$ では $f(x)$ のフーリエ級数は $\dfrac{f(-\pi+0)+f(\pi-0)}{2}$ に等しい。

収束定理によると，フーリエ級数は元の関数 $f(x)$ の連続点では元の関数に一致し，不連続点では元の関数の右からの極限値と左からの極限値の平均値に等しい。この定理の証明はある程度高度なので省略するが，例えば文献19) に詳しい。

† 関数 $f(x)$ が与えられた区間でたかだか有限個の点を除いて連続であるとき，この関数はその区間で区分的に連続であるという。

例題 4.4 の関数 $f(x)$ について，この定理を確認してみる。図 4.5 のように $f(x)$ の連続点では N の増加とともにフーリエ級数の部分和 $f_N(x)$ が $f(x)$ に収束する様子をみることができる。不連続点 $x=0$ では，収束定理によるとフーリエ級数の値は $\dfrac{f(-0)+f(+0)}{2}=\dfrac{-1+1}{2}=0$ のはずであるが，式 (4.37) の右辺に $x=0$ を代入してみると確かに 0 である。また，$x=-\pi$ および $x=\pi$ では，収束定理によるとフーリエ級数の値は $\dfrac{f(-\pi+0)+f(\pi-0)}{2}=\dfrac{-1+1}{2}=0$ のはずであるが，式 (4.37) の右辺に $x=-\pi$ または $x=\pi$ を代入してみると確かに 0 である。

収束定理を用いると，数列の無限和の値を知ることもできる。

例題 4.5　例題 4.4 の関数 (4.36) とそのフーリエ級数を用いて，つぎの数列の無限和の値を求めよ。

$$1-\frac{1}{3}+\frac{1}{5}-\cdots$$

【解答】　$x=\dfrac{\pi}{2}$ は関数 (4.36) の連続点である。したがって，そのフーリエ級数 (式 (4.37) の右辺) は収束定理により関数の値に一致する。すなわち

$$1=\frac{4}{\pi}\left(\sin\frac{\pi}{2}+\frac{1}{3}\sin\frac{3\pi}{2}+\frac{1}{5}\sin\frac{5\pi}{2}+\cdots\right)=\frac{4}{\pi}\left(1-\frac{1}{3}+\frac{1}{5}-\cdots\right)$$

したがって以下を得る。

$$1-\frac{1}{3}+\frac{1}{5}-\cdots=\frac{\pi}{4} \tag{4.38}$$

◇

問 5.　例題 4.3 の結果を用いて，以下の数列の無限和を求めよ。

$$1+\frac{1}{3^2}+\frac{1}{5^2}+\cdots$$

＜工学初学者からの質問と回答 4–3 ＞

質問　図 4.3 や 図 4.4，図 4.5 をみると，x の値によってフーリエ級数の収束性に違いがあるように思うのですが違いますか？

回答　図 4.3 や 図 4.5 のように，一般にフーリエ級数は元の関数 $f(x)$ の不

連続点の近傍では収束が遅くなります。これはフーリエ級数の各項は連続関数なので，不連続関数を連続関数の無限和で表そうとすると不連続点の近傍ではどうしても収束は遅くなるからです。また図 4.4 における点 $x=0$ のように，関数 $f(x)$ が連続でも，その導関数 $f'(x)$ が不連続な点とその近傍でも同様の理由で収束が遅くなります。

4.5　一般の区間のフーリエ級数

l を任意の正の実数として，区間 $[-l,l]$ で定義された任意の関数 $f(x)$ についても，そのフーリエ級数は同様に定義される。

定義 4.2　(フーリエ級数)

区間 $[-l,l]$ の任意の関数 $f(x)$ について，そのフーリエ級数は

$$f(x) \sim a_0 + \sum_{n=1}^{\infty}\left(a_n \cos\frac{n\pi x}{l} + b_n \sin\frac{n\pi x}{l}\right) \tag{4.39}$$

である。フーリエ係数は以下で与えられる。

$$a_0 = \frac{1}{2l}\int_{-l}^{l} f(x)\,dx \tag{4.40}$$

$$a_n = \frac{1}{l}\int_{-l}^{l} f(x)\cos\frac{n\pi x}{l}\,dx \tag{4.41}$$

$$b_n = \frac{1}{l}\int_{-l}^{l} f(x)\sin\frac{n\pi x}{l}\,dx \tag{4.42}$$

式 (4.39) の右辺に現れる関数 $\cos\dfrac{n\pi x}{l}$, $\sin\dfrac{n\pi x}{l}$ の周期はともに $\dfrac{2l}{n}$ であり，区間 $[-l,l]$ で n 回振動する。関数系 $\left\{1,\ \cos\dfrac{\pi x}{l},\ \cos\dfrac{2\pi x}{l},\ \cdots, \sin\dfrac{\pi x}{l},\ \sin\dfrac{2\pi x}{l}, \cdots\right\}$ は積分公式 (4.1)〜(4.6) と同様に，区間 $[-l,l]$ で直交関数系をなす。

また $f(x)$ が偶関数のときの余弦フーリエ級数については

$$f(x) \sim a_0 + \sum_{n=1}^{\infty} a_n \cos \frac{n\pi x}{l} \tag{4.43}$$

で，フーリエ係数は以下で与えられる。

$$a_0 = \frac{1}{l}\int_0^l f(x)\,dx \tag{4.44}$$

$$a_n = \frac{2}{l}\int_0^l f(x)\cos\frac{n\pi x}{l}\,dx \tag{4.45}$$

同様に $f(x)$ が奇関数のときの正弦フーリエ級数については

$$f(x) \sim \sum_{n-1}^{\infty} b_n \sin \frac{n\pi x}{l} \tag{4.46}$$

で，フーリエ係数は以下で与えられる。

$$b_n = \frac{2}{l}\int_0^l f(x)\sin\frac{n\pi x}{l}\,dx \tag{4.47}$$

フーリエ級数の収束性についても，定理 4.1 と同様の定理が成り立つ。

例題 4.6　区間 $[-1, 1]$ で定義されたつぎの関数のフーリエ級数を求めよ。

$$f(x) = x$$

【解答】　与えられた関数は奇関数なので，$a_n = 0$ $(n = 0, 1, 2, \cdots)$。

$$\begin{aligned} b_n &= 2\int_0^1 x\sin n\pi x\,dx = 2\left(\left[-\frac{x}{n\pi}\cos n\pi x\right]_0^1 + \int_0^1 \frac{1}{n\pi}\cos n\pi x\,dx\right) \\ &= 2\left(-\frac{1}{n\pi}\cos n\pi + \left[\frac{1}{n^2\pi^2}\sin n\pi x\right]_0^1\right) = \frac{2(-1)^{n-1}}{n\pi} \end{aligned}$$

したがって

$$f(x) \sim \frac{2}{\pi}\left(\sin\pi x - \frac{1}{2}\sin 2\pi x + \frac{1}{3}\sin 3\pi x + \cdots\right) \tag{4.48}$$

◇

問 6.　区間 $[-l, l]$ で定義されたつぎの関数のフーリエ級数を求めよ。

(1)　$f(x) = x$　　(2)　$f(x) = |x|$

＜工学初学者からの質問と回答 4–4＞

質問　この本ではフーリエ級数を考えるとき，関数 $f(x)$ は有限区間 $[-l, l]$ で定義された任意の関数としていますが，多くの教科書では $f(x)$ は $(-\infty, \infty)$ で定義され $f(x) = f(x + 2l)$ を満たす周期関数となっています。どう違うのでしょうか？

回答　フーリエ級数を考えるときに，数学的にも，本書のように関数 $f(x)$ は有限区間 $[-l, l]$ でだけ定義されていればよく，$(-\infty, \infty)$ で定義された周期関数を考える必要はありません。有限区間 $[-l, l]$ の外側のことはなにも考える必要はありません。また，フーリエ級数の実際の応用においても，有限区間で定義された関数を取り扱う場合がほとんどです。また後の節で扱うフーリエ積分とこれまで学んだフーリエ級数との関係を考えると，フーリエ積分は，有限区間 $[-l, l]$ で定義された関数 $f(x)$ のフーリエ級数について単に $l \to \infty$ の極限をとれば，それがそのままフーリエ積分です。フーリエ級数とフーリエ積分の違いは，単に考える区間を表す l が有限か無限大かという違いだけです。

4.6　フーリエ級数の応用—熱伝導方程式

図 4.6 のように一様な材質でできた長さ l で太さが一定な線材の各点での温度を考える。線材の長さ方向に x 軸をとる。線材の座標 x での時刻 t における温度を $u(x, t)$ とする。$u(x,\ t)$ は以下の偏微分方程式を満たすことが知られている。

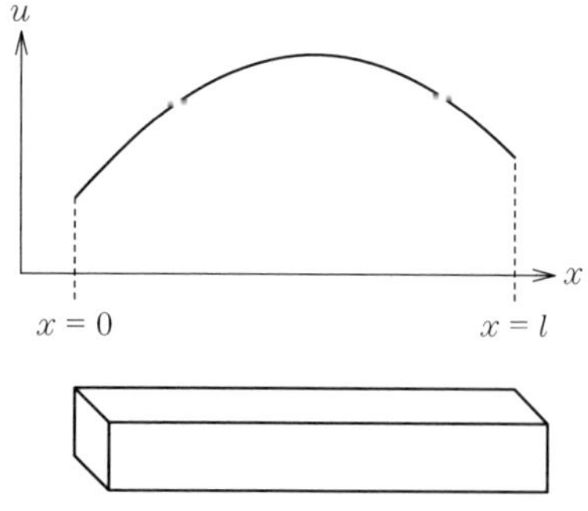

図 4.6　一様な線材の温度分布の例

$$\frac{\partial u(x,\ t)}{\partial t} = c\,\frac{\partial^2 u(x,\ t)}{\partial x^2} \qquad (4.49)$$

ここで，c は線材の材質などで決まる正の定数である。この微分方程式は**熱伝導方程式**とよばれる。

線材の左端を $x = 0$，右端を $x = l$ とする。初期時刻を $t = 0$ として，それ以降は両端の温度が 0 に保たれているとする。すなわち

$$u(0,\ t) = u(l,\ t) = 0 \quad (t \geqq 0) \tag{4.50}$$

一般にこのように境界において課された条件を**境界条件**とよぶ。偏微分方程式 (4.49) のこの境界条件を満たす解を

$$u(x,\ t) = C_n \sin\left(\frac{n\pi x}{l}\right)e^{-\gamma_n t} \quad (n = 1, 2, 3, \cdots) \tag{4.51}$$

と仮定する。ここで C_n，γ_n は定数である。この両辺を t と x でそれぞれ偏微分して

$$\frac{\partial u(x,\ t)}{\partial t} = -\gamma_n C_n \sin\left(\frac{n\pi x}{l}\right)e^{-\gamma_n t} \tag{4.52}$$

$$\frac{\partial^2 u(x,\ t)}{\partial x^2} = -\left(\frac{n\pi}{l}\right)^2 C_n \sin\left(\frac{n\pi x}{l}\right)e^{-\gamma_n t} \tag{4.53}$$

を得る。したがって式 (4.51) が熱伝導方程式 (4.49) を満たすためには

$$\gamma_n = c\left(\frac{n\pi}{l}\right)^2 = n^2\gamma_1 \quad \left(\gamma_1 = c\left(\frac{\pi}{l}\right)^2\right) \tag{4.54}$$

でなければならない。定数 C_n は任意である。

式 (4.49) は**線形**の微分方程式なので，**重ね合わせの原理**が成り立つ。したがって境界条件 (4.50) を満たす**一般解**は，いま見付けた一連の特殊解 (4.51) をすべて重ね合わせて

$$u(x,\ t) = \sum_{n=1}^{\infty} C_n \sin\left(\frac{n\pi x}{l}\right)e^{-n^2\gamma_1 t} \tag{4.55}$$

で与えられる。

ここで温度分布 $u(x,\ t)$ は時刻 $t = 0$ において以下の**初期条件**を満たすものとする。

$$u(x,\ 0) = f(x) \quad (0 < x < l) \tag{4.56}$$

一般解 (4.55) を式 (4.56) に代入して以下の式を得る。

$$\sum_{n=1}^{\infty} C_n \sin\left(\frac{n\pi x}{l}\right) = f(x) \tag{4.57}$$

式 (4.57) の左辺は，区間 $[0, l]$ で定義された右辺の $f(x)$ を区間 $[-l, 0]$ に奇関数として拡張した関数の正弦フーリエ級数になっている。したがって，係数 C_n は正弦フーリエ級数の公式 (4.46), (4.47) にしたがって

$$C_n = \frac{2}{l}\int_0^l f(x) \sin\left(\frac{n\pi x}{l}\right) dx \tag{4.58}$$

で与えられる。

なお，境界条件が

$$u(0,\ t) = u_1, \quad u(l,\ t) = u_2 \quad (t \geqq 0,\ \ u_1,\ u_2 \text{ は定数}) \tag{4.59}$$

の場合には，一般解は

$$u(x,\ t) = u_1 + \frac{(u_2 - u_1)x}{l} + \sum_{n=1}^{\infty} C_n \sin\left(\frac{n\pi x}{l}\right) e^{-n^2\gamma_1 t} \tag{4.60}$$

である。$t = 0$ での初期条件を式 (4.56) と同じにとると，係数 C_n は以下で与えられる。

$$C_n = \frac{2}{l}\int_0^l \left\{ f(x) - u_1 - \frac{(u_2 - u_1)x}{l} \right\} \sin\left(\frac{n\pi x}{l}\right) dx \tag{4.61}$$

例題 4.7　$t = 0$ での初期条件を

$$u(x,\ 0) = u_0 \quad (0 < x < l) \tag{4.62}$$

(ここで u_0 は定数)，また $t \geqq 0$ での境界条件を式 (4.50) とする。このとき一般解 (4.55) の係数 C_n を計算し，$t > 0$ の各時刻における温度分布を求めよ。

【解答】　この例題では，線材は時刻 $t = 0$ までは全体が温度 u_0 に保たれていたとして，時刻 $t = 0$ 以降，両端だけを温度 0 に保ち続ける (温度 0 の恒温物体と接触し続ける) と，線材の温度分布はどのように時間的に変化するかを調べている。

式 (4.58) にしたがって

$$C_n = \frac{2}{l}\int_0^l u_0 \sin\frac{n\pi x}{l}\,dx = \frac{2u_0}{l}\left[-\frac{l}{n\pi}\cos\frac{n\pi x}{l}\right]_0^l$$

$$= \frac{2u_0}{n\pi}(1-\cos n\pi) = \begin{cases} \dfrac{4u_0}{n\pi} & (n=1,3,5,\cdots) \\ 0 & (n=2,4,6,\cdots) \end{cases}$$

これを式 (4.55) に代入して，$t \geqq 0$ での温度分布として以下の無限級数が得られる。

$$u(x,\,t) = \frac{4u_0}{\pi}\left(\sin\frac{\pi x}{l}e^{-\gamma_1 t} + \frac{1}{3}\sin\frac{3\pi x}{l}e^{-9\gamma_1 t} + \frac{1}{5}\sin\frac{5\pi x}{l}e^{-25\gamma_1 t} + \cdots\right) \tag{4.63}$$

このときの温度分布の時間的な変化の様子を図 **4.7** に示しておく。式 (4.63) の右辺の無限和を $t = \dfrac{i}{2\gamma_1}$ $(i = 0,1,2,\cdots,7)$ の各時刻について数値的に計算した。この結果より $t \to \infty$ での温度分布 $u(x,t) = 0$ への近付き方を知ることができる。 ◇

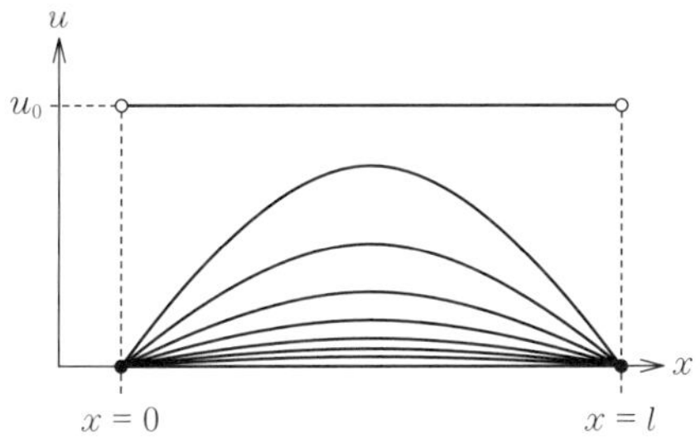

図 4.7 初期温度分布 (4.62) とその後の温度分布 (4.63) の様子

問 7. $t = 0$ での初期条件を

$u(x,\,0) = u_0 \quad (0 < x \leqq l,\ \ u_0$ は定数)

また $t \geqq 0$ での境界条件を

$u(0,\,t) = 0,\ \ u(l,\,t) = u_0 \quad (t \geqq 0)$

とする。このとき一般解 (4.60) の係数 C_n を計算し，$t > 0$ の各時刻における温度分布を求めよ。

4.7 フーリエ級数の応用—波動方程式

図 **4.8** のように弦を張った方向を x 方向とし，これと垂直な方向への弦の振動を考える。弦の座標 x の位置における時刻 t での変位を $u(x,\,t)$ とする。$u(x,\,t)$ は以下の偏微分方程式を満たすことが知られている。

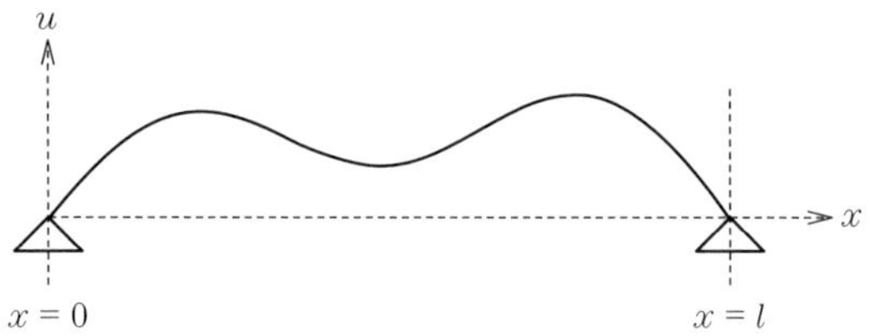

図 **4.8**　弦の波形の例

$$\frac{\partial^2 u(x,\, t)}{\partial t^2} = v^2 \frac{\partial^2 u(x,\, t)}{\partial x^2} \tag{4.64}$$

ここで v は弦の材質や太さ，張力により決まる正の定数である。この微分方程式は**波動方程式**とよばれている。

弦の両端は固定されており，その左端を $x=0$，右端を $x=l$ とする。

$$u(0,\, t) = u(l,\, t) = 0 \tag{4.65}$$

この境界条件を満たす解を

$$u(x,\, t) = C_n \sin\left(\frac{n\pi x}{l}\right) \cos\left(\omega_n t + \phi_n\right) \qquad (n = 1, 2, 3, \cdots) \tag{4.66}$$

と仮定する。ここで C_n，ω_n，ϕ_n は定数とする。この両辺を t と x でそれぞれ偏微分して

$$\begin{aligned}
\frac{\partial^2 u(x,\, t)}{\partial t^2} &= -\omega_n^2 C_n \sin\left(\frac{n\pi x}{l}\right) \cos\left(\omega_n t + \phi_n\right) \\
\frac{\partial^2 u(x,\, t)}{\partial x^2} &= -\left(\frac{n\pi}{l}\right)^2 C_n \sin\left(\frac{n\pi x}{l}\right) \cos\left(\omega_n t + \phi_n\right)
\end{aligned}$$

となる。式 (4.66) が波動方程式 (4.64) を満たすためには

$$\omega_n = \frac{n\pi v}{l} = n\omega_1 \quad \left(\omega_1 = \frac{\pi v}{l}\right) \tag{4.67}$$

でなければならない。C_n, ϕ_n は任意である。

波動方程式 (4.64) は線形の微分方程式なので，重ね合わせの原理が成り立つ。境界条件 (4.65) を満たす一般解は，いま見付けた一連の特殊解 (4.66) をすべて重ね合わせて

$$u(x,\,t) = \sum_{n=1}^{\infty} C_n \sin\left(\frac{n\pi x}{l}\right) \cos\left(n\omega_1 t + \phi_n\right) \tag{4.68}$$

で与えられる。ただし，C_n，ϕ_n は任意定数である。これは

$$u(x,\,t) = \sum_{n=1}^{\infty} \sin\left(\frac{n\pi x}{l}\right) \left\{A_n \cos\left(n\omega_1 t\right) + B_n \sin\left(n\omega_1 t\right)\right\} \tag{4.69}$$

と表すこともできる。この場合は，A_n，B_n が任意定数である。

ここで弦は時刻 $t=0$ で以下の初期条件を満たすものとする。

$$u(x,\,0) = f(x) \tag{4.70}$$

$$\left.\frac{\partial u(x,\,t)}{\partial t}\right|_{t=0} = 0 \tag{4.71}$$

式 (4.71) は弦が時刻 $t=0$ にどの位置でも静止していることを表している。

一般解 (4.69) を初期条件式 (4.70)，(4.71) に代入して

$$\sum_{n=1}^{\infty} A_n \sin\left(\frac{n\pi x}{l}\right) = f(x) \tag{4.72}$$

$$\sum_{n=1}^{\infty} n\omega_1 B_n \sin\left(\frac{n\pi x}{l}\right) = 0 \tag{4.73}$$

式 (4.72) および式 (4.73) の左辺は，区間 $[0,\,l\,]$ で定義された右辺の関数 $f(x)$，および関数 0 を区間 $[-l,\,0]$ に奇関数として拡張した関数の正弦フーリエ級数になっている。したがって，左辺の係数 A_n および $\omega_n B_n$ は正弦フーリエ級数の公式にしたがって，それぞれ

$$A_n = \frac{2}{l}\int_0^l f(x) \sin\frac{n\pi x}{l}\,dx \qquad (n = 1, 2, \cdots) \tag{4.74}$$

$$n\omega_1 B_n = \frac{2}{l}\int_0^l 0 \times \sin\frac{n\pi x}{l}\,dx = 0 \qquad (n = 1, 2, \cdots) \tag{4.75}$$

で与えられる。式 (4.75) より B_n は以下を満たす。

$$B_n = 0 \qquad (n = 1, 2, \cdots) \tag{4.76}$$

例題 4.8　弦は初期波形

$$u(x,\,0) = f(x) = \begin{cases} \dfrac{2hx}{l} & \left(0 \leqq x \leqq \dfrac{l}{2}\right) \\ \dfrac{2h(l-x)}{l} & \left(\dfrac{l}{2} \leqq x \leqq l\right) \end{cases} \tag{4.77}$$

で静止しているとする (h は定数)。このときの一般解 (4.69) の係数 A_n を計算し ($B_n = 0$)，$t > 0$ の各時刻における波形を求めよ。

【**解答**】 初期波形は図 **4.9** のようになっている。式 (4.74) に従って

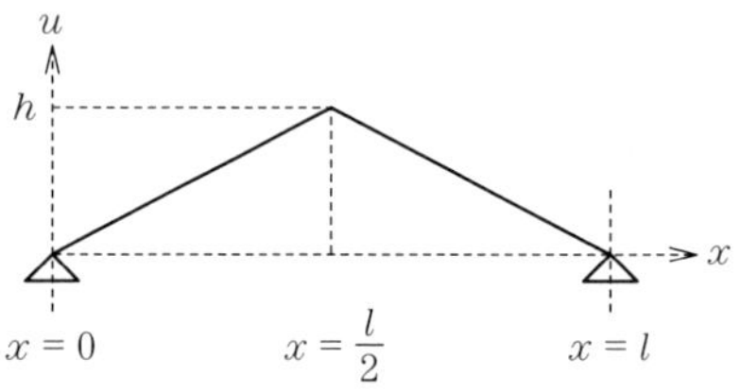

図 **4.9** 弦の初期波形 (式 (4.77))

$$A_n = \frac{2}{l}\int_0^l f(x)\sin\frac{n\pi x}{l}\,dx$$

ここで被積分関数 $f(x)\sin\dfrac{n\pi x}{l}$ のうち，$f(x)$ は $x = \dfrac{l}{2}$ について左右対称である。一方，$\sin\dfrac{n\pi x}{l}$ は，n が奇数のとき $x = \dfrac{l}{2}$ について左右対称 (折り返したとき一致する) で，n が偶数のとき $x = \dfrac{l}{2}$ について左右反対称 (折り返したとき符号が逆で絶対値は一致する) である。したがって被積分関数 $f(x)\sin\dfrac{n\pi x}{l}$ の全体も，n が奇数のとき $x = \dfrac{l}{2}$ について左右対称で，n が偶数のとき $x = \dfrac{l}{2}$ について左右反対称である。よって，n が奇数のとき

$$\begin{aligned} A_n &= 2 \times \frac{2}{l}\int_0^{\frac{l}{2}} \frac{2hx}{l}\sin\frac{n\pi x}{l}\,dx \\ &= \frac{8h}{l}\left\{\left[-\frac{x}{n\pi}\cos\frac{n\pi x}{l}\right]_0^{\frac{l}{2}} + \int_0^{\frac{l}{2}}\frac{1}{n\pi}\cos\frac{n\pi x}{l}dx\right\} \\ &= \frac{8h}{l}\left\{-\frac{l}{2n\pi}\cos\frac{n\pi}{2} + \left[\frac{l}{n^2\pi^2}\sin\frac{n\pi x}{l}\right]_0^{\frac{l}{2}}\right\} \\ &= \frac{8h}{l}\left[\frac{l}{n^2\pi^2}\sin\frac{n\pi x}{l}\right]_0^{\frac{l}{2}} = \frac{8h}{n^2\pi^2}\sin\frac{n\pi}{2} = \frac{8h}{n^2\pi^2}(-1)^{\frac{n-1}{2}} \end{aligned} \tag{4.78}$$

式 (4.78) の最終行で, $\sin \dfrac{n\pi}{2} = (-1)^{\frac{n-1}{2}}$ は $n = 1, 3, 5, \cdots$ に対して $+1, -1, +1, \cdots$ と交互に符号を変える。また, n が偶数のとき, $A_n = 0$ である。まとめると

$$A_n = \begin{cases} \dfrac{8h}{n^2\pi^2}(-1)^{\frac{n-1}{2}} & (n = 1, 3, 5, \cdots) \\ 0 & (n = 2, 4, 6, \cdots) \end{cases}$$

$t \geqq 0$ での弦の波形は

$$u(x, t) = \frac{8h}{\pi^2}\left(\sin\frac{\pi x}{l}\cos\omega_1 t - \frac{1}{9}\sin\frac{3\pi x}{l}\cos 3\omega_1 t + \frac{1}{25}\sin\frac{5\pi x}{l}\cos 5\omega_1 t - \cdots\right)$$

弦の波形の時間的な変化の様子を図 **4.10** に示しておく。スタートしたときはピラミッド型の波形が, 途中の時刻では台形となり, 時刻 $t = \pi/\omega_1$ で上下逆転したピラミッド型になる。さらに時刻が π/ω_1 だけ経過する間に, これらの波形を逆にたどり, 時刻 $t = 2\pi/\omega_1$ で元のピラミッド型に戻る。 ◇

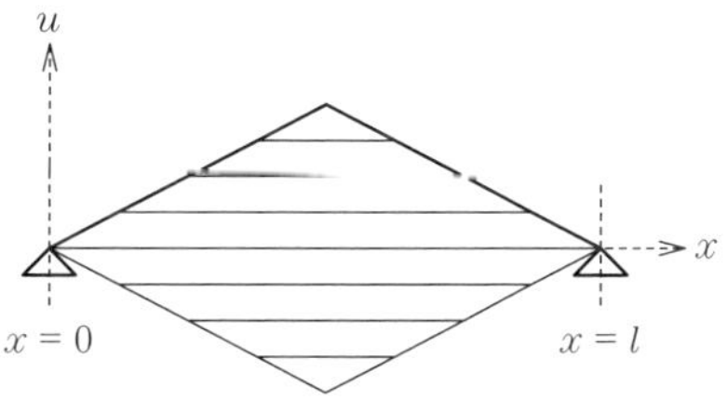

図 4.10 初期波形 (4.77) とその後の弦の振動の様子

＜工学初学者からの質問と回答 4–5＞

質問 ピラミッド型からスタートした弦の波形が図 4.10 のように途中で台形になるのは, あくまでも数学的 (あるいは理想的) な話であって, 実際には滑らかな正弦波形になるのではありませんか。

回答 確かに, 弦はきわめて高速な振動をするため, ピラミッド型からスタートした場合でも人間の目には正弦波形の振動のようにみえますが, 弦は実際に図 4.10 のような振動をします。このような弦の運動の様子は, 高速度ビデオカメラによる撮影で観察することができます。

問 8. 弦は $t = 0$ での初期波形

$$u(x, 0) = f(x) = \begin{cases} \dfrac{hx}{a} & (0 \leqq x \leqq a) \\ \dfrac{h(l-x)}{l-a} & (a \leqq x \leqq l) \end{cases}$$

で静止しているとする (h は定数)。このときの一般解 (4.69) の係数 A_n を計算し ($B_n = 0$), $t > 0$ の各時刻における波形を求めよ。

4.8　複素フーリエ級数

この節では，$\sin\left(\frac{n\pi}{l}x\right)$，$\cos\left(\frac{n\pi}{l}x\right)$ で表されたフーリエ級数を，複素指数関数を用いてより簡潔に表す複素フーリエ級数について述べる。

定理 4.2　(複素フーリエ級数)

フーリエ級数 (4.39) は複素指数関数を用いて以下のように表すこともできる。

$$f(x) \sim \sum_{n=-\infty}^{\infty} c_n e^{i\frac{n\pi x}{l}} \tag{4.79}$$

ここで係数 c_n は

$$c_n = \frac{1}{2l}\int_{-l}^{l} f(x) e^{-i\frac{n\pi x}{l}}\, dx \tag{4.80}$$

式 (4.79) の右辺を $f(x)$ の**複素フーリエ級数**とよぶ。

実際 (4.79) は，オイラーの公式 $e^{i\theta} = \cos\theta + i\sin\theta$ より

$$\begin{aligned} f(x) &\sim \sum_{n=-\infty}^{\infty} c_n \left\{\cos\left(\frac{n\pi x}{l}\right) + i\sin\left(\frac{n\pi x}{l}\right)\right\} \\ &= c_0 + \sum_{n=1}^{\infty}\left\{(c_n + c_{-n})\cos\left(\frac{n\pi x}{l}\right) + i(c_n - c_{-n})\sin\left(\frac{n\pi x}{l}\right)\right\} \end{aligned} \tag{4.81}$$

となり，さらに式 (4.80) より

$$c_0 = \frac{1}{2l}\int_{-l}^{l} f(x)\, dx \tag{4.82}$$

$$\begin{aligned} c_n + c_{-n} &= \frac{1}{2l}\int_{-l}^{l} f(x)\left(e^{-i\frac{n\pi x}{l}} + e^{i\frac{n\pi x}{l}}\right) dx \\ &= \frac{1}{l}\int_{-l}^{l} f(x)\cos\left(\frac{n\pi x}{l}\right) dx \end{aligned} \tag{4.83}$$

$$i(c_n - c_{-n}) = \frac{i}{2l}\int_{-l}^{l} f(x)\left(e^{-i\frac{n\pi x}{l}} - e^{i\frac{n\pi x}{l}}\right)dx$$
$$= \frac{1}{l}\int_{-l}^{l} f(x)\sin\left(\frac{n\pi x}{l}\right)dx \tag{4.84}$$

すなわち，式 (4.81) および (4.82)～(4.84) より，複素フーリエ級数 (4.79) は実数関数で表したフーリエ級数 (4.39) と同等で，式 (4.39) のフーリエ係数 a_0，a_n，b_n $(n = 1, 2, \cdots)$ と式 (4.79) のフーリエ係数 c_n $(n = \cdots, -2, -1, 0, 1, 2, \cdots)$ は以下の関係にあることがわかる。

$$a_0 = c_0, \quad a_n = c_n + c_{-n}, \quad b_n = i(c_n - c_{-n}) \tag{4.85}$$

例題 4.9　区間 $[-1, 1]$ で定義されたつぎの関数の複素フーリエ級数を求めよ。

$$f(x) = x$$

【解答】　式 (4.80) にしたがって計算すると以下を得る。

$$c_n = \frac{1}{2}\int_{-1}^{1} f(x)e^{-in\pi x}\,dx = \frac{1}{2}\int_{-1}^{1} xe^{-in\pi x}\,dx$$

$n = 0$ のとき

$$c_0 = \frac{1}{2}\int_{-1}^{1} x\,dx = 0$$

また $n \neq 0$ のとき

$$c_n = \frac{1}{2}\int_{-1}^{1} xe^{-in\pi x}\,dx$$
$$= \frac{1}{2}\left\{\left[\frac{ix}{n\pi}e^{-in\pi x}\right]_{-1}^{1} - \int_{-1}^{1}\frac{i}{n\pi}e^{-in\pi x}\,dx\right\}$$
$$= \frac{1}{2}\left\{\left(\frac{i}{n\pi}e^{-in\pi} - \frac{(-i)}{n\pi}e^{in\pi}\right) + \left[\frac{1}{n^2\pi^2}e^{-in\pi x}\right]_{1}^{1}\right\}$$
$$= \frac{1}{2}\left\{\frac{i}{n\pi}\left(e^{-in\pi} + e^{in\pi}\right) + \frac{1}{n^2\pi^2}\left(e^{-in\pi} - e^{in\pi}\right)\right\}$$

$$= i\,\frac{\cos n\pi}{n\pi} = i\,\frac{(-1)^n}{n\pi}$$

したがって

$$f(x) \sim \frac{i}{\pi}\left(\cdots + \frac{e^{-3i\pi x}}{3} - \frac{e^{-2i\pi x}}{2} + e^{-i\pi x} - e^{i\pi x} + \frac{e^{2i\pi x}}{2} - \frac{e^{3i\pi x}}{3} + \cdots\right)$$

この複素フーリエ係数 c_n と例題 4.6 のフーリエ係数 a_n，b_n は関係式 (4.85) を満たしていることが確認できる。 ◇

問 9. 区間 $[-l, l]$ で定義されたつぎの関数の複素フーリエ級数を求めよ。

(1) $f(x) = \begin{cases} -1 & (-l \leqq x < 0) \\ 1 & (0 \leqq x \leqq l) \end{cases}$

4.9 フーリエ積分

フーリエ級数は有限区間 $[-l, l]$ で定義された関数を，周期 $\dfrac{2l}{n}$ $(n = 1, 2, 3, \cdots)$ の正弦関数と余弦関数 (あるいはそれと同等な複素指数関数) の重ね合わせ (1 次結合) で表したものであるが，ここで無限区間 $(-\infty, \infty)$ で定義された関数 (**図 4.11**) のフーリエ級数を考えてみよう。そのためには，これまでの有限区間 $[-l, l]$ で定義された関数のフーリエ級数 (4.39)，あるいは式 (4.79) において，$l \to \infty$ の極限をとってみればよい。

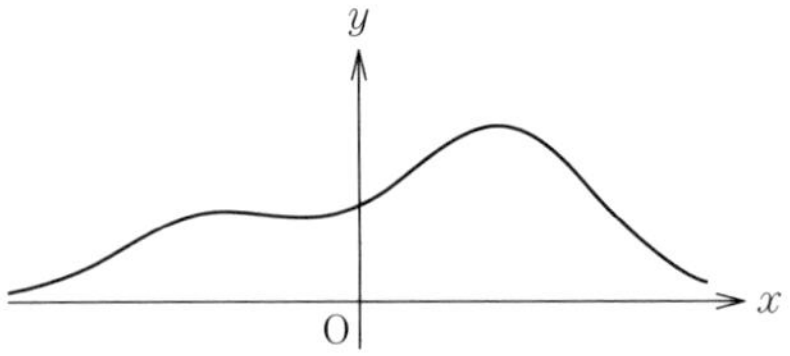

図 4.11 無限区間 $(-\infty, \infty)$ で定義された関数

区間 $[-l, l]$ で定義された関数 $f(x)$ に対する複素フーリエ級数は

$$f(x) \sim \sum_{n=-\infty}^{\infty} c_n e^{i\frac{n\pi x}{l}} \tag{4.86}$$

である。フーリエ係数 c_n は

$$c_n = \frac{1}{2l}\int_{-l}^{l} f(x) e^{-i\frac{n\pi x}{l}}\,dx \tag{4.87}$$

で与えられる。ここで，$\dfrac{n\pi}{l} = k$ とおく。整数 n を 1 だけ増やしたときの k の増加分は，$\Delta k = \dfrac{\pi}{l}$ である。したがって式 (4.86) は

$$f(x) \sim \sum_{n=-\infty}^{\infty} \frac{l}{\pi} c_n e^{ikx} \Delta k \tag{4.88}$$

と書き換えることができる。ここで

$$\phi(k) = \frac{l}{\pi} c_n = \frac{1}{2\pi} \int_{-l}^{l} f(x) e^{-ikx} dx \tag{4.89}$$

とおくと

$$f(x) \sim \sum_{n=-\infty}^{\infty} \phi(k) e^{ikx} \Delta k \tag{4.90}$$

と表せる。

$l \to \infty$ の極限をとると，Δk は無限小になり，式 (4.90) の右辺の無限和は

$$f(x) \sim \int_{-\infty}^{\infty} \phi(k) e^{ikx} dk \tag{4.91}$$

と積分で表される。

定義 4.3 (フーリエ積分)

区間 $(-\infty, \infty)$ で定義された任意の関数 $f(x)$ について

$$f(x) \sim \int_{-\infty}^{\infty} \phi(k) e^{ikx} dk \tag{4.92}$$

と表すとき，この式の右辺を関数 $f(x)$ の**フーリエ積分**とよぶ。ここで係数 $\phi(k)$ は

$$\phi(k) = \frac{1}{2\pi} \int_{-\infty}^{\infty} f(x) e^{-ikx} dx \tag{4.93}$$

である。$\phi(k)$ を $f(x)$ の**フーリエ変換**とよぶ。$\phi(k)$ は $f(x)$ の**パワースペクトル**ともよばれる。

定理 4.3 (フーリエ積分の収束定理)

関数 $f(x)$ とその導関数 $f'(x)$ は区間 $(-\infty, \infty)$ で区分的に連続であると

し，$f(x)$ は区間 $(-\infty, \infty)$ で絶対積分可能[†1]とする。このとき式 (4.92) の右辺のフーリエ積分は

1) $f(x)$ の連続点で $f(x)$ に等しい。

2) $f(x)$ の不連続点で $\dfrac{f(x-0)+f(x+0)}{2}$ に等しい。

例題 4.10　a を正の定数とする。関数

$$f(x) = e^{-ax^2} \tag{4.94}$$

は**ガウス関数**とよばれる。この関数のフーリエ変換を求めよ。

【解答】　式 (4.94) を式 (4.93) に代入して

$$\begin{aligned}\phi(k) &= \frac{1}{2\pi}\int_{-\infty}^{\infty} e^{-ax^2-ikx}dx = \frac{1}{2\pi}\int_{-\infty}^{\infty} e^{-a\left(x+i\frac{k}{2a}\right)^2} e^{-\frac{k^2}{4a}}dx \\ &= \frac{1}{2\pi}e^{-\frac{k^2}{4a}}\int_{-\infty}^{\infty} e^{-a\left(x+i\frac{k}{2a}\right)^2}dx = \frac{1}{2\pi}e^{-\frac{k^2}{4a}}\sqrt{\frac{\pi}{a}} = \sqrt{\frac{1}{4\pi a}}e^{-\frac{k^2}{4a}}\end{aligned} \tag{4.95}$$

式 (4.95) の 2 行目の積分には 2.4 節の式 (2.108) を用いた。ガウス関数のフーリエ変換は再びガウス関数であることがわかる。ガウス関数 (4.94) の**拡がり**[†2]は $\sqrt{\dfrac{1}{a}}$ であるのに対して，そのフーリエ変換の拡がりは，$2\sqrt{a}$ である。元のガウス関数の拡がりが小さくなるほど，そのフーリエ変換の拡がりは大きくなり，両者の拡がりの積は一定である (図 **4.12**，図 **4.13**)。一般の関数 $f(x)$ についても関数

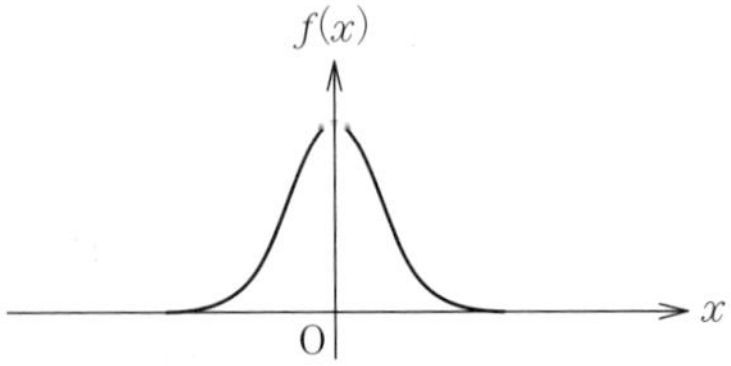

図 **4.12**　ガウス関数

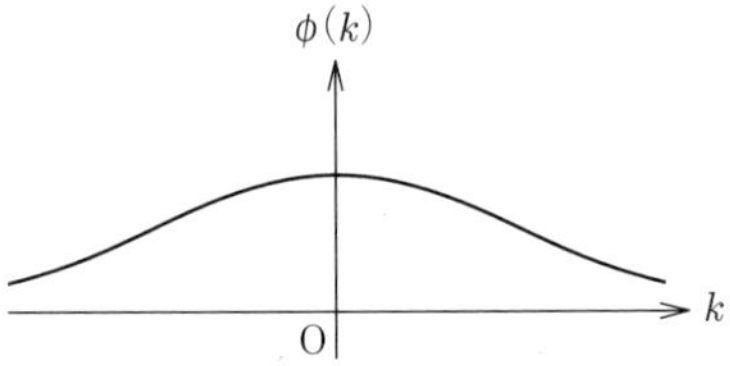

図 **4.13**　ガウス関数のフーリエ変換

†1　関数 $f(x)$ が $\displaystyle\int_a^b |f(x)|dx < \infty$ を満たすとき，この関数は区間 $[a, b]$ で絶対積分可能であるという。

†2　関数の拡がりはここでは，関数の値が最大値からその $1/e$ に減少する間の変数の変化分としている。

の拡がりが小さいほどそれに反比例してフーリエ変換の拡がりは大きくなる。 ◇

問 10. つぎの関数のフーリエ変換を求めよ (a は正の定数)。

$$f(x) = \begin{cases} 1 & (|x| \leqq a) \\ 0 & (|x| > a) \end{cases} \tag{4.96}$$

例題 4.11　L, a, p を正の実数, N を自然数として, 区間 $(-\infty, \infty)$ で定義された以下の関数 $f(x)$ のフーリエ変換を求めよ。

$f(x)$ は区間 $\left[-\left(N+\frac{1}{2}\right)L, \left(N+\frac{1}{2}\right)L\right]$ ではつぎを満たす周期 L の関数である。

$$f(x) = e^{-ax^2} e^{ipx} \quad \left(-\frac{L}{2} < x \leqq \frac{L}{2}\right) \tag{4.97}$$

$$f(x+nL) = f(x) \quad (n = -N, -N+1, \cdots, N-1, N) \tag{4.98}$$

ここで a は正の定数で, $\frac{1}{\sqrt{a}} \ll L$ を満たすとする。すなわち L は指数関数 e^{-ax^2} の拡がり $\frac{1}{\sqrt{a}}$ に比べて十分大きいとする (図 **4.14**)。

また $|x| > \left(N+\frac{1}{2}\right)L$ では $f(x) = 0$ とする。

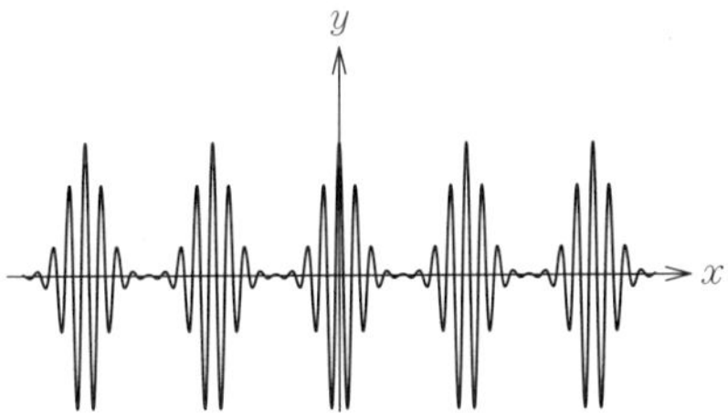

図 4.14　例題 4.11 の関数 $f(x)$ の実部

【解答】　式 (4.93) にしたがって

$$\begin{aligned}\phi(k) &= \sum_{n=-N}^{N} \frac{1}{2\pi} \int_{\left(n-\frac{1}{2}\right)L}^{\left(n+\frac{1}{2}\right)L} f(x) e^{-ikx} dx \\ &= \sum_{n=-N}^{N} \frac{1}{2\pi} \int_{-\frac{L}{2}}^{\frac{L}{2}} f(x+nL) e^{-ik(x+nL)} dx \\ &= \sum_{n=-N}^{N} \frac{1}{2\pi} \int_{-\frac{L}{2}}^{\frac{L}{2}} e^{-ax^2+ipx} e^{-ik(x+nL)} dx\end{aligned}$$

$$
\begin{aligned}
&= \left(\sum_{n=-N}^{N} e^{-inkL}\right) \frac{1}{2\pi} \int_{-\frac{L}{2}}^{\frac{L}{2}} e^{-ax^2 - i(k-p)x} dx \\
&= \frac{e^{i\left(N+\frac{1}{2}\right)kL} - e^{-i\left(N+\frac{1}{2}\right)kL}}{e^{i\frac{kL}{2}} - e^{-i\frac{kL}{2}}} \sqrt{\frac{1}{4\pi a}} e^{-\frac{(k-p)^2}{4a}} \\
&= \frac{\sin\left(N+\frac{1}{2}\right)kL}{\sin\frac{kL}{2}} \sqrt{\frac{1}{4\pi a}} e^{-\frac{(k-p)^2}{4a}} \qquad (4.99)
\end{aligned}
$$

式 (4.99) の 3 番目の等式では，与えられた関数の周期性 (4.98) と式 (4.97) を用いた。4 行目の積分には 2.4 節の式 (2.108) を用いた。ここで $\frac{1}{\sqrt{a}} \ll L$ より，積分の両端では被積分関数は十分に小さく，したがって積分範囲を$(-\infty, \infty)$ に拡張してもその差は無視できる。 ♢

<工学初学者からの質問と回答 4–6 >

質問　例題 4.11 のような複雑な関数に，なにか実際的な意味があるのでしょうか？

回答　例題 4.11 で与えた関数 (図 4.14) のフーリエ変換 (パワースペクトル) では，**図 4.15** に示したように等間隔の k の値で鋭いピークが実現しています。L を増やすことでピークとピークとの間隔を，また N を増やすことでピーク自体の幅を，それぞれいくらでも小さくすることができます。時間的に式 (4.97) および式 (4.98) にしたがって変化する電磁波のパワースペクトルは光コム (光の櫛) とよばれ，これは光や赤外線の周波数の超精密測定を可能にする画期的な技術の基礎になっています。

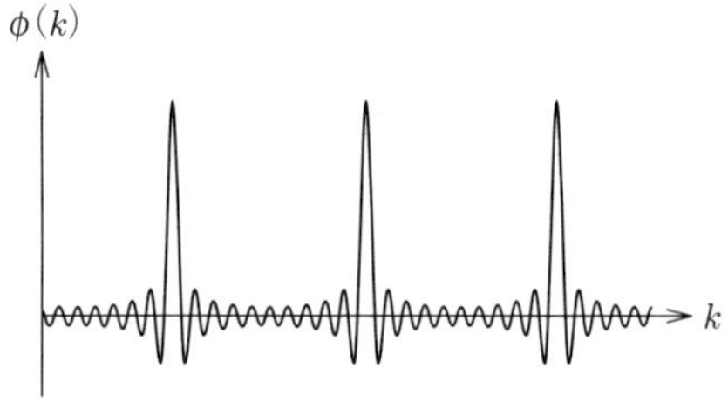

図 4.15　例題 4.11 のフーリエ変換

4.10 畳み込み積分のフーリエ変換

区間 $(-\infty, \infty)$ で定義された関数 $f(x)$，$g(x)$ について，3 章の定義 3.2 で登場した畳み込み積分 (合成積)

$$h(x) = \int_{-\infty}^{\infty} f(x-\xi)g(\xi)\,d\xi \tag{4.100}$$

を考える (積分変数は y のかわりに ξ で表記している)。3 章のラプラス変換における畳み込み積分と異なり，この章では積分範囲を ξ の全領域にとっている。この畳み込み積分は変数変換 $\xi' = x - \xi$ により積分変数を ξ から ξ' におきかえると

$$h(x) = \int_{-\infty}^{\infty} f(\xi')g(x-\xi')\,d\xi' \tag{4.101}$$

と表すこともできる。畳み込み積分の意味は，以下のように考えることができる。式 (4.100) において，$f(x)$ がある波形を表していると考えよう。$f(x-\xi)$ はその波形を ξ だけ x 軸の正の方向に平行移動させた波形を表す。したがって，畳み込み積分の式 (4.100) はそのように平行移動させた波形に重み $g(\xi)$ をつけて重ね合わせたものである。

この畳み込み積分の式 (4.100) のフーリエ変換を考える。$f(x)$，$g(x)$，$h(x)$ のフーリエ変換をそれぞれ $F(k)$，$G(k)$，$H(k)$ とすると

$$\begin{aligned}
H(k) &= \frac{1}{2\pi}\int_{-\infty}^{\infty} h(x)\, e^{-ikx} dx \\
&= \frac{1}{2\pi}\int_{-\infty}^{\infty} \left\{\int_{-\infty}^{\infty} f(x-\xi)g(\xi)\,d\xi\right\} e^{-ikx} dx \\
&= \frac{1}{2\pi}\int_{-\infty}^{\infty} \left\{\int_{-\infty}^{\infty} f(x-\xi)e^{-ikx} dx\right\} g(\xi)\,d\xi \\
&= \frac{1}{2\pi}\int_{-\infty}^{\infty} \left\{\int_{-\infty}^{\infty} f(y)e^{-ik(y+\xi)} dy\right\} g(\xi)\,d\xi \\
&= \frac{1}{2\pi}\int_{-\infty}^{\infty} f(y)e^{-iky} dy \int_{-\infty}^{\infty} g(\xi)e^{-ik\xi} d\xi
\end{aligned}$$

$$= 2\pi F(k)G(k) \tag{4.102}$$

すなわち，関数 $f(x)$ と $g(x)$ の畳み込み積分のフーリエ変換は，$f(x)$，$g(x)$ それぞれのフーリエ変換の積である。畳み込み積分というやや複雑なものが，フーリエ変換した後には単純な積になるわけである。したがって，畳み込み積分が現れる場合には，そのまま扱うのではなく，フーリエ変換をしてから考えれば，取扱いが格段に容易になることが期待できる。

例題 4.12　熱伝導方程式 (4.49) を無限に長い線材に適用することを考える。時刻 $t=0$ における初期条件を

$$u(x,\,0) = f(x) \quad (-\infty < x < \infty) \tag{4.103}$$

とする。ここで $f(x)$ は

$$\lim_{x\to\pm\infty} f(x) = 0 \tag{4.104}$$

を満たすものとする。$t>0$ での温度分布 $u(x,\,t)$ を求めよ。

【解答】　温度分布 $u(x,\,t)$ の x に関するフーリエ変換を $u(k,\,t)$ とする。

$$u(k,\,t) = \frac{1}{2\pi}\int_{-\infty}^{\infty} u(x,\,t)e^{-ikx}dx \tag{4.105}$$

両辺を t で微分して

$$\begin{aligned}
\frac{\partial u(k,\,t)}{\partial t} &= \frac{1}{2\pi}\int_{-\infty}^{\infty}\frac{\partial u(x,\,t)}{\partial t}e^{-ikx}dx = \frac{1}{2\pi}\int_{-\infty}^{\infty} c\,\frac{\partial^2 u(x,\,t)}{\partial x^2}e^{-ikx}dx \\
&= \frac{c}{2\pi}\left[\frac{\partial u(x,\,t)}{\partial x}e^{-ikx}\right]_{-\infty}^{\infty} + \frac{ick}{2\pi}\int_{-\infty}^{\infty}\frac{\partial u(x,\,t)}{\partial x}e^{-ikx}dx \\
&= \frac{ick}{2\pi}\left[u(x,\,t)e^{-ikx}\right]_{-\infty}^{\infty} + \frac{c(ik)^2}{2\pi}\int_{-\infty}^{\infty} u(x,\,t)e^{-ikx}dx \\
&= -\frac{ck^2}{2\pi}\int_{-\infty}^{\infty} u(x,\,t)e^{-ikx}dx = -ck^2 u(k,\,t)
\end{aligned} \tag{4.106}$$

上式の 2 番目の等号では，熱伝導方程式 (4.49) を用いた。また 4 番目と 5 番目の等式では

$$\lim_{x\to\pm\infty}\frac{\partial u(x,\,t)}{\partial x} = 0, \quad \lim_{x\to\pm\infty} u(x,\,t) = 0 \tag{4.107}$$

を仮定してこれを用いた。式 (4.106) の結果を t について積分してつぎを得る。

$$u(k,\, t) = F(k)e^{-ck^2 t} = 2\pi F(k)\frac{e^{-ck^2 t}}{2\pi} \tag{4.108}$$

ここで F は k の関数である。さらに $t = 0$ を代入してつぎを得る。

$$u(k,\, 0) = F(k) \tag{4.109}$$

式 (4.109) の左辺が式 (4.103) の左辺のフーリエ変換なので，$F(k)$ は $f(x)$ のフーリエ変換である。またフーリエ変換が $e^{-ck^2 t}/2\pi$ になる元の関数は，式 (4.94) と式 (4.95) より，つぎの関数である。

$$\sqrt{\frac{1}{4\pi ct}}\, e^{-\frac{x^2}{4ct}} \tag{4.110}$$

式 (4.108) に示されたように，任意の時刻 t において $u(x,\, t)$ のフーリエ変換 $u(k,\, t)$ が $F(k)$ と $e^{-ck^2 t}/2\pi$ の積の 2π 倍なので，式 (4.102) に従って，$u(x,\, t)$ は関数 $f(x)$ と関数 (4.110) の畳み込み積分である。すなわち

$$u(x,\, t) = \int_{-\infty}^{\infty} \sqrt{\frac{1}{4\pi ct}}\, e^{-\frac{(x-\xi)^2}{4ct}} f(\xi)\, d\xi \tag{4.111}$$

なお，式 (4.104) が満たされるとき，この解 (4.111) は仮定した性質 (4.107) を満たす。 ◇

章　末　問　題

【1】 区間 $[-\pi, \pi]$ で定義された以下の関数のフーリエ級数を求めよ。

(1) $f(x) = \pi - |x|$　(2) $f(x) = \pi^2 - x^2$　(3) $f(x) = x^3$

(4) $f(x) = \cos\dfrac{x}{2}$　(5) $f(x) = e^{-|x|}$　(6) $f(x) = e^x$

【2】 4 章 問 3 の結果を用いて，以下の数列の無限和を求めよ。

(1) $1 + \dfrac{1}{2^2} + \dfrac{1}{3^2} + \cdots$　(2) $1 - \dfrac{1}{2^2} + \dfrac{1}{3^2} - \dfrac{1}{4^2} + \cdots$

(3) $1 + \dfrac{1}{2^2} - \dfrac{2}{3^2} + \dfrac{1}{4^2} + \dfrac{1}{5^2} - \dfrac{2}{6^2} + \cdots$

【3】 4 章 問 4 の結果を用いて，以下の数列の無限和を求めよ。

(1) $1 - \dfrac{1}{3} + \dfrac{1}{5} - \dfrac{1}{7} + \cdots$　(2) $1 - \dfrac{1}{2} + \dfrac{1}{4} - \dfrac{1}{5} + \dfrac{1}{7} - \dfrac{1}{8} + \cdots$

(3) $1 + \dfrac{1}{2} - \dfrac{1}{4} - \dfrac{1}{5} + \dfrac{1}{7} + \dfrac{1}{8} + \cdots$

【4】 区間 $[-1,1]$ で定義されたつぎの関数のフーリエ級数を求めよ。

(1) $f(x) = |x| - x^2$　　(2) $f(x) = \begin{cases} x + x^2 & (x \leqq 0) \\ x - x^2 & (x \geqq 0) \end{cases}$

(3) $f(x) = \cosh x = \dfrac{e^x + e^{-x}}{2}$　　(4) $f(x) = \sinh x = \dfrac{e^x - e^{-x}}{2}$

【5】 区間 $[-\pi, \pi]$ で定義されたつぎの関数の複素フーリエ級数を求めよ。

(1) $f(x) = \begin{cases} 0 & (x < 0) \\ 1 & (x \geqq 0) \end{cases}$　　(2) $f(x) = \begin{cases} 0 & (x < 0) \\ x & (x \geqq 0) \end{cases}$

(3) $f(x) = \sin \dfrac{x}{2}$

【6】 つぎの関数のフーリエ変換を求めよ。ただし $a > 0$ とする。

(1) $f(x) = \begin{cases} 0 & (x < 0,\ \ 1 < x) \\ x & (0 \leqq x \leqq 1) \end{cases}$　　(2) $f(x) = \begin{cases} 0 & (x < 0) \\ e^{-ax} & (x \geqq 0) \end{cases}$

(3) $f(x) = xe^{-ax^2}$

引用・参考文献

1 章

1）池田峰夫：応用数学の基礎，廣川書店（1980）

2）高遠節夫 他：新訂応用数学，大日本図書（2006）

3）津島行男：線形代数・ベクトル解析，学術図書出版（1993）

4）矢野健太郎，石原繁：基礎解析学 改訂版，裳華房（1993）

2 章

5）L. V. アールフォース（笠原乾吉 訳）：複素解析，現代数学社（1982）

6）阪井章：複素解析入門，新曜社（1979）

7）神保道夫：複素関数入門，岩波書店（1995）

8）小平邦彦：複素解析，岩波書店（1991）

9）難波誠：複素関数三幕劇，朝倉書店（1990）

10）野口潤次郎：複素解析概論，裳華房（1993）

11）藤本坦孝：複素解析，岩波書店（1996）

12）堀川穎二：複素関数論の要諦，日本評論社（2003）

3 章

13）池田峰夫：応用数学の基礎，廣川書店（1980）

14）高遠節夫 他：新訂応用数学，大日本図書（2006）

15）寺島一彦 編著：システム制御工学 基礎編，朝倉書店（2003）

16）得丸英勝 編著：自動制御，森北出版（1981）

17）矢野健太郎，石原繁：基礎解析学 改訂版，裳華房（1993）

4 章

18）高木貞治：解析概論 改訂第 3 版，岩波書店 (1967)

19）寺沢寛一：自然科学者 のための 数学概論（増訂版），岩波書店 (1983)

20）江沢洋：フーリエ解析，講談社 (1987)

21）大石進一：フーリエ解析，岩波書店 (1989)

22）福田礼次郎：フーリエ解析，岩波書店 (1997)

23）井町昌弘，内田伏一：フーリエ解析，裳華房 (2001)

問 の 解 答

1章

問 1. 略

問 2. $\overrightarrow{\mathrm{AB}} = (b_1 - a_1, b_2 - a_2, b_3 - a_3)$

$\left|\overrightarrow{\mathrm{AB}}\right| = \sqrt{(b_1 - a_1)^2 + (b_2 - a_2)^2 + (b_3 - a_3)^2}$

問 3. $\boldsymbol{a} \cdot \boldsymbol{b} = -1,\ \theta = \dfrac{2}{3}\pi$

問 4. $S = \sqrt{(a_1b_2 - a_2b_1)^2 + (a_2b_3 - a_3b_2)^2 + (a_3b_1 - a_1b_3)^2}$

問 5. $\boldsymbol{a}$，$\boldsymbol{b}$ を基本ベクトルを用いて表して計算すれば示すことができる。

問 6. (1) $\boldsymbol{a} \times \boldsymbol{b} = (5, 5, -5)$　　(2) $\boldsymbol{a} \times \boldsymbol{b} = (1, 3, -4)$

問 7. $\dfrac{\partial \boldsymbol{a}}{\partial u}$，$\dfrac{\partial \boldsymbol{a}}{\partial v}$ を成分表示して計算すれば示すことができる。

問 8. $\boldsymbol{r}'(t) = \left(t^2, \sqrt{2}t, 1\right)$，$\boldsymbol{t} = \dfrac{1}{t^2+1}\left(t^2, \sqrt{2}t, 1\right)$

問 9. $\ell = \pi$

問 10. $\mathrm{grad}\,\varphi = (yz, zx, xy)$，$\mathrm{div}\,\boldsymbol{a} = 2x + 2y + 2z$，$\mathrm{rot}\,\boldsymbol{a} = (-2z, -2x, -2y)$

問 11. $\varphi(x + he_1, y + he_2, z + he_3) - \varphi(x, y, z)$

$$\begin{aligned}
&= \varphi(x + he_1, y + he_2, z + he_3) - \varphi(x, y + he_2, z + he_3) \\
&\quad + \varphi(x, y + he_2, z + he_3) - \varphi(x, y, z + he_3) \\
&\quad + \varphi(x, y, z + he_3) - \varphi(x, y, z)
\end{aligned}$$

を利用して示すことができる。

問 12. 曲線材の微小な長さ ds の部分の体積は (断面積) × (長さ) $= A\,ds$ で，その質量は (密度) × (体積) $= \rho A\,ds$ だから，$ds = \left|\dfrac{d\boldsymbol{r}}{dt}\right| dt = \sqrt{5}\,dt$ を用いて，線材全体の質量は

$$\begin{aligned}
\int_C \rho A\,ds &= A\int_0^{2\pi} (\rho_0 + a\cos^2 t + b\cos t \sin t + 2ct)\sqrt{5}\,dt \\
&= 2\sqrt{5}\pi A(\rho_0 + a/2 + 2\pi c)
\end{aligned}$$

問 13. グリーンの公式により

$$(\text{右辺}) = \iint_D \left\{\frac{\partial x}{\partial x} - \frac{\partial(-y)}{\partial y}\right\} dxdy = \iint_D 2\,dxdy = 2S$$

よりいえる。

問 14. 曲面材の微小な面積 dS の部分の体積は (厚さ)×(面積) $= DdS$ で，その質量は (密度)×(体積) $= \rho DdS$ だから，$dS = |\boldsymbol{r}_u \times \boldsymbol{r}_v|\,dudv = a^2 \sin u\,dudv$ を用いて，曲面材全体の質量は

$$\begin{aligned}\int_S \rho D\,dS &= D\int_0^{2\pi}\int_0^{\frac{\pi}{2}} (\rho_0 + ca\cos u)a^2 \sin u\,dudv \\ &= 2\pi a^2 D\int_0^{\frac{\pi}{2}} (\rho_0 + ca\cos u)\sin u\,du \\ &= 2\pi a^2 D(\rho_0 + ca/2)\end{aligned}$$

問 15. 力のベクトル $\boldsymbol{F}_1$ と $\boldsymbol{F}_2$ が平行でない場合，$\boldsymbol{F}_1$ の作用線と $\boldsymbol{F}_2$ の作用線の交点 P を通り合力 $\boldsymbol{F}_1 + \boldsymbol{F}_2$ に平行な直線上に作用させればよい。また $\boldsymbol{F}_1$ と $\boldsymbol{F}_2$ が平行で同じ向きの場合，力の作用点 $\boldsymbol{r}_1$ と $\boldsymbol{r}_2$ を結ぶ直線を $|\boldsymbol{F}_2| : |\boldsymbol{F}_1|$ に内分する点を通り合力 $\boldsymbol{F}_1 + \boldsymbol{F}_2$ に平行な直線上に作用させればよい。$\boldsymbol{F}_1$ と $\boldsymbol{F}_2$ が平行で逆向きの場合，力の作用点 $\boldsymbol{r}_1$ と $\boldsymbol{r}_2$ を結ぶ直線を $|\boldsymbol{F}_2| : |\boldsymbol{F}_1|$ に外分する点を通り合力 $\boldsymbol{F}_1 + \boldsymbol{F}_2$ に平行な直線上に作用させればよい。

問 16. (1) $\nabla \times \boldsymbol{a} = \boldsymbol{0}$ より，ポテンシャルをもつ。

$$\phi(x, y, z) = -\boldsymbol{c}\cdot\boldsymbol{r}$$

(2) $\nabla \times \boldsymbol{a} = \boldsymbol{0}$ より，ポテンシャルをもつ。

$$\phi(x, y, z) = \frac{1}{2}k|\boldsymbol{r}|^2 = \frac{1}{2}k(x^2 + y^2 + z^2)$$

(3) $\nabla \times \boldsymbol{a} = \boldsymbol{0}$ より，ポテンシャルをもつ。

$$\phi(x, y, z) = \frac{k}{r}$$

(4) $\nabla \times \boldsymbol{a} \neq \boldsymbol{0}$ より，ポテンシャルをもたない。

問 17. (1) $\boldsymbol{a} = -\boldsymbol{c}$　(2) $\boldsymbol{a} = -\dfrac{dV}{dr}\dfrac{\boldsymbol{r}}{r}$

問 18. (1) $\nabla \times \boldsymbol{a} = (0,\ 0,\ 0)$　($r \neq 0$ のとき)

(2) ストークスの定理より $\displaystyle\int_C \boldsymbol{a}\cdot d\boldsymbol{r} = \int_S (\nabla\times\boldsymbol{a})\cdot\boldsymbol{n}\,dS = 0$

(3) ベクトル場 $\boldsymbol{a}$ は，円 C_r 上で円の接線方向を向いており，$d\boldsymbol{r}$ と同じ方向を向いている。円 C_r 上で $|\boldsymbol{a}| = \dfrac{k}{r}$。したがって

$$\int_{C_r} \boldsymbol{a}\cdot d\boldsymbol{r} = \int_{C_r} |\boldsymbol{a}||d\boldsymbol{r}| = \frac{k}{r}\int_{C_r} |d\boldsymbol{r}| = \frac{k}{r}\times 2\pi r = 2\pi k$$

(4)　原点 $(r=0)$ での回転の z 成分 $(\nabla \times \boldsymbol{a})_3$ は，$\dfrac{2k}{r^2} - \dfrac{2k}{r^2} = \infty - \infty$ となり評価できない。そこで円 C_r の面積を ΔS として，ストークスの定理 1.12 の両辺は $\Delta S \to 0$ の極限で右辺 = 左辺の順で

$$(\nabla \times \boldsymbol{a})_3 \ \Delta S = \int_{C_r} \boldsymbol{a} \cdot d\boldsymbol{r} = 2\pi k$$

となる。したがって

$$(\nabla \times \boldsymbol{a})_3 = \lim_{\Delta S \to 0} \frac{2\pi k}{\Delta S} = \infty$$

(5)　円 C_r を境界とする曲面を S_r，閉曲線 C と円 C_r の両方を境界とする曲面を S' とする。S' は z 軸が貫かないようにとることができる。

$$\begin{aligned}\int_C \boldsymbol{a} \cdot d\boldsymbol{r} &= \int_{S_r + S'} (\nabla \times \boldsymbol{a}) \cdot \boldsymbol{n}\, dS \\ &= \int_{S_r} (\nabla \times \boldsymbol{a}) \cdot \boldsymbol{n}\, dS + \int_{S'} (\nabla \times \boldsymbol{a}) \cdot \boldsymbol{n}\, dS \\ &= \int_{C_r} \boldsymbol{a} \cdot d\boldsymbol{r} + 0 = 2\pi k\end{aligned}$$

2 章

問 1.　略

問 2.　$\mathrm{Re}\left[\dfrac{22+19i}{12-5i}\right] = 1,\ \mathrm{Im}\left[\dfrac{22+19i}{12-5i}\right] = 2$

問 3.　$|z_1 + z_2| = |12 + 5i| = 13,\ |z_1| + |z_2| = 5 + \sqrt{82}$

問 4.　130

問 5.　$|e^{i\theta}| = \sqrt{\cos^2\theta + \sin^2\theta} = 1$

問 6.　-4

問 7.　(1)　$\{\sqrt{3} + i, -\sqrt{3} + i, -2i\}$

(2)　$\left\{\dfrac{1}{\sqrt{2}} + \dfrac{1}{\sqrt{2}}i, -\dfrac{1}{\sqrt{2}} + \dfrac{1}{\sqrt{2}}i, -\dfrac{1}{\sqrt{2}} - \dfrac{1}{\sqrt{2}}i, \dfrac{1}{\sqrt{2}} - \dfrac{1}{\sqrt{2}}i\right\}$

問 8.　$f(z+\alpha) = e^{z+\alpha} = e^z \cdot e^\alpha$ を用いる。

問 9.　$u_x = e^x \cos y = v_y,\ u_y = -e^x \sin y = -v_x$

問 10.　$-\dfrac{2}{3} + \dfrac{2}{3}i$

問 11.　0

問 12.　0

問 13.　$-2\pi i$

問 14.　$\sin z = z - \dfrac{1}{3!}z^3 + \dfrac{1}{5!}z^5 - \cdots + (-1)^{n+1}\dfrac{1}{(2n-1)!}z^{2n-1} + \cdots$

問 15. (1) $\alpha \neq \beta$ のとき $\dfrac{1}{\alpha-\beta}$，$\alpha=\beta$ のとき 0　(2) $-\dfrac{1+i}{4\sqrt{2}}$

問 16. $\dfrac{\pi}{\sqrt{2}}$

3 章

問 1. (2) のみで，有限確定値は 0。

問 2. $\cos(\omega t)=\dfrac{e^{i\omega t}+e^{-i\omega t}}{2}$ を用いよ。

問 3. (1) $\dfrac{4}{s^3}+\dfrac{s}{s^2+9}$　(2) $-\dfrac{3}{s^2}+\dfrac{2}{s+3}$　(3) $-\dfrac{6}{s^2+9}+\dfrac{2}{s-3}$

問 4. (1) $\dfrac{8}{s^3}+\dfrac{s}{s^2+9}$　(2) $\dfrac{1}{s+3}$

問 5. (1) $e^{-3s}\dfrac{2}{s^3}$　(2) $e^{-4s}\dfrac{2}{s-1}$

問 6. te^{-t}

問 7. (1) $\dfrac{4}{s^3}+\dfrac{4}{s^2}+\dfrac{2}{s}+\dfrac{(\cos 1)s-3(\sin 1)}{s^2+9}$　(2) $-\dfrac{3}{(s+2)^2}$

(3) $-\dfrac{6}{(s-4)^2+9}$

問 8. (1) $6(1-e^{-t})$　(2) $3e^{-t}\sin(2t)$

(3) $e^{-t}\cos(\sqrt{3}t)-\dfrac{1}{\sqrt{3}}e^{-t}\sin(\sqrt{3}t)$

問 9. (1) $y(t)=\dfrac{1}{4}\left(e^{4t}-1\right)$　(2) $y(t)=\cos(2t)+\dfrac{1}{2}\sin(2t)$

(3) $y(t)=-\dfrac{2}{9}+\dfrac{1}{3}t+\dfrac{2}{9}\cos(\sqrt{2}t)e^{-t}+\dfrac{8}{9\sqrt{2}}\sin(\sqrt{2}t)e^{-t}$

問 10. $y(t)=\dfrac{2}{3}t-\dfrac{2}{9}+\dfrac{2}{9}e^{-3t}$

4 章

問 1. 略

問 2. $f(x)\sim\dfrac{1}{2}+\displaystyle\sum_{n=1}^{\infty}\dfrac{1-(-1)^n}{n\pi}\sin nx$

問 3. $f(x)\sim\dfrac{\pi^2}{3}+\displaystyle\sum_{n=1}^{\infty}\dfrac{4(-1)^n}{n^2}\cos nx$

問 4. $f(x)\sim\displaystyle\sum_{n=1}^{\infty}\dfrac{2(-1)^{n+1}}{n}\sin nx$

問 5. $x=\pi$ を代入して，$1+\dfrac{1}{3^2}+\dfrac{1}{5^2}+\cdots=\dfrac{\pi^2}{8}$

問 6. (1) $f(x) \sim \dfrac{2l}{\pi} \displaystyle\sum_{n=1}^{\infty} \dfrac{(-1)^{n-1}}{n} \sin\left(\dfrac{n\pi x}{l}\right)$

(2) $f(x) \sim \dfrac{l}{2} - \displaystyle\sum_{n=1}^{\infty} \dfrac{4l}{(2n-1)^2\pi^2} \cos\left\{\dfrac{(2n-1)\pi x}{l}\right\}$

問 7. 式 (4.60)，(4.61) で $f(x) = u_0$，$u_1 = 0$，$u_2 = u_0$ とおいて

$$u(x,\ t) = \frac{u_0 x}{l} + \sum_{n=1}^{\infty} \frac{2u_0}{n\pi} \sin\left(\frac{n\pi x}{l}\right) e^{-n^2\gamma_1 t}$$

問 8. $A_n = 2h\left(\dfrac{l}{a} + \dfrac{l}{l-a}\right) \dfrac{\sin\left(\dfrac{n\pi a}{l}\right)}{(n\pi)^2}$

問 9. $f(x) \sim \displaystyle\sum_{n=-\infty}^{\infty} \dfrac{2}{(2n-1)\pi i} e^{\frac{i(2n-1)\pi x}{l}}$

問 10. $\phi(k) = \dfrac{\sin(ka)}{\pi k}$

章末問題解答

1 章　(証明については，ほとんどで方針のみを示している。)

【1】 (1) から前半の等式を証明すればよく，また $\boldsymbol{a}$, $\boldsymbol{b}$ がいずれも零ベクトルではない場合を示せばよい。後は k の符号による場合分けをして示す。特に $k<0$ のとき，k 倍すると向きが反対になることに注意する。

【2】 (1) 平面 α 上の 1 点を始点として $\boldsymbol{a}$, $\boldsymbol{b}$, $\boldsymbol{b}'$ を表すとき，$\boldsymbol{b}'$ は $\boldsymbol{a}$, $\boldsymbol{b}$ の作る平面上にあり，$\boldsymbol{a}\times\boldsymbol{b}$ と $\boldsymbol{a}\times\boldsymbol{b}'$ は同じ方向である。また $\boldsymbol{a}$ と $\boldsymbol{b}$ の作る平行四辺形と，$\boldsymbol{a}$ と $\boldsymbol{b}'$ が作る長方形の面積が等しいから $|\boldsymbol{a}\times\boldsymbol{b}|=|\boldsymbol{a}\times\boldsymbol{b}'|$。

(2) (1) より $|\boldsymbol{a}\times\boldsymbol{b}|=|\boldsymbol{a}\times\boldsymbol{b}'|=|\boldsymbol{a}|\ |\boldsymbol{b}'|\sin\dfrac{\pi}{2}=|\boldsymbol{a}|\ |\boldsymbol{b}'|$。

【3】 $\boldsymbol{a}$ に垂直な平面 α を考え，$\boldsymbol{b}, \boldsymbol{c}, \boldsymbol{b}+\boldsymbol{c}$ の平面 α への正射影を $\boldsymbol{b}', \boldsymbol{c}', (\boldsymbol{b}+\boldsymbol{c})'$ とするとき，【2】と $(\boldsymbol{b}+\boldsymbol{c})'=\boldsymbol{b}'+\boldsymbol{c}'$ であることから $\boldsymbol{a}\times(\boldsymbol{b}'+\boldsymbol{c}')=\boldsymbol{a}\times\boldsymbol{b}'+\boldsymbol{a}\times\boldsymbol{c}'$ を示せばよい。

【4】 $\boldsymbol{a}\neq\boldsymbol{0}$, $\boldsymbol{b}\neq\boldsymbol{0}$ で，なす角 θ は $0<\theta<\pi$, $k\neq 0$ としてよい。後は k の符号による場合分けをし，3 つのベクトルの方向と大きさを考えて示せばよい。特に $k<0$ のとき，k 倍すると向きが反対になることに注意する。

【5】 (1) $\boldsymbol{a}\times\boldsymbol{b}$ の成分を行列式で表示した式 (1.14) と $\boldsymbol{c}$ との内積をとれば第 3 列に関する行列式の展開となっている。

(2) 内積の交換法則と行列式の性質より示すことができる。

(3) $\boldsymbol{a}\times\boldsymbol{b}$ と $\boldsymbol{c}$ のなす角を θ とし，$\boldsymbol{c}$ の $\boldsymbol{a}\times\boldsymbol{b}$ への正射影を $\boldsymbol{c}'$ とすると，V は，$\boldsymbol{a}$ と $\boldsymbol{b}$ の作る平行四辺形の面積と $|\boldsymbol{c}'|$ の積である。つまり，$|\boldsymbol{a}\times\boldsymbol{b}|\cdot|\boldsymbol{c}'|=|\boldsymbol{a}\times\boldsymbol{b}|\ |\boldsymbol{c}|\ |\cos\theta|=|(\boldsymbol{a}\times\boldsymbol{b})\cdot\boldsymbol{c}|$。

【6】 両辺の成分をそれぞれ計算して等号が成り立つことを示すことができる。

【7】 $|\boldsymbol{a}(t)|=k$ (定数) とすると，$\boldsymbol{a}(t)\cdot\boldsymbol{a}(t)=k^2$ である。この両辺を微分して示すことができる。

【8】 両辺の成分をそれぞれ計算して等号が成り立つことを示すことができる。

【9】 π (極座標変換も利用せよ。)

【10】 1

2章

【1】 略

【2】 略

【3】 コーシー・リーマンの関係式より，$\dfrac{\partial^2 u}{\partial x^2}+\dfrac{\partial^2 u}{\partial y^2}\equiv\dfrac{\partial^2 v}{\partial x\partial y}+\left(-\dfrac{\partial^2 v}{\partial y\partial x}\right)\equiv 0$ が成り立つ。$\triangle v\equiv 0$ も同様に示すことができる。

【4】 ヒント　$w_j(t)\,(j=1,2)$ の実部と虚部に対して，実2変数関数の合成関数の微分公式を適用し，コーシー・リーマンの関係式を用いて考察する。

【5】 ヒント　$z_n=S_n-S_{n-1}$ を用いる。

【6】 ヒント　$f_1(z)=\displaystyle\sum_{n=1}^{\infty}na_n(z-\alpha)^{n-1}$ とおき，$\left|\dfrac{f(z+\triangle z)-f(z)}{\triangle z}-f_1(z)\right|\to 0\quad(\triangle z\to 0)$ を示せばよい。

【7】 $\dfrac{1}{2\sqrt{\pi a}}e^{-\frac{k^2}{4a}}$（例題2.11，例題4.10参照）

【8】 (1)　$-2\pi i$　　(2)　0

【9】
$$\int_0^{2\pi}\frac{1}{2+\sin\theta}\,d\theta=\int_{|z|=1}\frac{2}{z^2+4iz-1}\,dz$$
$$=2\pi i\cdot\mathrm{Res}\left[\frac{2}{z^2+4iz-1};(-2+\sqrt{3})i\right]=\frac{2\pi}{\sqrt{3}}$$

3章

【1】 (1)　$\dfrac{6}{s^4}+\dfrac{2}{s^3}+\dfrac{2}{s^2}+\dfrac{1}{s}$　　(2)　$\dfrac{3}{s^2+9}+\dfrac{5s}{s^2+4}$

(3)　$\dfrac{2}{(s+3)^3}+\dfrac{2(s+4)}{(s+4)^2+9}$　　(4)　$\dfrac{2\cos(3)-s\sin(3)}{s^2+4}+\dfrac{2}{s}$

(5)　$\dfrac{6}{4s^2+1}+\dfrac{2}{e(s-2)^3}$

【2】 (1)　$\dfrac{1}{\omega}\sin(\omega t)=\displaystyle\int_0^t\cos(\omega x)\,dx$ より，$\mathcal{L}[\sin(\omega t)]=\omega\dfrac{1}{s}\mathcal{L}[\cos(\omega t)]=\dfrac{\omega}{s^2+\omega^2}$

(2)　$\dfrac{1-(1+2s)e^{-2s}}{(1-e^{-2s})s^2}$

【3】 (1)　$\dfrac{2}{11}(e^{6t}-e^{-5t})$　　(2)　$\dfrac{e^t}{6}-\dfrac{e^{-t}}{2}+\dfrac{e^{-2t}}{3}$　　(3)　$3e^{-3t}-2e^{-t}$

(4)　$te^{-t}-\dfrac{t^2e^{-t}}{2}$　　(5)　$\dfrac{1}{2}e^{-\frac{t}{4}}\cos\left(\dfrac{\sqrt{39}t}{4}\right)+\dfrac{7}{2\sqrt{39}}e^{-\frac{t}{4}}\sin\left(\dfrac{\sqrt{39}t}{4}\right)$

【4】 (1)　$y(t)=-\dfrac{1}{4}-\dfrac{1}{2}t+\dfrac{17}{4}e^{2t}$

(2)　$y(t)=-\dfrac{1}{3}+\dfrac{4+\sqrt{3}}{6}e^{\sqrt{3}t}+\dfrac{4-\sqrt{3}}{6}e^{-\sqrt{3}t}$

(3) $y(t) = e^{-t}\cos(2t) + \dfrac{1}{2}e^{-t}\sin(2t)$　(4) $y(t) = \dfrac{5}{16}e^{-3t} + \dfrac{11}{16}e^{t} + \dfrac{1}{4}te^{t}$

(5) $y(t) = \dfrac{1}{8}e^{-2t} + \dfrac{5}{4}te^{-2t} - \dfrac{1}{8}\cos(2t)$

【5】 (1) $y(t) = \dfrac{1}{9}\left(1 + 6t - e^{-3t}\right)$

(2) $g(t) = 12\cos(3t) + 8\sin(3t)$

4章

【1】 (1) $f(x) \sim \dfrac{\pi}{2} + \displaystyle\sum_{n=1}^{\infty} \dfrac{4}{(2n-1)^2\pi}\cos(2n-1)x$

(2) $f(x) \sim \dfrac{2\pi^2}{3} - \displaystyle\sum_{n=1}^{\infty} \dfrac{4(-1)^n}{n^2}\cos nx$

(3) $f(x) \sim \displaystyle\sum_{n=1}^{\infty} \dfrac{2(-1)^{n-1}(n^2\pi^2 - 6)}{n^3}\sin nx$

(4) $f(x) \sim \dfrac{2}{\pi} + \displaystyle\sum_{n=1}^{\infty} \dfrac{4(-1)^{n+1}}{(4n^2-1)\pi}\cos nx$

(5) $f(x) \sim \dfrac{1 - e^{-\pi}}{\pi} + \displaystyle\sum_{n=1}^{\infty} \dfrac{2\{1 - (-1)^n e^{-\pi}\}}{(n^2+1)\pi}\cos nx$

(6) $f(x) \sim \dfrac{e^{\pi} - e^{-\pi}}{\pi}\left\{\dfrac{1}{2} + \displaystyle\sum_{n=1}^{\infty} \dfrac{(-1)^n}{(n^2+1)}(\cos nx - n\sin nx)\right\}$

【2】 (1) $x = \pi$ を代入する。$1 + \dfrac{1}{2^2} + \dfrac{1}{3^2} + \cdots = \dfrac{\pi^2}{6}$

(2) $x = 0$ を代入する。$1 - \dfrac{1}{2^2} + \dfrac{1}{3^2} - \dfrac{1}{4^2} + \cdots = \dfrac{\pi^2}{12}$

(3) $x = \dfrac{\pi}{3}$ を代入する。$1 + \dfrac{1}{2^2} - \dfrac{2}{3^2} + \dfrac{1}{4^2} + \dfrac{1}{5^2} - \dfrac{2}{6^2} + \cdots = \dfrac{\pi^2}{9}$

【3】 (1) $x = \dfrac{\pi}{2}$ を代入する。$1 - \dfrac{1}{3} + \dfrac{1}{5} - \dfrac{1}{7} + \cdots = \dfrac{\pi}{4}$

(2) $x = \dfrac{\pi}{3}$ を代入する。$1 - \dfrac{1}{2} + \dfrac{1}{4} - \dfrac{1}{5} + \cdots = \dfrac{\pi}{3\sqrt{3}}$

(3) $x = \dfrac{2\pi}{3}$ を代入する。$1 + \dfrac{1}{2} - \dfrac{1}{4} - \dfrac{1}{5} + \cdots = \dfrac{2\pi}{3\sqrt{3}}$

【4】 (1) $f(x) \sim \dfrac{1}{6} - \displaystyle\sum_{n-1}^{\infty} \dfrac{1}{n^2\pi^2}\cos 2n\pi x$

(2) $f(x) \sim \displaystyle\sum_{n=1}^{\infty} \dfrac{8}{(2n-1)^3\pi^3}\sin(2n-1)\pi x$

(3) $f(x) \sim (e - e^{-1}) \left\{ \dfrac{1}{2} + \sum_{n=1}^{\infty} \dfrac{(-1)^n}{n^2\pi^2 + 1} \cos n\pi x \right\}$

(4) $f(x) \sim (e - e^{-1}) \sum_{n=1}^{\infty} \dfrac{(-1)^{n+1} n\pi}{n^2\pi^2 + 1} \sin n\pi x$

【5】 $f(x) \sim \sum_{n=-\infty}^{\infty} c_n e^{inx}$

(1) $c_0 = \dfrac{1}{2}, \quad c_n = \dfrac{1 - (-1)^n}{2n\pi i} \quad (n \neq 0)$

(2) $c_0 = \dfrac{\pi}{4}, \quad c_n = \dfrac{(-1)^n - 1}{2n^2\pi} + \dfrac{(-1)^n i}{2n} \quad (n \neq 0)$

(3) $c_n = \dfrac{4n(-1)^n i}{(4n^2 - 1)\pi}$

【6】 (1) $\phi(k) = \dfrac{1}{2\pi} \left\{ \left(\dfrac{1}{k^2} + \dfrac{i}{k} \right) e^{-ik} - \dfrac{1}{k^2} \right\}$

(2) $\phi(k) = \dfrac{1}{2\pi(a + ik)}$

(3) $\phi(k) = \dfrac{-ik}{4\sqrt{\pi a^3}} e^{-\frac{k^2}{4a}}$

索　　引

―― 著者略歴 ――

有末　宏明（ありすえ　ひろあき）
1982年　京都大学大学院理学研究科博士後期課程修了（物理学第2専攻素粒子論），理学博士
2000年　大阪府立工業高等専門学校教授
2011年　大阪府立大学工業高等専門学校教授
2017年　大阪府立大学工業高等専門学校名誉教授

松野　高典（まつの　たかのり）
1997年　大阪大学大学院理学研究科博士後期課程単位取得退学（数学専攻）
1997年　博士（理学）（大阪大学）
2003年　大阪府立工業高等専門学校助教授
2007年　大阪府立工業高等専門学校准教授
2011年　大阪府立大学工業高等専門学校准教授
2018年　大阪府立大学工業高等専門学校教授
2022年　大阪公立大学工業高等専門学校教授
現在に至る

片山　登揚（かたやま　のりあき）
1981年　京都大学大学院工学研究科修士課程修了（数理工学専攻）
1997年　博士（工学）（京都大学）
2001年　大阪府立工業高等専門学校教授
2011年　大阪府立大学工業高等専門学校教授
2019年　大阪府立大学工業高等専門学校名誉教授

稗田　吉成（ひえだ　よしまさ）
1997年　大阪市立大学大学院理学研究科後期博士課程単位取得退学（数学専攻）
2003年　大阪府立工業高等専門学校助教授
2005年　博士（理学）（大阪市立大学）
2007年　大阪府立工業高等専門学校准教授
2011年　大阪府立大学工業高等専門学校准教授
2015年　大阪府立大学工業高等専門学校教授
2022年　大阪公立大学工業高等専門学校教授
現在に至る

わかりやすい応用数学
――ベクトル解析・複素解析・ラプラス変換・フーリエ解析――
An Introduction to Applied Mathematics
—Vector Analysis, Complex Analysis, Laplace Transformation and Fourier Analysis—

2010年 4 月23日　初版第 1 刷発行
2022年12月10日　初版第 8 刷発行

検印省略

著　者　有　末　宏　明
　　　　片　山　登　揚
　　　　松　野　高　典
　　　　稗　田　吉　成
発行者　株式会社　コロナ社
　　　　代表者　牛来真也
印刷所　三美印刷株式会社
製本所　有限会社　愛千製本所

112–0011　東京都文京区千石 4–46–10
発行所　株式会社　コロナ社
CORONA PUBLISHING CO., LTD.
Tokyo Japan
振替 00140–8–14844・電話(03)3941–3131(代)
ホームページ https://www.coronasha.co.jp

ISBN 978–4–339–06100–0　C3041　Printed in Japan　（河村）